우리는 혹시 건강 상식과 같은 평범한 진리를 간과하지는 않는가?

享樂食
향락식의 종말과 대안

주종대 지음

'입단속(향락식 피하기)'만 잘해도
건강하게 살 수 있다!

HAUM
하움출판사

들어가며

필자는 현재 '자연의학 연구가'이지만 처음부터 자연의학에 몰입한 것은 아니었다. 처음엔 자연식에서 출발하여 그다음 자연식이요법을 거쳐 자연의학으로 한 단계씩 발돋움하였다. 그러니까 자연식에 뛰어든 것이 1980년대 초였다. 우연한 계기는 결코 아니었다. 선친이 병고로 상당한 고통을 받고 있을 당시였다. 그 당시만 하더라도 필자의 의학 지식은 바닥 수준이었다. 그저 문제가 생기면 병원 문을 두드리는 신세였다고나 할까! 바로 그때 대체의학 계열의 '한국자연건강회'를 발견하였고, 그에 심취하여 수련도 하였다. 1주일 정도의 짧은 수련이었지만 당시를 생각하면 지금도 감회가 새롭다. 수련 당시의 학과 공부는 너무 쉬웠다고나 할까? 왜냐면 필자는 대학(고려대학교 응용생명환경화학과)에서 특히 생화학과 식품영양학을 전공하였으며 대학원에서는 식품공학을 수학하기도 했다. 그런데 이런 밑천이 계기가 되어 치유 차원의 영양학을 본격적으로 연구하기 시작했다. 현재까지 줄기차게 무려 37여 년간이나 연구하고 있으니 마치 전문가가 된 것 같은 느낌이 들 정도다. 그래서 여기에 의학을 접목하면 되겠다 싶어 이번에는 자연의학으로 완전히 방향을 잡게 되었다. 뭐 어려울 게 없었다. 전문가가 따로 없다는 마음이었다. 선친의 병고를 생각하면 의학에 심취하지 않으면 안 되겠다 싶었다. 그러니까 그 당시부터 지금까지 구입해서 독파하고 있는 니시의학(西醫學), 영양학, 식품학, 현대의학, 자연의학, 예방의학 등의 건강 관련 도서가 수없이 많다. 거의 매일 읽고 실천하고 생활하다 보니 스스로 책을 써도 되겠다는 결심을 하고《면역력, 식생활로 정복하라》란 제목의 책을 2015년에 세상에 내놓았지만 졸저를 면할 수 없다.

저서로는《면역력, 식생활로 정복하라》, 《혈관오염을 막자》, 《면역력, 식생활로 정복하라(개정판)》, 《향락식의 종말과 대안》 등이 있다.

2021 02 주종대 저자

추천사

《향락식의 종말과 대안》은 저서의 제목 자체부터가 꽤 자극적이며, TV 교양 프로그램이나 고발 프로그램을 보는 듯하다. '평범한 진리를 간과한다'는 저자의 표현은 어쩌면 코로나 시대에 '마스크 쓰기'처럼 당연한 진리를 간과하면서 서로 감염 안 되기를 바라는 어리석음을 말하는 듯하다.

최근 방송계 트렌드의 중심은 흔히 말하는 '먹방'이다. 이 괴이한 용어는 영화, 드라마에 이어 유튜브 같은 개인방송을 통해 가학적인 수준으로 연출되고 있다. 문제는 이러한 '무절제하고 이성적이지 않은' 식문화가 너무 보편화 되고 있다는 점이다. 본인도 이러한 방송을 보면서 군침을 흘리지 않을 수 없다. 인간의 본능이기 때문에 맛있는 음식에 이끌리는 것은 당연한 이치이다. 흔히 말하는 요리전문가 및 사업가들도 열을 올리며 먹방에 매진한다. 그들의 요리방식을 보면, 한 마디로 '맛' 이외에는 고려 사항이 없다. 단맛을 위해 설탕은 얼마나, 식감을 위해 치즈 및 밀가루가 얼마나 들어가는지에는 관심이 없다. 고작 살이 찌고 안 찌고의 문제만 있을 뿐이다.

피트니스 센터를 가본 경험은 누구나 있을 것이다. 그곳에서 트레이너 들은 '식단'이란 용어를 쓰며 열량 및 몸무게의 '숫자 변화'에 주목한다. 한계는 거기까지이다. 물론 적당한 근육량과 체중의 조절은 필요하다. 그러나 그 '숫자'들 자체가 내 몸의 지속적인 건강을 책임지지는 않는다. 그런 논리라면 통계적으로 '톱 모델' 및 '운동선수'가 장수하는 확률이 높아야 한다. 예능에서 맹활약 중인 근육질의 연예인은 무리한 웨이트 트레이닝과 단백질 보충제의 과다 섭취로 신장 건강에 적신호가 왔다고 고백했다. 멋진 외형과 남성미를 뽐낼 수는 있지만, 그가 과연 70대에도 잔병치레하지 않고 건강을 유지할 수 있을까? 잘 모르긴 해도 신장이 망가진다면 그건 어렵지 않을까 싶다.

필자는 학자도 교수도 아닌 일반인이다. 이 책은 지극히 일반인 관점에서 쓴 생활 도서이다. 학문적인 탐구를 원한다면 관련 논문을 읽고 공부하길 바라며, 오래 건강하게 노후를 보내고 싶다면 이 책을 필독하고 통제 불능의 식생활에서 벗어나길 바란다.

대부분의 사람이 병이 나고서야 '식단 조절'을 한다고 한다. 억지로 먹고 싶지 않았던 음식을 먹으며 안타까운 생명 연장의 미련을 가진다. 너무 슬픈 얘기이지 않은가? 입안의 쾌락을 조금이나마 조절할 수 있다면 맛있고 건강한 음식을 먹으며 100세까지 살 수 있는 '대안'이 이 책 안에 숨어있다.

일반인임에도 불구하고 대학에서 생화학과 식품영양학을 공부한 그의 날카로운 식견을 받아들인다면 당신도 그처럼 또는 방송에서 볼 수 있는 여러 장수하신 어르신들처럼 건강하고 행복한 노후를 즐길 수 있을 것이다.

80대에 손자·손녀와 행복하게 산책할 것인가? 어두운 병원 침상에서 TV나 볼 것인가? 선택은 이제 당신의 몫이다.

이학박사 신은주

이화여자대학교 일반대학원 생명·약학부 생명과학전공(분자면역학) 이학박사
현재 생명공학기업 ㈜제넥신에서 신약개발 중

머리말

우리는, 사람이 살아가는 데 뭐가 가장 중요한 것 같다고 생각할 수 있을까? 사람이 사망할 경우 뭐가 가장 큰 요인인 것 같다고 생각할 수 있을까? 공교롭게도 이 두 가지 의문의 정답이 모두 다 같이 음식이란 사실임을 알 수 있다. 왜 그럴까? 우리가 평범하게 그리고 아무 생각 없이 먹는 그 음식이 영양이 될 수 있다고만 생각하기 일쑤일 것이다. 하지만 음식은 '양날의 검'을 가진 우리 인체에 절대적 영향을 미치는 아주 중요한 매개체이다.

'양날의 검'이란 말이 증명이라도 하듯이 최근 통계를 보면 음식으로 인한 사망자 수가 교통사고로 인한 사망자 수를 제치고 당당히 1위로 등극했다. 그것은 음식이 영양이 아니라 독성 물질로 변한 '죽은 음식'이기 때문이다. 죽은 음식이라? 그건 또 무슨 말일까? 음식이 왜 죽을까?

우리는 이런 통계가 있다는 것을 알 수 있다. 전 세계적 통계는 차치하더라도, 현재 우리 국민의 식탁에 올라오는 음식에는 '천연 소화제'인 효소가 90% 정도나 결여되어 있다. 게다가 개그맨 등이 매스컴에서 현란하게 선전하는 소위 '먹방'은 어떠한가? 기가 막힌다는 그 맛에 동조만 해야 하는가? 기가 막힌다는 그 먹방에 소개하는 음식에는 효소가 100% 불타 죽고, 영양소는 85%가 파괴되어 겨우 15% 정도만 남은 죽은 음식이란 사실을 알아야 한다. 삶고, 찌고, 굽고, 볶고, 튀기는 등의 조리 방식으로 음식을 만들어 효소가 전부 불타 죽으면 먹은 음식이 소화되지 않는다. 위장에서 소화도 제대로 안 된 채 6시간 이상이나 정체하면서 발효하거나 부패하거나 산패하기 시작한다. 또 약 15% 정도만 남은 영양가는 인체의 신진대사를 제대로 작동하게 할 수 없어 심각한 영양 불균형 상태가 된다.

일례로 미네랄은 온전한 음식에서 섭취할 경우 미량원소[Trace Element, Cr^3(3가 크롬)]·구리·망가니즈·아연 등]가 그나마 존재하지만 조리식의 경우 가열되어 그것마저도 분해되어 버리기에 만성 질환이 초입 단계에 돌입하는 원인인 '감염 인자'에 동력이 제공되는 것이다. 결국, 면역력 시스템이 붕괴되고 만다.

그렇다면 음식이 왜 죽은 음식이 됐을까? 우선 조리를 통해 해당 음식의 탄수화물이 변형되고, 둘째, 단백질의 아미노산은 응고되거나 파괴되어 인체가 그런 쓰레기 아미노산을 이용할 수 없고, 셋째, 지방은 산패되고, 넷째, 비타민은 활력을 상실하고, 다섯째, 미네랄은 분해와 산화를 거치면서 무용지물이 되고, 여섯째, 섬유질은 변형되어 제 역할을 하기에 역부족이고, 일곱째, 식물 영양소(피토케미컬)는 장수의 요인이 되는 색소의 효능이 감소해 버리는 것이다. 결국 잿더미만 남아 영양소가 부족하기에 계속 먹어도 포만감을 느낄 수 없게 된다. 그러니까 살살 녹는 그 향략식은 설탕, 소금, 불량에 가까운 오메가-6, 포화지방, 트랜스지방, 각종 식품첨가물 등으로 조리한 음식이기에 영양은커녕 우리의 입맛만 사로잡을 뿐이 아닌가.

상기한 문제를 보더라도 조리식에는 특히 효소가 전무하다는 요인이 그 어떤 문제보다도 막중하다는 사실이다. 효소는 우리 인간이 섭취하지 않으면 안 되는 세상에서 '가장 중요한 영양소'란 사실을 절대 간과해서는 안 된다. 인체에 효소가 고갈되면 그 생명체는 삶에 종지부를 찍고 만다는 것 때문이다.

식탐에 빠지는 향략식은 우리 인체에 부적합한 재료들이다. 불행하게도 우리 인체는 향략식을 원만히 처리할 만한 시스템이 없게 디자인되었다. 물론 소량인 경우에는 체내 효소가 잘 처리해 주겠지만, 향략식을 소식하는 경우가 있었던가? 향락식은 영양가가 없기 때문에 대식하기 마련이다.

옛날의 화두가 건강이었다면, 오늘날의 화두는 건강하고, 행복하게 오래 사는 것이 아닐까 한다. 최근 통계로 보면 대체로 고령에 접어들면서 약 20여 년간 병고에 시달리다 세상을 떠난다는 것이다. 우리는 깨어야 한다. 다시 말해 맛에 휘둘려서 대충 사는 인생에서 멀어져야 한다. 그게 즐거운 인생이고 행복이라고? 하지만 그렇게 대충 즐겁게 보이는 인생을 살다가는 영원히 병석에서 회복되지 못할 수도 있음을 인식할 필요가 있을 것이다. 우리는 현자의 식습관과 생활습관을 본받아야 한다.

오늘날 첨단을 달리는 현대 의학도 이 불량한 식습관에 따르는 질병을 치료할 수 없다. 하지만 치료할 수 있는 길이 있다! 식습관만 바꾸면 된다! 이 얼마나 간단한 치료법인가! 자연의학 연구자들은 항상 이렇게 말했다. "자연을 가까이하라. 그리고 건강을 해치는 비(非)자연을 멀리하라."라고. 이 얼마나 합리적이고 지당한 말씀인가! 하지만 자꾸 자연과 멀어져 비자연을 사랑하고(?) 싶은데 어떻게 하냐? 고. 걱정하지 말라! 묘책이 있다. 자신에게 매일 명상하듯 주문을 걸어야 한다. 다시 말해, '내가 자연을 가까이하면 머리도 좋아지고, 배도 안 아프고, 병도 나지 않고, 성공할 수 있는 운명도 트이고 장수할 수 있다....'라고 자신에게 최면을 걸어야 한다.

미국의 유명한 내과 의사였던 윌리엄 오슬러(William Osler) 경은 "과식과 과음으로 죽은 사람이 칼에 의해 죽은 사람들보다 많다."라고 설파했다. 우리는 여기서 과식과 과음의 종말이 얼마나 처참한지 짐작할 수 있을 것이다.

혹시 당신은 우리나라에서 한 해 새로 발생하는 암 환자 수가 얼마나 되는 줄 아는가? 일례로 '2018 국가 암 등록 통계'에 따르면 2018년도

한 해만 해도 24만 명이나 되는 새로운 암 환자가 생겨났다는 것이다. 한 해만 해도 이와 같은 엄청난 환자가 새로 생겼다는 사실이 믿기는가? 그렇다면 암은 왜 발생할까? 아시다시피 암은 독성 물질이 인체에 누적된 결과물이다. 혹시 병원에 한 번이라도 가보신 적이 있는가? 암 환자는 왜 그런 상태가 됐을까? 바로 인체에 누적된 독성 물질을 제때 제대로 배출하지 못하고 껴안고 살아왔던 결과이다.

생체일자(生體一者)란 말이 있다. 인간의 몸 전체는 상호 유기적으로 통합된 하나라는 말이다. 또 만병유일독(萬病有一毒)이란 말도 있다. 병의 종류는 많으나 원인은 한 가지, 즉 독성 물질이 원인이 되어 인체 곳곳에 질병을 유발하게 한다는 말이다. 다시 말해 질병들은 독성 물질의 발생이라는 하나의 원인으로 인체 여기저기의 가장 취약한 곳부터 건드리는 것이다. 다만 독성 물질의 형태만 다를 뿐 독성 물질이란 개념은 동일하다는 것이다. 즉, 설탕이란 독성 물질은 비만, 당뇨, 암, 심근경색, 중풍, 치매 등을, 나트륨이란 독성 물질은 고혈압을, 설탕, 육류, 포화지방, 트랜스지방이라는 독성 물질은 암을, 베타아밀로이드란 독성 물질은 치매를, 그리고 동물성 지방과 포화지방이라는 독성 물질은 심장병을 유발케 하는 것이다.

그런데 의사들은 암의 경우, 최종 결과만 가지고 수술, 방사선, 화학요법으로 처리하지만 왜 그런 결과가 나타날 때까지 방치했냐는 것이다. 그러니까 암이 형성되기 전에 우리 인체는 그런 상태를 예측하여 강력한 경고, 예컨대 피로, 두통, 통증, 복통, 변비, 염증, 인슐린 저항성, 소화불량, 불면증 등등의 수많은 경고를 보낸다. 하지만 암 환자의 경우만 하더라도 발암 전 단계에서 나타나는 인체의 경고를 간과해버린다. 그런 결과 약이라는 대증 요법으로 막다른 대책을 취하지만 그 방법은 몸이 보내는 '경고 방송'을 차단하는 행위밖에 안 된다. 그러니까 우선 약으로 덮어 버리겠다는 의도로 보아야 한다. 약을 사용하여 치료하려고 하면 치료는 되지 않은 채 예방을 못 해 나타난 그 '착한 알림이'조차도 더는 울리지 않는다. 이게 바로 문제라는 것이다. 그러니까 몸이 경고를 보내는 그 즉시 급히 제독(해독)하는 방법을 찾아야 한다는 말이다. 그러니까 결과적이긴 하지만 경고도 오기 전에 미리 '원인 요법'으로 사전에 예방해야 한다는 논리다.

그렇다면 모든 질병의 근본 원인은 무엇이라고 보시는가? 사실 바로 예측하기는 어려울 수도 있겠지만 그것은 '소화 불량' 때문이다. 필자는 이 책의 본문에 우리가 평소에 '구라파전쟁(배에서 정체불명의 소리가 나는 소화 불량의 전조 증상)'만 없어도 장수한다고 피력한 바 있다. 다시 말해 '소화 불량'이 만병의 기저가 된다는 말이다.

우리 인간에게는 자정(自淨) 능력이 있다. 우리는 그것을 자연양능(자연치유력, 면역력)이라고 하지 않는가? 하지만 죽은 음식을 계속 섭취하면서도 자연양능을 바라서는 안 된다. 왜냐고? 죽은 음식에는 자연양능으로 가는 길이 차단되어 있기 때문이다. 계속 독을 투입해서 '소화 불량' 상태가 되는데 어떻게 신의 은총을 받을 수 있겠는가? 신은 오로지 스스로 돕는 자에게만 은총을 베풀어 주신다. 스스로 돕는다는 것은 무엇인가? 그렇다. 깨끗한 물, 맑은 공기, 햇빛 그리고 '산 음식'을 섭취하는 일이 아닌가? 산 음식은 또 뭔가? 그것은 물론 가열하지 않고 자연에서 나온 자연 그대로의 음식을 말하는 것이다. 신선한 채소, 신선한 과일 등이 아닐까.

앞서 필자는 우리의 식탁에 올라온 음식의 90%에 효소가 없다고 했다. 그렇다면 나머지 10%는 무엇이겠는가? 그것은 말할 필요도 없이 효소가 살아 있는 음식이 아닐까? 우리는 산 음식을 먹고 병으로 가는 지름길인 독을 멀리해야 한다. 그렇게 하려면 어떻게 하면 되나? 바로 제일 먼저 제독(해독)부터 해야 할 것이다. 그런 다음 자연식을 해야 한다. 이것은 독성 물질(죽은 음식)+비(非)자연식 대신 산 음식+자연식과 같은 방식으로 설명할 수 있다. 신은 인간을 설계할 때 살아 있는 음식을 먹도록 설계했다. 죽은 음식으로부터 유입되는 독성의 피해를 막아 자손만대로 이어지는 생명체를 유지하도록 설계한 것이다.

학교에는 영양사가 있지만 자신을 도와줄 영양사는 오직 자기 자신뿐이라는 사실을 아시는가? 누가 뭐래도 자신이 스스로 영양사가 되어 식단 관리를 해야 건강으로 가는 길이 열린다는 사실을 간과해서는 안 된다.

그래서 필자는 우리가 평소 간과해 버리고 마는 건강 상식과 같은 평범한 진리를 다시 일깨우고자 이 책을 쓰게 되었다. 결론적으로 말해서, 필자는 어두컴컴한 달빛 아래서 글 읽는 자들에게 등불을 비춰 주고자 이 책을 썼다.

필자는 비록 무명한사(無名寒士)에 불과한 사람이지만 지난 37년간 자연의학을 연구해오고 있으며, 특히 2부 4장은 필자가 지난 30여 년간 직접 섭취하면서 개인적으로나마 그 효능을 충분히 인정할 수 있는 건강 식품 및 건강 기능 식품을 토대로 작성한 점을 이해해 주시기를 바라면서도 자신의 천학(淺學)을 아랑곳하지 않고 당돌하게 이런 졸저를 세상에 내놓게 된 데 대하여 혜량이 있으시기를 간절히 기도하는 바이다.

2021년 2월 저자

1부 향락식의 종말

2부 향락식의 대안

목차

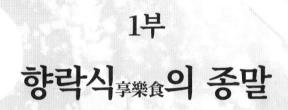

1부

향락식享樂食의 종말

1장 향락식의 종류

향락식(享樂食, 享樂 +食品)이란 말이 무슨 뜻일까? 다소 생소할 수 있을 것 같기도 하다. 그 말의 뜻은 이렇다. 먹으면 맛있어 행복하다는 느낌을 보상받을 수 있는, 뇌에 저장된 인체에 해를 입히는 불량 식품의 종류를 말한다.

향락식에 대해서 나중에 다시 상세하게 논하겠지만, 그 정의에 대해 한 번 짚고 넘어가야 하지 않을까 한다. 이것은 우리가 과식했을 때 치명상을 입을 수도 있는 음식들로서 설탕을 비롯한 단맛과 가공된 기름(주로 오메가-6), 포화지방, 트랜스지방 그리고 소금 외에 식품첨가물로 범벅이 되다시피 한 음식을 말할 수 있다. 맛으로 치자면 굳이 향락식 말고도 얼마든지 대체할 수 있는데도 대부분은 그와 같이 대충 맛있는 것보다는 쾌락을 화끈하게 느끼고, 꿈속을 헤매는 것 같은 몽롱함을 주는 것들을 선호하기 때문에 문제가 안 될 수가 없다. 우리의 뇌에 그 화끈하게 즐길 수 있는 맛이 이미 저장되어 있기 때문에 도저히 빠져나갈 수 없게 되어버린 것인지도 모를 일이다. 인간의 혀 표면의 2/3에는 단맛을 감지하는 미뢰가 있다. 이 단맛은 대뇌에 있는 쾌감 수용체로 연결되어 우리를 황홀감에 빠지게 하는데 이 보상은 중독되어 떨쳐내기 어렵다.

그러기에 우리는 모두 힘들고 귀찮은 것을 거부하면서 편안하고 즐겁게 살기를 바라고 있다. 다시 말해 우리 사회가 자연치유력을 높이는 것에 등을 돌리는 방향(여기에는 전문가를 포섭하여 돈을 벌겠다는 상업주의의 모순을 말함)으로 유도하고 있기 때문에 질병 발생의 감소는커녕 질병이 오히려 나날이 증가하는 추세로 향하는 것이다.

우리의 속담에 "가랑비에 옷 젖는 줄 모른다."라는 말이 있다. 그 하찮은 보슬비 따위는 아예 염두에도 없기에 나중에 처참한 결과를 맞을 줄은 꿈도 꾸지 못한다.

또 다른 예를 들어 보겠다. 개구리에 관한 실험으로, 가령 뜨거운 물에 개구리를 넣으면 개구리가 바로 펄쩍 뛰어나오지만 미지근한 물에 개구리를 넣으면 개구리가 만족해한다. 이때 천천히 온도를 높여도 개구리는 그 온도 변화를 감지하지 못하다가 결국 그 따뜻한 물에 데어 죽고 만다.

가령 우리가 매일 가랑비를 맞는다(매일 향락식을 즐기면서 천천히 독을 먹는 것에 비유)고 할 때, 그 결과 감기에 걸려(중대한 질환에 걸리게 되는 것에 비유) 치명상을 당할지도 모른다는 사실을 간과해 버리는 것이다.

우리는 대체로 편안한 삶을 원한다. 그렇기 때문에 대충 살기 마련이다. 하지만 대충 살아서는 절대로 좋은 결과를 바라지 말아야 한다는 사실을 유념해야 한다. 우리의 생활이 바로 개구리 신세가 될지도 모르기 때문이다.

오늘날 우리는 대체로 편하고 풍족한 삶을 살아가고 있다. 그러기에 그런 여유 속에 자칫 향락식이 일상화되기 쉽다. 하지만 우리는 매일 먹는 음식을 신중히 선택하는 지혜를 반드시 가져야 한다. 왜냐하면 우리의 소중한 DNA를 손상 없이 지켜나가는 것은 물론 손상된 DNA도 복구할 수 있기 때문이다.

사실, 보통 사람들은 아파 봐야 비로소 건강의 소중함을 알게 된다. 그러니 아파서 병원을 찾는 사람들에게 예방을 바라는 것은 어쩌면 꿈도 꿀 수 없다는 의미가 될 수 있다. 그런데 문제는 우리가 아픈 것과 아프지 않은 것의 경계를 모른다는 사실이다. 가령 우리는 어떤 시험에 있어서 59점이면 낙제고, 60점이면 합격이라고 판단한다. 비록 1점의 차이지만 운명이 갈리게 되는 것이다. 같은 실력의 소유자(59점과 60점은 같은 실력)라 하더라도 그날의 운에 의해 당락이 갈리게 되는 것이니 그 1점의 소중함을 몰라서야 되겠는가?

우리의 건강도 이와 다를 것이 없다. 건강하냐? 아니면 건강하지 못하느냐의 차이는 상기한 1점의 차이와도 같이 그 한계가 애매모호할 때가 있기 때문이다.

우리가 평소 볼 수도 있는 「생로병사의 비밀」이란 TV 프로그램에서는 대체로 한번 병에 들어 중대한 기로에 선 적이 있던 사람들이 체험자로 나오고는 한다. 이런 중대한 기로에 들지 않고 미리 건강의 소중함을 자각하여 철저한 대비를 하는 것이 인생을 순조롭게 살아가는 것이 아니겠는가.

그러니까 느긋하게 온천욕을 즐기다가 '컷 오프'된 '개구리 신세'처럼 처참한 종말을 고해서는 안 되기 때문이다.

그런데 이 시대는 맛도 중요하지만, 무엇보다도 면역력을 키워야 하는 때가 된 것 같다. 그것은 전염병이 창궐하는 비참한 이 풍진 세상의 실정이 아닌가 한다. 면역력을 키우기 위해 뭐가 가장 중요할까? 운동도 중요하지만, 제일 먼저 뭐를 먹지 않느냐가 우선일 것이다. 그다음에 면역력을 향상하는 음식 목록을 열거하여 우선순위부터 섭취하면 될 것이다. 하지만 우리는 평소에 섭취하는 음식이 얼마나 인체에 지대한 영향을 미치는지는 별 관심을 두지 않는 것이 사실이다. 하지만 불량 식품을 섭취하면 나쁜 피와 나쁜 살이 생성된다는 사실만큼은 반드시 짚고 넘어가야 하지 않을까 한다. 평소 우리는 그저 맛있는 거 뭐 없을까 하면서 맛집을 찾기 일쑤이다. 그런 습관은 이제 어쩌면 버릴 수가 없을 것인지도 모를 일이다. 하지만 지금 병원을 가보시라. 불량한 식습관으로 인해 발생한 병으로 와병 중에 있는 범인(凡人, 생활습관병을 간과하는 자)들이 얼마나 되는지를 상상이라도 할 수 있을까? 우리는 그저 맛에 취해 행복하다고 느끼면서 살아가지만, 혀에 있을 때의 그 짧은 행복 때문에 다시 또 그 유혹을 뇌에 고이 간직하게 되지 않았느냐고 생각해 본다. 맛있는 것을 먹을 때 행복이라는 보상을 받을 수 있다는 것 때문에!

우리는 누구나 건강하게 오래 살기를 바라면서도 미식, 포식(飽食)을 하는 어처구니없는 모순을 안고 살아가고 있다.

그런데 왜 이런 자살행위를 하는가에 대해서는 알지 못한다. 그것은 바로 건강이 어떤 것인지 그 내막을 깊이 모르기 때문일 것이다. 병자는 병자대로 분명히 그 병이 난 이유가 있기 마련이고, 건강인은 건강인대로 분명히 건강할 수 있는 이유가 있을 것이다.

우자(愚者, 불길한 징후를 예측은 할 수 있었어도 조치를 안 취한 사람)는 향락식에서 쾌락만 느끼고서 그 후에는 '나 몰라라' 하면서 향락식이 건강에 악영향을 미치는지는 아랑곳하지 않는다. 이렇게 악습에 젖어 마침내 나락에 떨어질 때쯤에 가서야 약, 병원, 명의만을 찾아 헤맨다. 하지만 이미 치명상을 입은 상태에서는 어디도 해결해 줄 수 없다는 사실을 알아야 할 것이다.

참고로, 먹는 것이 얼마나 중요한지 그 일례를 들어 보겠다. '로열젤리'라면 모르는 사람이 없다. 이것은 여왕벌이 먹는 음식인데, 그 효능을 아는 인간이 그걸 이용하고 있다. 여기서 여왕벌은 이 먹이를 먹음으로써 무려 3년이란 긴 수명을 유지하지만, 그런 먹이를 먹지 않는 일벌은 겨우 3주밖에 살지 못한다. 이와 같이 우리는 대자연의 원리를 그 일부에 지나지 않는 인간에게도 비견됨을 생각할 때, 우리가 섭취하는 음식이 인체에 얼마나 지대한 영향을 미치는가를 다시 한번 생각하지 않을 수 없게 한다. 세계의 장수촌들을 보시라! 그들의 섭생은 보통 사람들과는 판이하다. 또 늘 인구에 회자하는 지중해식 식단은 어떤가! 이 또한 향락식만을 추구하는 우자의 섭생과는 엄청난 거리가 있다는 사실을 이번 기회에 한 번 짚고 가야 하지 않을까 한다.

그리고 하기한 각종 향락식에 대한 함유 재료는 인체에 유해한 것들이 포함되고 있으며 그에 대하여 왜 유해한지 주요한 내용만 설명한다.

하기한 인체에 유해한 물질들은 사람들이 더욱더 방종(放縱)에 빠져들고 싶은 욕심에 인공적으로 만들어낸 것들로서 자연에는 없는 합성 화학 물질이기 때문에 인체의 조직, 장기, 유전자에 변형을 일으키는 것이기에 우리가 반드시 유념해야 한다. 따라서 이러한 물질들은 향락식에 반드시 들어가기 마련인데 이러한 첨가물로 매일같이 인체가 멍들고 있다. 그런데 그 멍드는 경계가 어디쯤인지 추정할 수도 없는 데다 그 맛에 빠져들어 경각심 따위는 아예 꿈도 못 꾼다.

실제로 우리가 별다른 생각 없이 하루에 섭취하는 식품첨가물만 하더라도 30가지가 된다는 말이 있다. 그 유해한 물질들이 인체에 미치는 영향 따위는커녕, 이미 마비된 혀는 엔도르핀이 주는 그 맛을 탐닉한 채 유해 물질들을 거부 반응 없이 받아들인다. 하여 자신을 되돌아볼 수조차 없다. '향락식'에 빠지게 되는 근본적 원인이 바로 설탕, 소금, 기름, 식품첨가물로 범벅된 기가 막힌(?) 맛 때문인데, 이 맛은 우리의 혀만 좋아하는 게 아닌 또 다른 이유가 있다는 데 유념해야 한다. 이 맛은 바로 장내 유해균도 아주 좋아하는 것이다. 섬유질 없이 살살 녹는 이 맛은 장내 유해균의 먹이가 되어 장내 환경이 극도로 열악해지면서 유익균들이 감소하는 치명적인 환경이 된다. '장 건강이 인체 전체의 건강과 같다'는 말이 있다. 유해균의 온상이 되는 '향락식'을 먹고도 건강한 경우가 있었던가? 한 번 되짚어 볼 필요가 있다.

여기서 우리는 면역세포의 통로가 되는 혈관에 대해서 다시 한번 유넘해야 하지 않을까? 하고 생각해 본다.

건강의 핵심 요소인 혈관이 바로 면역세포가 가는 길이라는 점이다. 혈관은 영양분과 산소 그리고 면역세포, 즉 자연살생세포(Natural Killer Cell, NK세포), 대식세포(MacropHage), T세포, B세포 등이 지나가는 길인 것이다. 그런데 이 길을 '향락식' 섭취의 결과로 나타나는 포화지방, 트랜스지방, 식품첨가물 등이 막으면 어떤 현상이 나타날까? 면역세포가 지나갈 수 없으니 그야말로 면역력이 급격히 저하하여 체외로부터 유입되는 각종 바이러스, 각종 박테리아를 막지 못하게 된다. 그뿐만 아니라 인체의 말단 혈관인 모세혈관까지 전달해야 하는 산소와 영양분이 제대로 전달되지 못하여 모세혈관이 죽게 되고, 결국 각종 장기로 가는 혈류가 감소하여 질병이란 나락에 떨어지고 만다.

그런데 실제로 2년 전인 2018년 당시 국내의 이상지질혈증의 환자가 1,000만 명이란 통계가 있다. 충격적이지 않은가?

문제는, 우리는 향락식과 같은 맛있는 음식을 섭취하는 것이 목표지 그 속에 설탕, 소금, 지방 그리고 식품첨가물의 함유 여부는 알지도 못할 뿐 아니라 따지지도 않는다는 사실이다. 게다가 라벨 속에는 표시하지 않은 성분도 들어 있는 게 더 큰 문제로 대두되고 있다. 굳이 표시하지 않아도 되는 허점은 피해도 된다는 업자들의 얄팍한 상술에 울며 겨자 먹는 꼴이 되어서는 안 된다.

이제 결단을 내려야 할 시점에 오지 않았나 하고 생각해 본다. 과연 우리는 순간적인 짧은 엔도르핀을 갈구하면서 '향락식'을 시도 때도 없이 입에 달고 살아야 하느냐, 아니면 눈을 크게 뜨고 혈관 건강의 핵심 요소인 콜레스테롤을 적정 수준으로 관리해야 하느냐의 사이에서 냉엄한 갈등에 부딪히게 될 것이다. 과연 어떤 결정을 하느냐는 결국 이 책을 읽는 독자의 몫이라고 생각한다.

그러기에 이 책은 우리가 더는 '맛집'의 속임수에 속지 말고 자신이 자기의 삶을 주도하는 주인이 되도록 하는 방향을 제시하고 있음을 유념하시기를 바라고 있다.

자, 이제 그 유해한 물질들을 열거하여 인체에 어떠한 악영향을 미치는지 알아보자.

‖ 설탕, 액상과당

이는 인체의 모든 기능을 저하하여 면역력을 고갈시키는 최상위의 독성 물질이다.

꿀, 전화당, 슈크로스, 당밀, 액상과당, 과당, 옥수수 시럽, 메이플 시럽, 아가베 시럽, 옥수수감미료, 맥아당(말토스, 엿당) 등은 설탕의 가명으로 위장되어 있기에 더욱 유념할 필요가 있다. 이때 커피숍 등의 점포에서는 설탕이 아니라면서 안심시키고 있지만 절대 속으면 안 된다. 사람은 젊은 층일수록 단맛을 더욱 선호하는 경향이 강한데, 이것은 우리 인체가 단맛을 좋아하도록 설계된 데다가 젊은 층일수록 경각심도 없고 달콤한 그 유혹에 벗어나지 못하는 나약함도 있기 때문이다.

그런데 여기서 특히 강조하고자 하는 것은 액상과당인데, 이는 설탕의 1.5배나 되는 단맛이 있기 때문에 혈당이 증가하면서 가바, 도파민, 세로토닌, 에피네프린, 노에피네프린과 같은 신경 전달 물질이 급격히 고갈된다. 그로 인해 뇌 기능이 급속도로 위축하게 된다. 이쯤 되면 뇌 플라크인 베타아밀로이드도 더욱 엉기면서 시냅스를 방해하고 낮에 발현된 플라크가 감소하지 못하여 점점 알츠하이머치매로 향하는 속도를 높이게 된다. 따라서 젊은 층이라고 해서 안심해서는 안 될 것이다.

최근 우리는 젊은 당뇨병 환자의 급증 현상을 목격한다. 당분의 과잉 섭취는 결국 당뇨병으로 이어질 수 있고, 이로 인해 뇌경색, 뇌졸중이 유발되면서 뇌 조직이 사멸하여 급기야는 치매로 나타날 수도 있다는 점을 유념할 필요가 있다.

현재, 의학계에서는 치매를 '제3형 당뇨병'이란 불명예를 씌우고 있다. 치매가 노인병이라고? 절대 그런 것만은 아니다. 젊은 당뇨병 환자가 급증하고 있는 현실에 과연 치매 환자가 나타나지 않을 것이라고 단정할 수 있을까? "왜 이런 말도 안 되는 소리를 하느냐?"라고 반문할 수도 있겠지만 치매는 당뇨, 이상지질혈증, 고혈압으로부터 유발되기 때문이다. 그러니까 젊은 당뇨 환자, 젊은 이상지질혈증 환자, 젊은 고혈압 환자가 많기 때문에 그런 말이 나올 수 있다는 것이다.

참고로, 혈액의 20%는 뇌와 연결된 혈관을 통해 뇌로 흐른다는 점을 간과하지 말기를 바란다.

‖ 지방

지방은 대체로 오메가-6가 사용되고 있다. 이 기름은 불포화지방산으로 필수지방산이기는 하나 인체에 염증을 유발하는 친염증성 기름임과 동시에 혈전을 유발하기 때문에 불량한 기름이란 취급을 받기도 한다. 결국, 향락식에는 이런 기름류가 많이 포함되므로 쉽게 면역력이 저하된다. 특히 샐러드에는 이런 오메가-6가 주류를 이룬다. 지방의 해악에 대해서는 다시 논하겠지만 샐러드에는 채소 외에 각종 견과류와 오메가-6가 주류를 이룰 것이다. 따라서 기름 대신 과일 스무디 등으로 토핑을 하는 것을 추천한다.

‖ 나트륨

'단짠'이란 말이 있다. 설탕 그리고 아이들이 유독 좋아하는 액상과당은 짧은 엔도르핀을 얻을 수 있는 원천이지만 여기에 소금, 즉 나트륨도 빠질 수 없다. 사실 과량의 나트륨 섭취가 일상화되고 있고 특히 향락식에서도 과량의 나트륨이 인체에 치명상을 입힐 수도 있지만, 이미 혀는 그 짠맛에 마비된 상태라 더 짠맛만을 요구하고 있으니 이를 어찌하면 좋단 말인가? 실제로 우리가 일상적으로 먹는 빵, 과자, 드레싱 등에도 염분이 함유돼 있다는 사실에 민감하게 반응할 필요가 있다. 특히, '맛소금'에 경각심이 필요한 현실이다. 또 65세 이상의 고령자는 단맛의 부작용에 따른 위험성보다 짠맛의 위험성이 더 크다는 연구 결과가 있다.

실제로 나트륨 과다 섭취가 혈관에 미치는 영향을 보면 뇌혈관에 고혈압이 발생하면서 동맥경화가 나타나 혈류가 감소하여 뇌 조직에 뇌경색이 발생한다. 또한, 해마에 미치는 영향을 보면 시상하부를 자극하여 혈압을 조절하는 기능에 이상이 나타나면서 학습 능력과 인지 기능이 감소하는 것으로 알려져 있다. 이러한 결과는 고혈압, 심장병, 신장병은 말할 것도 없고 결국 치매라는 엄청난 문제로 진전된다는 연구 결과가 있다.

‖ 식품첨가물

식품첨가물은 우리가 평소에 각종 식품을 섭취하면서 아무 생각 없이 먹고 있지만 독소의 일종으로 생각하고 유심히 살펴야 한다. 실제로 식품첨가물의 제조업자들은 그 정도의 섭취량은 안전하다고 말하지만 그들의 말을 믿어서는 안 된다. 그래야만 안전하기 때문이다. 우리는 이 식품첨가물이 몸에 어떤 해악을 끼치는지 명확히 알지도 못하면서 대량으로 섭취하고 있기 때문이다.

그럼 이제 식품첨가물의 종류, 부작용, 사용처 등에 대해 알아보자.

ⓐ **계면활성제인 유화제**(카세인나트륨, 글리세린지방산에스테르): 발암 가능성

빵, 케이크, 두부, 라면, 커피크림, 아이스크림 등에 사용

ⓑ **산화방지제인 아황산염**(이산화황, 아황산가스, 무수아황산, SO²)

　와인의 산화방지제로 사용되는데, 이는 효모 외의 잡균을 살균하면서 효모의 발효 촉진을 억제하고, 산화되어 변질되는 것도 막는 등의 용도로 사용되고 있다. 이 물질은 두통 등을 유발하는 독성이 있으므로 와인을 구입할 때 라벨을 잘 확인해야 한다. 참고로, 아황산가스는 공장에서 내뿜는 유독 가스의 하나로 두통을 유발하는 독성 물질이다.

　이 물질은 표백제로도 사용되는데, 예컨대 곶감, 말린 살구, 건 파인애플, 건 망고 등으로 원재료를 가공할 때 이 아황산염을 훈증 처리하면 살균 효과가 있어 과일의 색을 한층 선명하게 하므로 시선을 끌 수 있는, 배후에 가려진 잔꾀가 숨어 있음을 확인할 수 있다. 따라서 혹시 제품을 구입할 때 그 성분 표시를 확인하면서 이런 첨가물이 있다면 구입을 삼가는 것이 좋을 것이다. 이 산화방지제는 물로 세척하면 없어지지만 물로 세척하여 먹는 사람이 과연 있을까? 또 마트에 갈 때는 배고플 때 가서는 안 되고(배고프면 특히 향락식을 선호하는 경향이 강함), 평소에도 마트에서 식품을 제대로 알지 못하면서 남이 먹으니까 덩달아 사는 식으로 아무거나 집지 마시기를 바란다.

ⓒ **보존제**(방부제): 발암, 피부 점막 자극, 출혈성 위염 등

　빵, 과자, 버터, 치즈, 마가린, 케첩, 발효유 등에 사용

ⓓ **보존 기간 연장을 위한 pH조정제**(구연산, 사과산, 초산나트륨)

ⓔ **산미료**(젖산, 푸마르산 등): 급성출혈

　청량음료, 빵, 과자, 젤리, 아이스크림, 소스, 절임 식품 등에 사용

ⓕ **발색제인 아질산나트륨**: 발암성 물질, 호흡기 악화, 급성 구토 등

　각종 식품류, 육가공 식품, 채소, 과일 등에 사용

ⓖ **합성감미료**(아스파탐: 뇌종양, 백혈병, 림프종), (사카린나트륨- 발암성 물질), **기타**

슈크랄로스

청량음료, 합성 간장, 합성 된장, 간장, 젤리, 아이스크림, 과자, 빙과류 등에 사용

ⓗ **제빵 개량제**(브롬산칼륨): 발암성 물질

　발암성 물질로 논란이 많았던 것으로 현재 한국에서는 사용이 금지된 상태지만 혹시 외국에서 빵을 구입할 경우 이 물질이 함유돼 있는지 확인하는 습관이 필요하다.

ⓘ **살균료**(표백제/차아염소산나트륨): 피부염, 발암 가능성

두부, 어육, 햄, 소시지, 채소, 식혜 등에 사용

※ 두부

　두부에는 응고제, 소포제, 살균제 등이 함유돼 있기 때문에 구입 후 찬물에 담가 두는 것이 좋으나 피부염 등이 나타날 가능성도 있다.

ⓙ **착색료**(기호적 가치 향상을 위한 캐러멜 색소)

　수프, 시리얼, 청량음료, 가공육 등에 사용

ⓚ **합성팽창제**[베이킹파우더(탄산수소나트륨)]: 카드뮴, 납 등의 중금속 위험

　빵, 케이크, 비스킷, 초콜릿 등에 사용

ⓛ **향미증진제**[화학조미료(L-글루타민산나트륨, MSG)]: 두통, 천식, 손발 저림, 우울증 등. 사용처로는 쌀밥, 수프, 드레싱, 감자튀김, 어묵 등이다.

ⓜ **산화방지제**(BHA, BHT, 구연산 등): 발암, 콜레스테롤 상승 등

　사용처로는 버터, 치즈, 청량음료, 젤리, 잼, 아이스크림, 식용유 등이 있다.

ⓝ **빵의 이스트균인 이스트푸드**(황산칼슘, 브롬산칼륨, 염화암모늄, 염화마그네슘)

ⓞ **빵, 쿠키의 팽창제**(염화암모늄, 탄산수소나트륨, 주석산수소칼륨)

ⓟ **착향료**(딸기 향, 포도 향, 오렌지 향 등): 두통, 복통, 주의력결핍과잉행동증후군 (ADHD) 위험성 증가

≡ **유념치 않고 섭취하는 일반인들의 1일 평균 식품첨가물은 약 20여 종이 넘는 것으로 추정**

　사실 우리는 튀김류, 햄, 소시지, 베이컨, 햄버거와 같은 가공육류, 비스킷과 쿠키와 같은 과자류, 달걀과 우유를 섞어 만든 빵인 카스텔라, 라면 종류, 감자 칩이나 감자튀김, 머핀, 도넛, 크루아상과 같은 페이스트리, 청량음료와 탄산음료, 아이스크림이나 밀크셰이크와 같은 유제품, 피자, 샐러드드레싱(오메가-6가 대세), 마요네즈나 마가린, 버터, 즉석 수프, 초밥, 설탕의 가명으로 첨가한 음료 등을 아무 생각 없이 거의 매일 인체에 유해한 식품첨가물이 함유된 식품들을 섭취하고 있다. 실제로 우리가 평소 무심코 먹는 가공 식품 즉, 햄, 소시지, 베이컨, 청량음료, 아이스크림, 커스터드, 감자튀김, 감자 칩, 밀크셰이크, 도넛, 머핀, 크루아상, 쿠키, 비스킷, 즉석 수프, 각종 튀김, 피자, 마가린, 마요네즈, 과일 통조림, 빵, 치즈, 가공 우유, 콜라, 각종 과자류, 뻥튀기, 치즈 팝콘, 오렌지 주스 등과 같은 식품류로 인해 설탕, 소금, 포화지방, 트랜스지방, 오메가-6을 위시한 저품질의 지방, 식품첨가물 등의 불필요한 물질을 거리낌 없이 섭취하고 있다는 데 그 심각성이 있다.

그 사례를 한 번 살펴보면,
ⓐ **어묵**: 소브산칼륨, 소비톨, MSG, 사카린나트륨, 제3인산나트륨 등
ⓑ **단무지**: 사카린나트륨, 소브산칼륨, 아황산나트륨, 메타인산나트륨 등
ⓒ **라면**: 덱스트린, 향미증진제, 산도조절제, 캐러멜 색소, 인산나트륨, 산화방지제 등
ⓓ **햄**: 아질산나트륨, 산도조절제, 글리세린, MSG, 유화제, 탄산나트륨 등
ⓔ **캔커피**: 유화제, 캐러멜 색소, 합성착색료, 탄산수소나트륨 등
ⓕ **커피믹스**: 식물성경화유, 유화제, 합성감미료 등

ⓖ **스낵**(과자): 아스파탐, 합성감미료 등

ⓗ **사탕, 젤리, 초콜릿, 비스킷**: 황색4호, 황색5호, 적색102호, 안식향산나트륨 등

ⓘ **부침개용 튀김가루**: 산도조절제 등

ⓙ **불고기용 고추장**: 향미증진제 등

ⓚ **식빵**: 방부제, 젖산칼슘, 산도조절제 등

ⓛ **두부**: 살균제, 응고제, 소포제 등

상기한 식품류를 섭취함으로 인해 체질이 질병에 취약한 상태로 변해 만성적인 염증을 일으켜 비만을 비롯해 암, 심혈관 질환, 고혈압, 당뇨, 이상지질혈증, 과민대장증후군, 동맥경화, 변비, 아토피 등을 유발할 수 있으며 심지어 치매도 유발할 수도 있다는 게 정설로 자리 잡은 지 오래되었다. 하지만 그런 경고에도 불구하고 상기한 불량 식품을 섭취하는 우리들의 반응은 어떤가? 그런 경고 따위를 비웃기라도 하듯 여전히 그런 음식 섭취에 여념이 없다. 뭔가 잘못되어도 한참 잘못되었다. 바꾸어야 한다. 뭐를? 그런 일상적인 식습관을 말이다. 그러지 않고는 언젠가는 길이 없는 절벽에 도달할 수 있기 때문이다. 그러기에 이 책은 '쓰레기 식품(죽은 음식)'을 안 먹는 방법을 자세히 설명하고 있으니 진정 관심이 있다면 참고하시기 바란다.

다만 여기서 이 책 저자의 말이 과연 신빙성이 있을까 하는 의문이 안 생길 수가 없게 되는 난관에 봉착할 수도 있을 것이다. 그러기에 비록 필자는 의사가 아닌 일개 '무명한사'에 불과하지만 지난 37년간 건강에 관한 서적을 두루 섭렵하고 또 몸소 그 효능을 체험하였기에 자신 있게 권장해도 되지 않겠냐는 의지가 솟구치게 된 것이다. 그러기에 이 사실을 믿고 안 믿고는 오로지 독자들의 몫이다.

다시 한번 강조하지만, 부디 대증 요법에 기대지 말고 '원인 요법(原因療法)'에

치중하시기를 바라마지 않는다.

① **발색제인 아질산나트륨**(햄, 소시지, 베이컨, 핫도그, 육포, 육포 스낵, 명란젓 등에 사용): 발암 물질, 피부 점막 자극 등

(∵ 아질산나트륨과 '2급 아민'이 반응하면 발암 물질인 나이트로사민(Nitrosamine)이 발생하는데, 이로 인해 위암, 대장암, 췌장암의 발생 요인이 될 수 있다.

참고로, '2급 아민'이 함유된 식품에는 기름에 튀긴 생선, 말린 생선, 소시지, 훈제 연어 등이 있다. 여기서 '2급 아민'이란 아민류의 식품류를 분류할 때 사용하는 용어로서 상기한 식품들이 포함된다.

② **비스킷, 초콜릿, 젤리, 사탕 등의 보존료**(황색4호, 황색5호, 적색102호, 안식향산나트륨): 아동의 집중력결핍행동장애, 알레르기, 소화 장애 유발

③ **어묵 등의 감칠맛을 내는 화학첨가물인 L-글루타민산나트륨**(MSG): 구토, 매스꺼움, 두통, 우울증, 비만 등

MSG는 먹고 싶은 충동을 유발하는 식탐과 계속 먹게 하는 중독성을 높인다는 데 그 유인점이 있어 각별히 경계해야 할 것이다.

④ **탄산음료에 사용하는 인공감미료**(아스파탐): 체내 대사 장애 유발 가능

⑤ **부침개에 사용하는 부침가루**(산도조절제)

실제로 '무(無) 방부제'라는 표시를 사용하지만, 산도조절제는 pH조정제로서 방부제라고 생각하면 된다. 우리는 평소 튀김가루를 예사로 사용하고 있지만 거기에도 산도조절제가 들어 있고 그 외 젓갈, 소시지, 음료, 과자, 젤리, 치즈, 커피, 면, 발효유 등에도 들어 있다. 산도조절제는 50여 종이 되는 것으로 알려졌는데, 인산염, 구연산, 염산(Hcl), 수산화나트륨(NaOH), 푸마르산(Fumaric acid) 등도 포함된다. 산도조절제의 부작용에는 급성 출혈, 적혈구 감소, 염색체 이상 등이 있는 것으로 알려진다.

부침가루에 표시된 봉지를 보면 베이킹파우더(산도조절제, 전분, 유화제)에 한 가지 성분으로 산도조절제가 들어 있음을 알 수 있다. 따라서 그 부작용을

감안해서라도 소량 섭취하거나 아예 피하는 게 상책일 수밖에 없다. 하지만 우리는 소량 섭취하지도 않거니와 피하지도 않고 이 부침가루를 아무 생각 없이 장기간 막무가내로 섭취하는 실정이다. 전을 부칠 때 기름을 많이 둘러야 전이 팬에 붙지 않는다고만 할 뿐 다른 생각은 없다.

⑥ 착색료(기호적 가치 향상의 캐러멜 색소)

이 물질은 조리할 때 조리식의 색을 선명하게 보이도록 하기 위해 사용되는데, 간장, 미역국, 청량음료, 탄산음료, 양주, 푸딩, 파스타, 소스, 안주, 컵라면, 인스턴트 라면, 수프, 과자 등에 다양하게 사용되고 있다. 그런데 전분 분해물이나 탄수화물에 암모늄 화합물을 첨가한 뒤 산이나 알칼리를 첨가하고 열처리하면 발암성의 캐러멜 색소가 생성된다는 것이다. 이때의 발암성 물질은 4-메틸이미다졸(4-methylimidazole)인 것으로 확인된다. 따라서 무해한 캐러멜 색소도 있지만, 발암성이 의심되는 유독 물질이 있는지 확인하는 것이 좋을 것이다. 하지만 확인할 방법이 없다면 캐러멜 색소로 착색한 제품을 피하는 것이 상책이다.

그렇다면 우리는 왜 이 캐러멜 색소를 선호하는 경향이 유독 강할까? 가령 발효된 음식은 대체로 갈색의 정도를 숙성의 척도로 사용하고 있지만, 이러한 갈변 반응은 대체로 구수한 향미가 기대되어 선호하는 경향이 있다. 이것이 바로 가짜 갈변 반응을 모방한 것이 캐러멜 색소인데, 실제 숙성된 음식의 풍미와는 별개의 향미로서 숙성됐음을 눈가림하는 것이다. 그런데 '비(非) 효소 갈변 반응'인 경우는 당화 반응(마이야르 반응)이 되는데, 여기서 생성된 물질이 바로 치명적인 혈독인 최종당화산물(AGEs)이다.

일례로, 한때 '가짜 홍삼'이 등장했던 시절이 있었다. 값싼 중국산 홍삼에다 캐러멜 색소와 물엿을 혼합한 가짜 홍삼을 시중에 유통한 것이다. 이 캐러멜 색소는 자칫 '블랙푸드'를 연상하는 데도 한몫하여 문제로 지적되면서 경각심을 가질 것을 강조하고 있다.

⑦ **합성감미료**(사카린, 아스파탐, 슈크랄로스)

이러한 합성감미료는 열량이 거의 없으므로 '제로 칼로리'란 말을 사용한다. 그래서 비만, 당뇨, 다이어트 등에 유리하다고 생각할 수 있다. 타당한 말일 수 있지만, '제로 칼로리'가 말해 주듯이 분해되지 않으므로 대사되지 않아 체내에서 간, 신장 등에 손상을 줄 수 있으며, 아스파탐의 경우 뇌종양이나 백혈병의 위험성이 제기되고 있다. 따라서 식품을 구입할 때 이런 합성감미료의 사용 여부를 확인할 필요가 있다.

아스파탐은 설탕에 비해 180~220배의 단맛이 나는 물질로 사탕, 젤리, 초콜릿, 껌, 청량음료, 청량과자 등에 사용되고 있으며, 슈크랄로스는 빵이나 과자에 사용되고 있다.

사실 상기한 대체 감미료는 식욕 억제 호르몬인 렙틴을 감소하게 함으로써 이런 물질이 함유된 식품을 계속 먹게 되는 악순환도 발생하며, 인슐린 저항성을 높이지 않아 혈당이 안정된다고 생각할 수도 있다. 그러나 장내 유해균의 증식을 도와 장내 환경을 열악하게 함으로써 신진대사에 엄청난 장애를 발생시킨다. 따라서 이러한 대체 감미료는 설탕과 같이 인체에 악영향을 미치는 요인이 된다는 사실을 절대 간과해서는 안 된다.

⑧ **소비톨**(Sorbitol): 과량 섭취 시 소화 불량, 설사, 과민대장증후군 등 발생

보습제, 설탕 대용물 등으로 사용되며 어묵, 맛살, 제과용, 제빵용, 초콜릿 등에 사용

⑨ **합성착색료**(타르색소): 적색 2호, 적색 3호, 적색 40호, 청색 1호, 청색 2호, 황색4호, 황색5호, 녹색 3호와 같이 9종이 합성착색료에 해당한다. 천식, 알레르기, 구토, 신장 장애, 발암 가능성, 뇌 장애 등을 일으키며 식빵, 카스텔라, 잼, 두부, 묵, 장, 소스, 마요네즈, 식용유, 식초, 토마토케첩, 카레, 젓갈류 등에 주로 함유되어 있다.

⑩ **산화방지제**(BHA, BHT, 구연산 등): 발암, 콜레스테롤 상승 등을 유발한다.

버터, 치즈, 청량음료, 젤리, 잼, 아이스크림, 식용유 등에 사용한다.

⑪ **향미증진제**[감칠맛을 내는 화학조미료(L-글루타민산나트륨, MSG)]: 두통, 천식, 손발 저림, 천식, 우울증 등을 유발한다.

⑫ **살균료**(표백제/차아염소산나트륨): 피부염, 발암 가능성이 있으며 두부, 어육, 햄, 소시지, 채소, 식혜 등에 사용한다.

⑬ **사카린나트륨**: 소화기 장애, 신장 장애 등을 유발한다.

사카린에는 발암 물질 들어 있어 WHO에서는 섭취 허용량을 체중 1kg당 5mg으로 제한하고 있다. 한편 사카린나트륨은 식품첨가물 중 합성 감미료이지만 1만 배의 수용액에도 단맛이 나므로 사용하고 있다.

⑭ **바닐린**(불량한 냄새 제거용의 향신료)

과일 향, 향신료 향으로 첨가되어 사탕, 요구르트, 아이스크림, 밀크셰이크 등에 사용되는데, 석유화학 제품과 목재 펄프로 만드는 것으로 알려져 있다.

⑮ **구연산**(산미료, 보존제, 조미료): 발암 가능성, 칼슘 흡수 저하 등을 유발하며 사탕, 주스, 탄산음료, 에너지음료, 면, 치즈 등에 사용한다.

⑯ **인산염**: 칼슘 흡수 장애, 신장병 유발의 요인이며 치즈, 햄, 소시지, 탄산음료, 유제품, 어묵, 면류, 감자튀김, 냉동 식품, 육가공 식품, 조림, 음료, 채소절임 등에 사용한다.

⑰ **글리신**(감미료, 조미료)

단맛이 나는 아미노산으로 제품에 윤기를 높여 시각적 효과를 자극하고, 지방의 산패를 늦춰줘 쌀밥, 도시락, 반찬, 빵 등의 첨가물로 이용한다.

⑱ **합성보존제인 BHA**(Butylated Hydroxyanisole, 뷰틸 하이드록시아니솔)

팜유의 산화방지제, 즉석 면, 마가린, 패스트푸드, 스파게티 소스, 분말 주스, 소시지, 피자, 감자 칩, 과자, 페퍼로니(Pepperoni, 소고기와 돼지고기로 만든 이탈리아식 소시지) 등에 사용되는데, 국제 암 연구 기관에서는 동물 실험 결과 발암 물질로 분류하고 있으며, 따라서 암 유발 우려가 제기되고 있다.

⑲ **합성향료**(딸기 향, 바나나 향, 바닐라 향): 두통, 복통, 순환기 장애, 주의력 결핍과잉행동장애(ADHD) 등을 유발한다. ○○ 맛 음료, ○○ 맛 우유 등으로 유통되고 있다.

⑳ **증점다당류**

젤리, 페이스트, 드레싱, 양갱, 즉석 쌀밥 등에 이용한다.

㉑ **보존제**(방부제): 발암 가능성, 피부 점막 자극, 출혈성 위염 등을 유발하며 빵, 과자, 버터, 치즈, 마가린, 케첩, 발효유, 초콜릿, 고추장, 유산균, 어육, 단무지, 오이피클, 짜장면, 간장, 햄 등에 사용한다.

※ **빵**

빵의 원료는 수입 밀가루이므로 표백제와 방부제가 투입되기 마련이다. 따라서 제조업체는 '방부제를 사용하지 않는다'고 말하지만, 밀가루에는 이미 방부제가 함유돼 있기에 그 말은 의미가 없다. 특히 인공팽창제에는 발암 물질인 중금속이 함유돼 있다는 점과, 트랜스지방에는 마가린이나 쇼트닝이 함유돼 있다는 점도 그냥 간과할 수 있는 문제로 보아서는 안 될 것이다.

㉒ **소브산, 소브산칼슘**: 중추신경 마비, 간에 악영향, 발암 가능성 등을 유발할 수 있으며 팥 앙금, 오징어채, 진미포, 유산균음료, 단무지, 케첩, 잼, 해조류 절임, 유산균 음료, 어육 제품 등에 사용한다.

㉓ **합성보존제인 BHT**(Butyrated Hydroxytoluene, 뷰틸 하이드록시톨루엔)

페퍼로니, 시리얼, 포장 견과, 케이크 믹스 등에 사용하고 있으며, 발암 물질의 위험이 있는 것으로 알려져 있다.

이 외에도 더 많은 식품첨가물이 있는 것으로 추정된다.

그럼, 향락식을 열거하고 그 유해 요인이 뭔지를 알아보자.

1. 향락식의 종류

(1) 가공 식품

고열량, 팜유(오메가-7로 포화지방인 팔미트산이 50% 함유), 오메가-6 지방, 당분, 포화지방, 트랜스지방, 콜레스테롤, 나트륨 등이 과다하게 함유돼 있어 비만, 인슐린 저항성, 영양 불균형, 학습 부진, 기억력 감퇴, 정서 불안 등의 요인이 되어 사회적으로 큰 문제로 대두되고 있다.

대체로 방부제, 화학조미료, 향료, 발색제, 아질산나트륨 등의 식품첨가물이 함유돼 있다.

ⓐ **훈제 식품**(아질산나트륨)

햄: 발암 가능성, 구토, 호흡 곤란, 어린이 집중력 결핍

훈제 소시지: 발암 가능성

베이컨: 발암 가능성, 구토, 호흡 곤란, 어린이 집중력 결핍

ⓑ **연제 식품**(화학조미료)

어묵(소브산칼슘): 출혈성 위염, 발암 가능성, 중추신경 마비, 눈 및 피부 점막 자극

맛살(착색제, 산도조절제): 신장 장애, 발암 가능성

ⓒ **절임 식품**

피클(장아찌): 산미료, 보존료, 감미료, 합성착색료, 향료, 조미료 등

단무지(사카린나트륨, 색소, 감미료): 신장 장애, 발암 가능성, 소화기 장애

ⓓ **발효 식품**(산화방지제, 보존제, 식용색소, 발색제, 화학조미료 등)

젓갈

(2) 밀가루 음식

ⓐ 국수

원료로 사용되는 수입 밀가루에는 수송 기간 중 원료의 변질을 막기 위해 살충제와 방부제가 사용되기 마련이고, 고GI 식품(혈당 85)으로 혈당을 급격히 올림으로써 면역력을 고갈시킨다.

ⓑ 라면

원료로 사용되는 수입 밀가루에는 살충제와 방부제 그리고 표백제가 사용되기 마련이고, 고당도 식품(혈당 73)인 라면은 혈당을 급격히 올린다. 섭씨 130~150도로 튀기는 과정에서 사용하는 기름은 팜유로 50%가 포화지방이다. 튀기는 과정에서 트랜스지방이 발생할 수 있으며 라면 1개에는 1일 나트륨 섭취량의 1/2이 들어 있다. 라면 1개(120g)에는 약 500kcal의 열량이 함유돼 있으므로 자칫 내장비만(복부지방, 뱃살)으로 이어질 수 있다. 실제로 컵라면에는 지방이 30g이나 함유돼 있지만, 그게 과량의 지방인지 알 턱이 없을 뿐 아니라 그저 맛만 있으면 그만이다는 생각뿐이다. '맛 천국'의 비참한 현실이 아닐 수 없다.

ⓒ 부침개

부침개를 만드는 튀김가루에는 산도조절제가 함유돼 있고, 부칠 때의 기름은 친염증성의 오메가-6 지방이 들어 있다. 만든 후 노릇노릇해지면 최종당화산물이 발생하는 단계이고, 만든 후 암갈색으로 타게 되면 마이야르 반응(Maillard Reaction)의 결과로 아크릴아마이드(Acrylamide)란 발암 물질이 생성된다. 가령 튀김가루가 아니고 흰 밀가루(국산 제외)인 경우 95% 정도가 미국에서 수입되다 보니 장기간 운송을 위해 살충제나 방부제를 사용할 수밖에 없다. 잘못된 식습관으로 입만 호강하는 셈이다.

상기한 친염증성의 오메가-6는 대부분 평소에 콩기름, 옥수수기름, 해바라기씨유, 참기름 등에서 주로 섭취한다. 이 오메가-6는 필수지방산 중

하나이기 때문에 반드시 먹어야 하지만, 많은 연구에서 오메가-6가 염증을 유발하면서 암을 촉진할 가능성이 크다고 판명되었다. 일부 전문가는 오메가-6를 나쁜 기름의 범주에 포함하고 있다. 일반인들은 옛날부터 조상들이 즐겨 먹어 왔기 때문에 그리고 그 고소한 맛 때문에 즐겨 먹는 것이 일상화되었다. 이때 오메가-3가 오메가-6의 염증 발생을 상쇄해 주기 때문에 평소 오메가-3를 가능한 한 많이 섭취하는 것이 좋다.

그런데 여기서 가장 중요한 문제는 오메가-3에 비해 오메가-6의 비율이 높으면 오메가-3가 EPA와 DHA로 전환되지 못하는 결정적인 요인이 발생한다. 그러므로 체내는 EPA와 DHA가 부족해진다. 그러기에 오메가-6 자체를 적게 섭취하는 것을 권장한다.

참고로, 오메가-3와 오메가-6의 비율은 1:4로 권장하고 있지만, 최신 자료와 전문가의 견해로는 1:2 또는 1:1로 권장하는 경우도 있음을 유념하였으면 한다. 특히 그 비율이 1:1이면 병 없이 살 수 있는 황금비율임을 잊지 말자.

ⓓ 빵(마가린, 쇼트닝, 치즈, 방부제, 유화제, 설탕, 포도당, 소금, 오일, 버터)

재료로 사용되는 미국산 밀가루는 1개월 이상 장기간에 걸쳐 운송되다 보니 살충제나 방부제가 사용된다. 빵의 혈당 지수는 식빵의 경우 91, 바게트는 93, 도넛은 86, 찹쌀떡은 88 등과 같이 어느 하나 만만한 혈당 지수가 아니다. 혈당 지수가 높아 혈당이 급격히 올라 인슐린이 과다하게 분비되면 비정상적인 대사 과정을 촉진하여 노화를 앞당긴다. 또 밀가루와 함께 사용되는 우유와 달걀에는 항생제와 성장촉진제가 그리고 설탕, 액상과당은 암세포의 성장 동력을 유발하면서 노화도 촉진한다. 굽거나, 볶거나 튀길 때 빵 껍질이 암갈색으로 변한 것은 최종당화산물이 발생한 것이고, 검게 된 부분이 있으면 최종당화산물의 한 가지 종류인 아크릴아마이드(Acrylamide)란 발암 물질도 발생하니 빵 따위를 먹은 후의 부작용은 명약관화할 것이 아닌가. 아크릴아마이드는 특히 섭씨 120도 이상의 고온에서 튀길 때 가장 많이 발생한다.

ⓔ **햄버거**

돈육, 우지, 소고기 추출물, 조미료, pH조정제, 착색제(캐러멜 색소, 홍국 색소), 소금, 설탕, 우유, 향신료, 인산염, 가공 전분

참고로, '햄버거 광'으로 유명했던 클린턴 전 미국 대통령은 심장병으로 고통을 받아 스텐트 시술 및 바이패스 시술을 받고 심장병이 완치되었다고 한다. 그 후 지방이 없는 채식으로 체중을 15kg을 감량하였다는 뉴스가 보도되기도 했다.

(3) 과자류(마가린, 치즈, 방부제, 설탕, 버터, 포도당, 소금, 유화제, 오일, 쇼트닝)

ⓐ **약과**

고GI 식품, 최종당화산물, 과산화지질, 아크릴아마이드, 수입 밀가루, 나트륨, 포화지방, 물엿, 대두 식용유, 황설탕, 조청

ⓑ **한과/유과**

고GI 식품, 튀긴 식품, 조청, 최종당화산물, 설탕, 물엿, 과산화지질, 아크릴아마이드

ⓒ **강정**

고GI 식품, 설탕, 물엿, 조청

ⓓ **건빵**

고GI 식품, 설탕, 수입 밀가루, 마가린, 우유 분말, 전분, 포도당, 탄산칼슘, 탄산나트륨, 소금, 포화지방/1봉지(80g) 200kcal

ⓔ **뻥튀기**

고GI 식품으로서 당 지수가 95나 된다. 또 강정의 제조 과정에서 설탕과 조청이나 물엿을 첨가하여 강정을 만들기 때문에 혈당은 폭발적으로

증가한다. 따라서 뻥튀기나 강정은 건강 유지에 필요한 일상생활에서 전혀 불필요한 주전부리에 불과한 '향락식'임을 잊지 말자. 그런데 이 뻥튀기에는 중독성이 있어 한 번 먹고 끝내지 못하게 되므로 자칫 치명적인 '악의 사슬'에 걸려들 수 있음을 간과하지 말아야 할 것이다.

ⓕ 캐러멜 팝콘

캐러멜의 생산에는 두 가지 과정이 있다. 첫째, 물엿이나 설탕에 연유, 버터 그리고 바닐라와 같은 향료를 첨가하여 저온에서 고아서 굳힌 과자를 들 수 있고 둘째, 당질의 액체를 융점 이상으로 가열하여 농축한 착색제가 있다. 간장, 케이크, 비스킷 등의 향미증진제로 이용하는데, 캐러멜 팝콘은 이 향미증진제를 이용한다.

참고로, 캐러멜 색소는 양주, 과자류, 라면, 간장, 수프, 소스, 청량음료, 탄산음료 등에 사용하고 있다.

(4) 육가공 식품

ⓐ 햄

햄은 가공의 과정인 훈제[스모킹(Smoking)] 단계에서 발암 물질인 벤조피렌(Benzopyrene)이 발생한다. 벤조피렌은 발암성이나 돌연변이를 유발할 가능성이 있는데, 스모킹이나 숯불의 직화구이에서 육류가 탈 때 주로 발생하므로 경각심이 필요하다. 또 클로스트리듐 보툴리눔(Clostridium Botulinum) 균의 증식을 억제하기 위한 발색제로서 살균력이 강한 아질산나트륨($NaNO_2$)이 사용되고 있다. 물론 그 사용량은 엄격히 제한되고 있기는 하지만, 그 치사량은 맹독성으로 악명 높은 청산가리(시안화칼륨)와 유사한 수준이라니 과히 그 독성을 짐작하고도 남는다. 그런데 이 아질산나트륨은 육류나 생선에 주로 함유된 '2급 아민'과 채소류에 주로 함유된 아질산염과의 반응에서 나이트로사민(Nitrosamine)이라는 발암 물질도 발생한다.

참고로, 여기서 '2급 아민'이란 아민류의 식품을 분류할 때 사용하는 용어로, '2급 아민'이 많이 함유된 식품은 소시지, 훈제 연어, 말린 생선, 기름에 튀긴 생선 등이 있다.

결론적으로 볼 때, 벤조피렌, 아질산나트륨, 나이트로사민과 같은 인체에 유해한 물질들로 피해를 입을 수도 있는 것이 햄이기 때문에 차라리 먹지 않는 쪽을 택하는 것이 현명할 것이다.

ⓑ 소시지

보존제로서 발색제인 아질산나트륨($NaNO_2$)를 사용하는데, 이 물질은 나이트로사민 (Nitrosamine)이라는 발암 물질로 전환된다.

ⓒ 베이컨

발색제인 아질산나트륨($NaNO_2$)를 사용하는데, 이 물질은 나이트로사민 (Nitrosamine)이라는 발암 물질로 전환된다.

ⓓ 스팸

발색제인 아질산나트륨($NaNO_2$)를 사용하는데, 이 물질은 나이트로사민 (Nitrosamine)이라는 발암 물질로 전환된다.

ⓔ 핫도그

발색제인 아질산나트륨($NaNO_2$)를 사용하는데, 이 물질은 나이트로사민 (Nitrosamine)이라는 발암 물질로 전환된다.

ⓕ 육포

발색제인 아질산나트륨($NaNO_2$)를 사용하는데, 이 물질은 나이트로사민 (Nitrosamine)이라는 발암 물질로 전환된다.

ⓖ 육포 스낵

발색제인 아질산나트륨($NaNO_2$)를 사용하는데, 이 물질은 나이트로사민 (Nitrosamine)이라는 발암 물질로 전환된다.

ⓗ **육류통조림**

타르색소, MSG

(5) 튀김류

고GI 식품, 아크릴아마이드, 최종당화산물, 트랜스지방, 과산화지질

ⓐ **닭강정**

고GI 식품, 최종당화산물, 트랜스지방, 과산화지질, 아크릴아마이드

ⓑ **꽈배기**

고GI 식품, 최종당화산물, 밀가루, 설탕, 트랜스지방, 과산화지질, 아크릴아마이드

ⓒ **탕수육**

튀김용 기름, 설탕, 육류, 밀가루, 트랜스지방, 과산화지질, 최종당화산물, 아크릴아마이드, 인공조미료

ⓓ **돈가스**

육류, 최종당화산물, 과산화지질, 아크릴아마이드, 튀김용 기름

ⓔ **닭튀김**

닭고기, 튀김옷, 베이킹파우더, 증점제, 유화제, 착색료, 팜유, pH조정제, 조미료, 소금, 설탕 등으로 생산

최종당화산물, 트랜스지방, 과산화지질, 아크릴아마이드 등의 피해를 입을 수도 있다.

ⓕ **어묵**

감칠맛을 내기 위해 L-글루타민산나트륨(MSG)을 첨가했으며, 방부제인 아질산나트륨($NaNO_2$)를 사용하는데, 이 물질은 나이트로사민(Nitrosamine)이라는 발암 물질로 전환된다.

과산화지질, 아크릴아마이드, 설탕, 산도조절제, D-소비톨, 최종당화산물,

튀김용 기름, 소금

ⓖ **도넛**

고GI 식품으로 혈당을 급격히 올린다. 고온에서 튀기다 보니 튀길 때 트랜스지방이 발생한다. 도넛 껍질의 암갈색은 최종당화산물이고, 탄 부분은 발암 물질인 아크릴아마이드가 발생한 것이며 공기나 햇빛과 접촉하면 과산화지질이 발생한다. 이리저리 보아도 좋은 것은 아무것도 없다. 오로지 혀만 호강하는 셈이라 느긋하게 근시안적인 '소 행복'에 취해 지내지만, 나중에 처참한 종말이 다가와 질병과의 전쟁에서 참패하여 어쩌면 참혹한 전리품(대가)을 내놓아야 할지도 모른다.

ⓗ **감자튀김/감자 칩**

감자는 고구마와 달리 혈당 지수가 최고도에 속하는 고GI 식품이다. 튀길 때 탄 부분에는 최종당화산물이나 아크릴아마이드(Acrylamide)가 존재하고, 식혀서 보관하면 기름이 산패하면서 과산화지질이 발생하며, 튀기는 과정에서는 트랜스지방이 발생한다. 여기서 특히 간과하지 말아야 할 점은 감자 칩 30g짜리 한 봉지에 지방이 10g 정도 함유돼 있다는 것이다. 그러기에 이런 제품을 두고 탄수화물로 취급하면 안 되고 '가짜 탄수화물'로 생각해야 한다. 대체로 우리는 이 제품을 아무 생각 없이 먹고 있지만 상기한 엄청난 지방을 간과한다는 사실에 다시 한번 경각심을 가져야 하지 않을까 하고 생각해 본다. 여기저기서 과량의 지방을 섭취한다는 것은 질병 발생의 지름길임을 인식해야 할 것이다.

≡ **상기한 과자류와 튀김류에 특히 다량 함유된 최종당화산물(AGEs)이 인체에 미치는 악영향**

최종당화산물은 치명적인 혈독의 하나로 '가짜 탄수화물'(감자 칩, 감자튀김, 라면, 도넛, 전통 과자, 한과, 약과, 유과, 꽈배기, 빵 등), 햄버거, 구운 육류, 소시지 등과

43

같은 음식에 특히 많이 함유돼 있는데, 그 악영향이 있다고 알려지는 것들을 열거한다.

모든 질병의 원인이 된다, 이 물질이 인체에 많으면 사망률이 높다, 주름이나 기미의 원인 물질이다, 노인반(검버섯)을 생성한다, 염증을 촉진하고 당뇨, 비만, 치매 등을 유발한다, 혈관 벽을 약화시킨다, 뇌 기능을 퇴화시킨다 등

최종당화산물(AGEs) 중의 하나인 아크릴아마이드(Aacrylamide)는 발암성 물질인데, 섭씨 120도 이상의 고온에서 튀기는 탄수화물이나 단백질에 다량 함유돼 있으므로 그러한 식품의 섭취를 특히 만류하고 싶다. 튀긴 음식은 염증 발생의 최고의 원인임을 절대 간과하지 마시라.

(6) 단맛 음식
ⓐ **믹스커피**: 커피크림, 설탕 등
ⓑ **밀크초콜릿**: 우유, 설탕 등
ⓒ **아이스크림**: 설탕, 크림, 쇼트닝, 우유, 레시틴(유화제로 만든 것), 인공 버터 등
ⓓ **청량음료**: 산미료(구연산), 향료, 착색료, 설탕 등
ⓔ **셔벗**: 설탕, 안정제, 우유, 식물유지(트랜스지방 함유) 등

• 샐러드의 함정
'맛집'으로 소문난 레스토랑의 샐러드는 '빛 좋은 개살구'다. 채소가 주류가 아니라 크림, 치즈, 베이컨, 빵의 조각, 소금, 설탕, 기름, 식품첨가물 등으로 범벅이 되다시피 한 것으로 채소는 그저 허울에 불과할 뿐이다. 맛에 탐닉한 식객들은 뇌리에 저장된 그 쾌락이 주는 엔도르핀을 잊을 수 없다. 설탕과 소금과 윤기 자르르 흐르는 지방의 맛에 혀가 마비되어 이제는 더 많은 설탕, 소금, 지방을 찾아 헤매기 일쑤다. 이게 바로 우리의

일상이다. 맛집을 기억한 그곳에는 위안으로 보상을 받을 수 있는 행복이 있다. 음식이 주는 엔도르핀 효과는 인간의 심신을 안정시키면서 스트레스 또한 해소해 주기에 우리는 그 여운을 잊을 수가 없게 된 것이다. 특히 기름기가 잘잘 흐르는 그 맛은 입안에서 씹을 여유도 주지 않고 살살 녹는다. 쾌감을 느낄 만큼 살살 녹는 그 맛이 다음에도 또 와야 한다는 여운을 남긴다.

이러한 맛을 만드는 업자들은 소비자들이 특히 음식의 외부는 단단한데 속은 살살 녹는 맛, 확 끌어당기는 강한 소스, 똑 쏘는 느낌이 나면서도 달콤한 맛을 내는 음식을 찾고 있다는 것을 잘 안다. 그 맛들은 소비자들에게 위안을 주는 동시에 흥분도 안겨 준다. 그래서 뇌에 각인된 그 맛은 쾌락이란 형태로 보상을 주지만 결국 악습이 된 후 구제할 수 없는 치명상으로 인간의 전신을 황폐화하고 만다.

어떤 전문가가 이런 말을 했다. "샐러드에 올리브유를 듬뿍 쳐서 먹어라."라고. 하지만 우리는 그렇게 듬뿍 친 올리브유도 직성이 차지 않아 소스까지 끼얹어 샐러드를 먹는다. 그렇지만 이런 습관이 다이어트를 방해한다는 것쯤은 잊고 산다. 왜냐면 올리브유도 일반 기름과 같이 1g당 9kcal를 내는 고열량 식품이기 때문이다. 게다가 올리브유에는 포화지방이 14%나 함유돼 있다는 점 역시 건강을 방해할 수도 있다.

그렇기 때문에 문제가 안 나타날 수가 없다. 실제로 전문가 사이에도 의견이 상반되는 경우가 허다하다. 서로 보는 눈이 다르기 때문일 것이다. 그러니 비전문가들은 어떤 것이 진짜인지 헷갈릴 수밖에 없다. 그러니 어떤 정보를 접할 때는 적어도 2~3가지 정도의 정보를 확인하는 습관이 중요하다. 그러므로 상기한 올리브유의 섭취도 어느 한 전문가의 말만 믿어서는 안 된다. 건강식이라고 알려진 지중해식 식단에서는 올리브유가 일등 공신이 아니다. 바로 생채소와 생과일 등을 즐겨 먹는 크레타 사람들의 식습관이 장수의 요인이 된 것이다.

또 시중에서 파는 샐러드에는 여러 종류의 견과류와 씨앗류 그리고 식물성 오일까지 들어간다. 그야말로 오일이 꽉 찬 고지방 샐러드인 셈이다. 게다가 그 견과류와 씨앗류는 모두 열량이 엄청 높아 자칫 비만으로 향하는 지름길이 될지도 모를 일이다.

결론적이긴 하지만, 향락식을 먹고 다시는 헤어 나오지 못할 나락에 떨어질 것인가? 아니면 이러다가 제명대로 못 살고 요절하고 말 테니 지금부터라도 방향을 전환하는 것이 좋을 것인가? 양자택일해야 할지도 모른다. 그래도 내 인생 내가 산다는데 무슨 조언이 필요하겠는가?

참고로, 이제 우리는 이미 뇌리에 저장된 쾌락이란 위안을 밀어내고 절대로 혀의 유혹에 패배하면 안 된다는 사실을 새롭게 저장해야 할 것 같은데, 당신의 생각은 어떤가? 혀의 유혹에 패배하면 나중에 처참한 전리품(대가)을 내놓아야 할지도 모르기 때문이다.

≡ 우리는 오메가-6를 과량 섭취하고 있다.

우리가 지방을 섭취해야 할 중요한 이유로는 체온 유지를 위한 단열재 역할, 지용성 비타민의 흡수 촉진, 피부의 수분 유출 방지, 혈관 벽의 상처 치유, 세포막의 주성분, 주름살을 커버하는 피하지방의 풍성함, 신경섬유 보호, 위장 점막 보호, 출혈 방지, 충격 흡수, 수분 유출 방지, 스트레스 호르몬과 성호르몬 및 성장호르몬 등의 호르몬 생산 등이 있다. 우리가 평소 지방을 적당량 섭취해야 하는 이유다. 하지만 고지방 음식으로 과량의 지방을 섭취할 경우 산소 차단, 독성 물질 생성, 영양소 차단, 소화 장애, 혈행 장애, 노화 촉진 등과 같은 질병 발생의 밑거름이 된다. 사실 우리가 평소 아무 생각 없이 상기한 바와 같이 고지방 식사에 익숙해지면 혈액과 조직에 산소가 부족해지는데, 산소가 부족할 때의 가장 치명적인 문제는 암세포가 활동하는 환경이 조성된다는 것이다.

우리는 평소 육류를 섭취할 때 육류에 함유된 기름도 섭취한다. 이때 포화지방[소고기, 돼지고기, 삼겹살, 육류 껍질, 버터, 치즈, 생크림, 팜유(라면, 과자, 커피크림 등) 등]은 차치하고서도 그 외, 필수지방산이긴 하나 오메가-6와 같은 불포화지방을 과량 섭취한다는 사실을 잊고 산다. 실제로 오메가-6가 필요한 이유는 이 기름이 생명을 유지하는 데 반드시 필요하다는 사실이다. 그리고 에너지원, 세포 재생, 뇌의 건강, 체온 조절, 지용성 비타민의 흡수 촉진 등의 장점이 있다. 그 외 체내에 유해균이 침투할 경우 염증을 일으켜 제거하기도 하고 출혈이 있을 경우도 혈소판을 응고하여 지혈한다는 이점이 있다. 그렇지만 우리는 오메가-3와의 상호 보완적 차원을 넘어 과량 섭취하고 있다. 전문가들은 오메가-6를 오메가-3와 동률로, 혹은 2:1의 비율로 섭취할 것을 강조하고 있다. 다시 말해 오메가-3와 오메가-6의 비율이 1:1이 되어야 병 없이 살 수 있는 황금비율이라는 것이다. 즉, 오메가-6로 염증이 유발되고 오메가-3로 염증을 차단하는 비율이 동률이 되어 안전하게 된다는 논리다. 하지만 건강 관리가 다소 느슨하여 1:2가 되어도 큰 문제는 없을 것이다.

하지만 우리가 일상생활에서 오메가-6의 섭취 현황을 살펴보면 소고기, 돼지고기, 닭고기, 오리고기 등의 육류에서 나오는 것은 물론이고 평소 즐겨 먹는 샐러드유에도 거의 이 오메가-6가 사용되고 있다는 것이다. 물론 일부 샐러드나 가정에서는 올리브유(포화지방 14% 함유)와 아보카도오일(포화지방 16% 함유)이 사용되지만 견과류(호두, 아몬드, 잣, 피칸, 헤이즐넛, 호박씨, 해바라기씨 등)에 과량의 지방과 과량의 열량이 숨어 있다는 사실을 간과하고 있다.

식물성으로서 오메가-6의 함유 상태는 참기름, 홍화씨유, 해바라기씨유, 콩기름 등으로서 이런 종류의 기름이 우리의 일상생활에 과량 소비되고 있다. 게다가 각종 튀김은 물론, 부침개 등에도 사용되고 있으니 1일 섭취량은 상당할 것으로 추정된다. 따라서 오메가-3와의 상호 보완적 차원을 넘어 염증과 혈전이 과다하게 생성될 수 있다. 염증은 심장병은 물론 중풍과 치매 그 외 퇴행성 질환에도 악영향을 미친다. 또 앞서 말한 튀김도 오메가-6가 대세를 이루고 있으며 이런 기름에 잠기게 하여 튀기는 음식은 자유라디칼(활성산소)을 대량으로 발생시키면서 미토콘드리아의 활성을 저해하여 인체의 대사 과정을 방해한다. 또한, 오래 튀기는 과정에서 기름의 산패는 불가피하며 시간이 지나면서 그 산패된 기름에서 생산되는 튀김은 과산화지질을 만들고 나아가 리포푸스신이라는 치명적인 독성 물질로 변한다. 부침개는 만드는 과정에서 튀기거나 고온에서 조리하지는 않지만 대체로 오메가-6가 함유된 기름을 사용하기 때문에 결국 우리가 섭취하는 오메가-6의 양은 점점 증가하는 것이다. 실제로 우리는 부침개라는 음식을 쉽게 섭취하고는 한다. 술안주로도 그만이거니와 들어가는 재료가 다양하여 간편하고도 좋은 맛을 즐길 수 있기 때문이다. 부침개에는 육류는 물론 해물 그리고 각종 견과류까지 들어간다. 그러나 가열한 견과류에는 영양소란 거의 없고 높은 열량만 남아 있다는 것, 육류와 해물에는 섬유질이 전무하며 산성 식품이란 점도 간과해서는 안 된다. 결국, 부침개에 들어가는 재료들이 음식의 열량을 지나치게 높여 과량의 콜레스테롤도 발생시킨다. 이 콜레스테롤은 식물성 식품에는 없고 새우, 랍스터, 동물의 내장, 연어알, 청어알, 주꾸미, 오징어, 버터, 장어, 미꾸라지, 동물의 껍질, 가금류, 소고기, 돼지고기, 난황, 유제품 등에 주로 많이 함유돼 있다. 따라서 우리는 항상 콜레스테롤에 관해서 유념은 하면서도 식사에서 미치는 영향력은 간과해 버리고 만다. 왜냐면 식사의 초점은 맛있는 음식으로 엔도르핀을 치솟게 하는 데 있지, 섭취 후 그 부작용에 대해서는 잊고 있기 때문이다.

그런데 여기서 가장 중요한 문제는 오메가-3에 비해 오메가-6의 비율이 높으면 오메가-3가 EPA와 DHA로 전환되지 못하는 결정적인 함정이 발생한다. 그러므로 체내는 EPA와 DHA가 부족해지는 것이다. 오메가-3가 EPA와 DHA로 전환되지 못하면 오메가-3를 먹지 않았다는 얘기가 아닌가? 그러기에 오메가-6를 적게 먹어야 하는 이유가 바로 여기에 있다.

참고로, 각 식품에 대한 오메가-6의 비율을 아래에 표시한다. 백분율로 표시하고 소수점 이하는 생략하였다.

> 포도씨유--- 70% 해바라기씨유--- 68% 옥수수유--- 54% 면실유--- 54%
> 콩기름--- 51% 현미유--- 23% 카놀라유--- 19% 아마인유---18%
> **참기름--- 45% 들기름--- 13%**

여기서 문제가 되는 것은 참기름과 들기름이다. 들기름에는 오메가-6가 없을 거라고 추정할 수도 있지만 13%나 들어 있는 사실을 간과할 수 없다. 또 평소 과량 사용하는 참기름에는 45%나 들어 있어 들기름에 비하면 약 3배 이상이나 많은 오메가-6가 함유돼 있다는 사실을 간과해서는 안 된다. 또 아마인유에도 18%에 해당하는 오메가-6가 함유돼 있다는 사실도 유념해야 한다.

한편 소고기 등 육류는 포화지방을 제외한 불포화지방의 함량인데 이 함량은 밀, 콩, 옥수수 등의 사료로 사육한 육류의 성분임을 주목할 필요가 있다. 이와 같이 과다한 오메가-6를 다소 완화할 방법으로 최근에 오메가-

3가 함유된 소고기가 출시되고 있어 그 귀추가 주목된다. 그들은 오메가-3와 오메가-6의 황금비율이 1:4라고 주장하면서 고객을 안심시키고는 있으나 1:1이 황금비율임을 다시 한번 강조하고자 한다. 그런데 일부 전문가들은 풀만 먹고 자란 소는 포화지방이 줄고 오메가-3가 상당한 비율로 함유돼 있다고 주장하고 있다. 하지만 소고기를 먹을 때마다 섭취할 수밖에 없는 포화지방의 섭취는 어떻게 대처할 것인지에 대한 대책은 말하고 있지 않다.

물론 포화지방은 세포막을 형성하는 데 필수 성분이긴 하지만, 우리는 이 포화지방을 항상 과량 섭취할 수밖에 없는 환경에 처해 있다는 것을 유념해야 한다.

참고로, 우리가 가정에서 샐러드드레싱으로 자주 사용하는 올리브유에도 14%의 포화지방이 들어 있고, 아보카도오일에는 16%의 포화지방이 들어 있다. 비록 포화지방이 세포막 형성에 필수 성분이기는 하나 그런 이유로 과연 우리는 올리브유나 아보카도오일에 면죄부를 줄 수 있을까? 게다가 포화지방이 82~92%나 된다는 코코넛오일은 어떻게 대처해야 할까? 실제로 코코넛오일은 세계적인 전문가들 사이에서도 그 섭취 여부를 놓고 찬반 의견이 팽팽하지만(상반된 견해를 내놓으므로), 필자의 경우는 섭취를 배제하는 방향을 선택하고자 한다.

사실 우리는 육류의 섭취에 대해서 항상 미심쩍은 부분이 많을 것이다. 순수 살코기인 경우도 완전히 소화되지 않아서 장에 질소 잔류물인 찌꺼기로 인돌, 스카톨, 아민, 페놀, 암모니아 등과 같은 독성 물질은 나이트로사민이라는 발암 물질도 만들어 낸다. 게다가 지질 중 포화지방과 오메가-6로 된 불포화지방의 과다 섭취로 인체에 상당한 손상을 가할 수 있다.

따라서 단백질은 매일 섭취를 만류하면서 1주일에 육류와 생선을 교대로 소량씩, 즉 육류는 1주일에 1회로 약 100g 정도 그리고 생선류는 1주일에 약 200g 정도 섭취하는 게 적당할 것으로 추정한다. 하지만 이 단백질의 최대 단점 중 하나는 과량 섭취 시 반드시 부패하여 암을 위시해서 각종 생활습관병을 유발할 수 있다는 경각심이 필요할 것이다.

이번에는 불포화지방의 종류에 대해서 분류해 볼까 한다.

※ 불포화지방의 종류

단일불포화지방산	오메가-9 (항염증성 기름)	올레산	올리브유 등
다가불포화지방산	오메가-3 (항염증성 기름)	EPA, DHA	연어, 참치, 고등어, 청어, 꽁치, 전갱이, 정어리, 멸치 등
		알파리놀렌산(ALA) EPA, DHA로 거의 전환되지 않음	견과류, 해조류, 녹황색 채소, 들깨 등
	오메가-6 (친염증성 기름이지만 오메가-6 중 감마리놀렌산은 항염증성 기름임)	리놀레산(LA)	포도씨유, 해바라기씨유, 옥수수유, 참기름, 홍화씨유, 현미유 등
		감마리놀렌산(GLA) 생리 활성 물질인 프로스타글란딘의 전구체	달맞이꽃종자유, 보리지유, 블랙커런트유

• 과일의 함정

우리는 평소 건강을 위해 채소와 과일을 많이 먹으라는 말을 듣게 된다. 그것들이야말로 신이 선사한 진짜 살아 있는 음식이기 때문이다.

하지만 과일에 함유된 과당은 60%를 간에서 처리하고 그 외 30%는 바로 신장으로 가 신장의 모세혈관 덩어리로 된 사구체로 여과되는 과정에서 사구체에 손상을 유발할 수 있다고 한다. 한편 간에서 처리되는 과당의 60%는 중성지방과 요산(Uric Acid)으로 전환하게 되고, 이 중 요산은 퓨린(Purine) 대사의 최종 산물이며 통풍(Gout)의 주요 원인 물질이기도 하다. 요산은 신장의 사구체에 손상을 가한다. 평소 우리는 채소와 과일에 치중하는 식단이 좋은 줄로만 여겼지만, 과일에 대한 위험성이 이렇다는 데는 별다른 정보를 얻지 못하고 있다. 게다가 고당도 과일은 어떤가! 우리는 보통 당 지수로 볼 때 70 이상을 고GI 식품으로 판단하지만, 중GI 식품은 대체로 과일들이 많다는 데 그 문제가 있다. 중GI 식품도 당도가 낮지 않다는 이유에서다. 사실 과일은 식전 30분, 그리고 식후 1시간으로 그 섭취 시간을 제한하고 있고, 또 섭취량도 일정량으로 정해두기 마련이다. 그런데 문제는 이런 유익한 습관을 지키지 않는다는 것이다. 그래서 혈액에는 당분이 과잉 상태고, 세포에는 에너지로 쓰이는 당분이 부족한 상태(저혈당)로 이어지는 것이다.

당 지수로 보면 수박이 72로 가장 높다. 또 중GI과일 중 옐로바나나(55), 옐로망고(49), 포도(50), 복숭아(41), 사과(36), 감(37), 무화과(61), 오렌지(42), 자두(39), 파인애플(66), 옐로파파야(56), 배(38), 키위(47) 등과 같이 만만한 게 별로 없다. 즉, 당도가 낮지 않다는 것이다. 그런데 여기서 특히 주목할 만한 과일은 평소 우리가 약으로 알고 있는 건대추(103)가 있다. 실제로 대추는 9월에 잠깐 나오는 생대추가 영양 성분이 많다. 수확기가 지남에 따라 건조하여 건대추로 상품화하지만 그 당 지수는 기준치인 100을 넘어 103이나 된다. 평소 단맛 때문에 몇 개씩 먹을 수도 있지만, 당 지수를 염두에 두어 극소량으로 족해야 할 것이다. 하지만 과일에도 장점은 많다. 저당도 과일 위주로만 선택한다면 더없이 좋은, 그야말로 진짜 살아 있는

음식을 먹을 수 있는 것이 바로 과일이다. 과일에는 효소가 풍부할 뿐
아니라 그것을 소화하는 데 따른 소화 효소가 거의 불필요하여 체내에
한정된 효소의 낭비를 막을 수 있다. 효소의 고갈을 차단하는 것이
건강의 첩경임을 다시 한번 인식할 필요가 있지 않을까 한다. 또 섬유질도
풍부하고(주스는 제외) 특히 식물 영양소가 엄청나다는 사실은 자타가
공인하고 있지 않은가! 따라서 저당도 과일(단맛과 신맛이 공존하는 과일) 위주로
선별하여 매일 상식하면 될 것이다.

참고로, 과일도 당 지수(GI)보다 당 부하(GL)가 더 중요하므로 비록 당
지수가 높더라도 과일은 수분(80~90%)이 많기 때문에 당 부하도 계산해
보는 것이 중요하다. 아래 표에서 당 지수와 당 부하에 관해 비교해 본다.

과일의 종류	당 지수	당 부하
딸기	29	1
사과	38	6
복숭아	42	5
노란바나나	55	12
수박	72	4

상기한 표에서 확인한 바와 같이 수박의 경우 당 지수가 72이지만 당
부하는 4에 불과하며 바나나는 당 지수가 55인 반면 당 부하는 무려
12나 되는 것을 알 수 있다. 따라서 수박보다 노란바나나가 혈당에 미치는
영향이 더 크다고 하겠다. 따라서 마트에 들릴 때 그린바나나가 있으면
얼른 집어 와야 할 것이다. 그린바나나는 저항성 녹말이 80%나 함유돼
있는 데다 단맛도 별로 없으면서 떫은맛(타닌이란 항산화 성분이 있음)이 다소
있어 건강에 유익한 과일이기 때문이다.

한편 과일이라고 하지만 자연 그대로의 과일이 아닌 파이에 든 과일,

과일 통조림, 구운 사과 등은 특히 산성화된 과일로 그 안에는 신이 설계하지 않은 산성화된 독성 물질이 들어 있다. 그러기에 그러한 음식들은 소화 기관을 거치면서 장기의 내벽에 크고 작은 상처를 남길 수 있다. 또 자연 그대로의 과일과는 달리 그 찌꺼기가 잘 배출되지도 않아 많은 에너지도 낭비하게 된다. 또 건과일의 형태로 시중에 판매되는 수분을 제거하여 농축한 말린 대추, 건살구, 곶감, 건자두 등과 같은 가공 과일은 당도가 엄청난 것으로 자칫 그 맛에 중독되면 헤어나지 못해 인슐린 저항성이 나타날 수도 있다. 상기한 건과일 중 곶감의 경우를 한 번 살펴보면 '보기 좋은 곶감이 먹기도 좋다(?)'는 결코 아닐 것이다. 왜냐면 곶감을 말릴 때 보기 좋은 붉은색을 유지하기 위해 이산화유황(SO_2)을 소량이나마 사용하는데, 이것은 건조되면서 갈색으로 변하는 갈변 현상을 막기 위한 것이기 때문이다. 이것은 살구 등을 말릴 때도 이런 물질을 사용하고 있으므로 주의가 필요하다. 다만 먹기 전에 물에 세척하면 이 물질이 사라지게 된다. 건대추의 경우는 그 성분에 약리 작용이 있어 예컨대 항노화, 항 불면증 등의 효능이 있는 것으로 이미 널리 알려져 있으므로 가끔 기회가 되면 한 번씩 이용하면 건강에 도움이 될 것이다.

≡ 과당은 포도당과는 달리 인슐린을 생산하지 않아 안심해도 된다?

사실 과당은 당류 중에서 당 지수가 가장 낮다. 이는 과당이 인슐린에 크게 영향을 미치지 않는다는 의미인데, 이것은 과당이 간에서 대사되기 때문이다. 그렇다고 안심할 수만은 없는 노릇이다. 과당은 식욕 억제 호르몬인 렙틴(Leptin)의 생산을 감소시키는 반면 식욕 촉진 호르몬인 그렐린(Ghrelin)을 촉진하여 계속 음식을 먹게 하기 때문이다. 게다가 과당은 수많은 연구 결과에서 인슐린 저항성, 포도당 내성 감소 등을 유발하는 대사 장애를 불러오는 것으로 알려졌다. 한편 과일이 아닌 가공 과당인 액상과당은 단백질과 결합해 최종당화산물을 만드는 마이야르 반응(Maillard Reaction)의 속도를 무려 10배나 끌어올린다고 한다. 이제는 많은 사람이 액상과당의 피해에 대해 알고 있을 것이다. 하지만 상기한 바와 같이 확실한 위험성을 모른다면 이참에 이미 깊숙이 파고든 악습을 과감히 던져 버리는 것이 바람직하다.

• '설탕 절임' 세상천지

자유가 도를 넘어 방종이 되고 그 방종의 끝은 결국 질병이란 중대한 기로에 서고 나서야 끝이 난다. 인체에 가장 악영향을 미치는 설탕은 WHO 기준으로 1일 25g을 권장량으로 정하고 있다. 하지만 우리의 혀는 단맛에 마비되어 맛있다고만 느낄 뿐 거부 반응은 일으키지 않는다.

실제로 큰 사과 한 개에는 설탕이 무려 18g이나 들어 있다는 것을 염두에 두는 사람이 얼마나 될까. 설탕 18g이면 WHO의 1일 권장량의 70%에 해당하는 양이다. 사과 특유의 맛, 특히 꿀 사과나 'ㅁㅇ 얼음골사과' 등은 그 맛에 반하지 않는 사람이 없을 정도니 그따위 설탕(물론 과당)은 아랑곳하지 않는다.

여기서 우리는 '사과는 당 지수가 낮은 과당이니까 괜찮지 않으냐?'라는 의문이 생길 수도 있을 것이다. 그런 의문을 가질 수도 있겠지만 절대로 괜찮지 않다. 이 책 1부에 '과당은 설탕이 아니니까 괜찮다?'란 항목을 참조하시라. 사실 과당은 그 지수와는 별개로 인체에 악영향을 미치기는 포도당과 다를 것이 없다. 그러니 과일은 채소와는 달리 많이 섭취하면 안 되고 당도가 낮은 딸기, 아보카도, 그린바나나, 그린파파야, 그린망고, 자몽을 그것도 한 번에 소량씩 섭취할 것을 권장한다.

우리의 가치관이 중요한지 아니면 혀의 맛이 중요한지의 갈림길에서 방황하고 있는 게 오늘날 우리들의 현실이다. 그만큼 그 가치관을 혼란에 빠뜨리는 데 일조하는 것이 바로 '향락식'이 아닌가 한다. TV에서 「생로병사의 비밀」이란 프로그램을 본 적이 있을 것이다. 그 내용 중 체험자들은 대체로 건강상에 문제가 있어 중대한 기로에 섰던 사람들이다. 그 연유를 보면 어느 날 갑자기 몸 상태가 이상해서 검진을 받아본 결과 정말 아찔한 상황이 일어난 경우가 대부분이다. 그리하여 이거 큰일 났다 싶어 그때부터 평소의 무사안일한 방종에 가까운 생활을 접고 건강이란 대명제에 집중하게 된다. 하지만 이미 낭떠러지 가까이 도달한 상태라면 정말 문제이다.

유명한 코미디언이었던 고 'ㅇㅈㅇ' 씨는 폐암 말기에 "담배, 그거 마약입니다."라고 했다. 실제로 흡연자들은 검진 결과 폐암이란 진단이 나와야 대체로 흡연을 중단할 것이다. 우리가 그토록 열망(?)하는 '향락식'도 끝이 없다. 하지만 눈을 뜨고도 아무것도 못 본 채 가다가 어느 날 갑자기 낭떠러지 앞에 섰다고 가정하면 과연 어떤 생각을 하게 될 것인가? 우리의 일상생활이 바로 이러한데 뭐라고 말할 수 있겠는가?

여기서 잠깐 다음과 같은 국가 통계를 한번 볼까 한다.

우선, 주요 질환의 환자 수를 보면, 2019년 현재 고혈압 환자 수는 1,100만 명이고, 2018년 현재 이상지질혈증 환자 수는 1,000만 명, 2014년 심부전 환자 수는 344만 명, 2017년 당뇨 환자 수는 286만 명, 2017년 심장병 환자 수는 145만 명, 2020년 현재 뇌졸중 환자 수는 60만 명이었다. 암 환자 수는 2001년 당시 25만 명인 것으로 나타났다. 그런데 2018년 '국가 암 등록 통계'를 보면 그 한 해만 해도 약 24만 명이란 새로운 암 환자가 발생했다는 통계가 있다. 2020년도는 아직 통계를 확보할 수 없지만, 한 해에 24만 명이란 암 환자가 새로 발생했다는 사실은 뭐가 잘못돼도 한참 잘못됐다는 느낌이 든다. 상기한 질환들은 물론 주요 질환들인데, 그 외에도 여러 질병의 환자를 모두 합치면 그 수는 실로 엄청날 것이다.

그렇다면 왜 이런 현상이 발생할까에 대한 생각은 안 하는 것일까? 실제로 자신이 그런 부류에 끼지 않으면 별 관심이 없는 것도 사실일 테지만, 그런 부류에 포함돼 있어도 뭐 그럭저럭 지낼 수 있고 심각한 경우에는 초긴장 상태일 수도 있을 것이다. 여기에서 이런 문제를 제기할 수 있다. 왜 예방하지 못하고 낭떠러지에 도달했을 때 우왕좌왕하느냐는 것이다.

≡ 단맛에 빠지지 않는 비결

깻잎, 청경채, 시금치, 호박잎, 자색감자, 자색고구마, 콜리플라워, 무청, 돼지감자, 야콘, 파, 양파, 쪽파, 오이, 당근, 그린비트, 루트비트, 피망, 파프리카, 케일, 브로콜리, 양배추, 파슬리, 취나물, 셀러리, 질경이, 열무, 여주, 어수리, 아욱, 쑥, 쑥부쟁이, 쑥갓, 상추, 로메인 상추, 명이나물(산마늘), 부추, 배추, 바질, 미나리, 민들레, 머위, 두릅, 땅두릅(독활), 돌나물, 달래, 냉이, 근대, 고추, 곤달비, 곰취, 고춧잎, 고들빼기, 곤드레, 고구마 줄기, 경수채, 방풍, 아스파라거스, 쇠비름, 루꼴라, 경수채, 겨자잎, 배추, 고춧잎, 고사리, 고수, 갓, 가지, 오크라, 아티초크, 숙주, 토란대, 명일엽, 양하, 어수리, 방울다다기, 치커리, 콜라비, 질경이, 유채, 콩나물, 원추리, 바질, 근대, 달래, 돌나물, 우엉, 참마, 동아, 고사리, 토란, 냉이, 버섯류, 해조류, 더덕, 도라지, 토마토, 방울토마토, 콩자반(서리태, 서목태, 강낭콩, 팥 등의 국산 재료를 밑반찬으로 만든 음식) 등과 같은 초록색 잎채소를 항상 식탁에 올리면 절대 단맛을 찾지 않으니, 이 말을 반신반의하거나 긴가민가하면서도 한 번 실천해 보시라. 이때 중요한 것은 5가지 정도를 선택할 때 사계절에 따라 그때 생산되는 농작물을 선택해야 한다는 점이다. 우리 인체는 계절에 따라 섭취해야 할 음식을 달리하도록 설계되었기 때문이다. 약 한 달이면 성공할 수 있으리라 확신한다. 이때 당부할 점은 절대 의지가 약해서는 성공할 수 없다는 것이다. '단맛은 자신을 죽이는 최상위의 악당'이란 말을 숙지하면서 늦어도 2개월만 의지력을 갖고 실천해 보시라! 분명 좋은 결과가 있을 것이다.

또 한 가지 방법으로, 서리태, 서목태, 동부, 팥, 완두콩, 강낭콩, 렌즈콩 등을 평소 콩자반으로 한다든가 잡곡밥으로 활용하면 단맛을 잊을 수 있다. 단맛을 잊어야 건강으로 가는 미래를 만날 수 있다.

참고로, 상기한 식품 중 채소는 매일 5가지 정도를 식사마다 번갈아 가면서 선택하는 것이 좋다. 가령 5가지 정도를 선택할 때도 색깔별로 골고루 그리고 잎채소, 열매채소, 뿌리채소별로 골고루 번갈아 가면서 선택하시기 바란다. 동일한 것을 계속 섭취할 경우 인체는 내성이 생겨 별 효과가 나타나지 않을 수도 있기 때문이다.

≡ **설탕의 다른 이름을 주의하자**

ⓐ 액상과당(함유 식품: 케첩, 쿠키, 빵, 파이, 청량음료, 과자, 커피 등) ⓑ 아가베 시럽 ⓒ 결정과당 ⓓ 말토스(엿당) ⓔ 옥수수시럽(함유 식품: 파이, 크래커, 소스 등) ⓕ 슈크로스 ⓖ 전화당 ⓗ 락토스 ⓘ 조청(함유 식품: 강정, 유과 등) ⓙ 꿀(천연 설탕이 아니라 그냥 설탕이란 생각을 해야 한다. 물론 장점도 있지만 그 장점은 버려야 한다.) ⓚ 물엿(함유 식품: 강정, 조리용 등) ⓛ 황설탕 ⓜ 흑설탕 ⓝ 당밀 ⓞ 시럽 ⓟ 포도당 ⓠ 정제당 ⓡ 과즙 ⓢ 원당 ⓣ 캐러멜 ⓤ 소비톨 ⓥ 메이플 시럽 ⓦ 농축과즙 ⓧ 말토덱스트린(함유 식품: 푸딩, 분말 음료, 감자 칩, 요구르트, 소스, 샐러드드레싱, 청량음료, 캔디 등) ⓨ 수수시럽 ⓩ 사탕수수당

기타 가루설탕, 사탕무당, 덱스트로스, 갈락토스, 슈크랄로스 등으로 교묘하게 위장돼 있음을 알 수 있다.

따라서 필자는 다음과 같은 말을 강조하고 싶다.

우리가 건강이란 대명제를 놓고 볼 때 상기한 설탕과 그 유사품은

'자신을 죽이는 최고의 악당'이라고 생각하고 과감하게 식탁에서 던져 버려야 현재 유행 중인 '100세 시대'에 그 보조를 맞출 수 있다. 그러한 경우 '단맛 첨가는 어떻게 하느냐'라는 문제가 나올 수 있지만 단맛이 함유된 채소 즉, 양파, 파프리카, 야콘, 토마토 그리고 저당도 과일을 활용하면 된다.

참고로, 당분이 높은 음식을 섭취하는 사람은 '심장마비'를 유발할 확률이 최고 400%나 높아진다는 연구 결과가 있으므로, 당분은 그야말로 '최고의 악당'으로 취급하면서 절대 가까이하지 말 것을 권한다.

≡ **딸기잼**(첨가물 혼입된 것)

물엿, 설탕, 포도당, 증점제, 산미료, pH조정제(사실상 방부제), 소포제, 향료

≡ **설탕**(가명 포함) **외에 소위 '청'이라 하여 매실청, 오미자청, 청귤청, 산야초효소, 과일청, 잼 등에 대한 소고**(小考)

참고로, 우리가 매실의 효능에 대하여 여기서 다시 한번 확인할 사항이 있는데, 참조하면 도움이 될 것이다. 우리는 평소 매실의 효능 때문에 매실 진액(매실청)을 담그고는 한다. 그런데 설탕과 매실의 혼합 비율은 대부분 1:1이다. 최소 6개월에서 최대 2~3년 정도 발효해서 섭취할 때 매실의 발효 상태는 상당하다고 할 수 있다. 그런데 여기서 '설탕도 오래되면 변화로 인해 몸에 이로운 형태가 되지 않을까?'라고 생각하기 쉬운데 사실은 설탕은 오래되어도 인체에 치명상을 입히는 정도는 마찬가지다. 우리가 동전의 양면을 생각하듯 매실청도 발효한 매실만 볼 것이 아니라 그 속에는 백해무익한 설탕이 공존한다고 생각해야 한다. 즉, 암세포가 성장할 수 있는 설탕에 초점을 맞춰야 한다는 점이다. 이는 마치 향락식의 경우, 그 맛에 초점을 두고 있기 때문에 향락식의 재료가 되는 설탕, 소금,

기름(주로 오메가-6과 같은 친염증성 기름), 식품첨가물 등을 간과하는 것과 같은 이치가 될 것이다. 설탕의 피해에 대해서는 이제 많은 사람이 이미 잘 알고 있을 것이다. 하지만 설탕과 혼합된 그 제품에 대해서는 장점만 보이지 단점은 보이지 않으므로 간과해 버리는 것이다. 하지만 암세포의 성장 동력이 바로 설탕이란 사실을 잊지 않아야 하고, 비록 발효된 매실이라도 그 속에는 설탕이 있다는 사실을 반드시 기억하여 섭취하더라도 소량으로 그쳐야 할 것이다.

보통 사람들은 시간이 흐르면서 장시간의 발효 과정을 거친 설탕은 해가 없을 것이라고 착각한다. 그러나 절대 그렇지 않다는 것과 설탕이 '노화를 촉진하는 최상위 요인'이란 사실을 이번 기회에 다시 한번 확인했으면 한다. 또 커피의 향 때문에 설탕 외에 설탕의 가명으로 숨겨진 당분을 간과하는 경우도 짚고 가야 할 것 같다.

다시 말해 매실만 보고 설탕은 아랑곳하지 않는다는 결과가 되는 것이니 이 어찌 위험천만한 발상이 어디 있겠나 하는 생각을 해본다. 동전의 양면 중 한 면만 보면 뒷면은 도저히 알 수 없고 뭐가 있는지도 잘 생각나지 않을 것이다. 우리의 일상도 이와 다르지 않다.

우리는 실제로 일상에서 음식을 조리할 때 매실청을 사용하는 경우가 허다하다. 하지만 그 매실청 속에는 1/2이 설탕이란 사실을 유념해야 한다. 실제로 발효되었다고 생각하는 매실만 보이지 그 속에 함유된 불필요하고 인체에 치명상을 입히는 설탕은 안 보이니 하는 말이다. 그저 새콤달콤한 그 '맛있다'란 데에만 초점이 맞춰져 있다는 점을 간과하지 말아야겠다. 실제로 매실청을 만들 때는 재료에 비해 설탕을 30~40% 정도만 넣고 수시로 잘 저어 주면 될 것이다. 그리고 설탕을 넣을 때도 '사탕수수 원당'을 넣는 것이 좋다.

2. 단백질의 문제점

우리는 일반적으로 체력을 보강하기 위한 방법으로 단백질 섭취를 강조한다. 그것도 생선을 제외한 동물성 육류에 치중하는 경향이 있다. 그 결과 고단백 섭취라는 문제가 발생하면 혈관에 독성이 쌓여 심장병, 암, 두통, 정신적 혼란 등을 유발할 뿐 아니라 IGF-1이란 물질도 분비되어 노화의 촉진을 가속하면서 암세포의 성장도 돕는다. IGF-1은 성장과 조숙을 촉진하기 때문에 노화란 결과가 나타나, 이런 상태가 결국 질병의 온상이 된다는 것이다.

실제로 동물성 단백질은 섬유질이 전무한 데다 단백질이 대사될 때 요소 등 10가지가 넘는 부산물이 신장에도 부담을 주며, 무(無) 섬유질은 게실과 폴립도 만들어 대장암의 위험성도 높이게 되는데, 최근 20~40대의 대장암 환자가 급증하는 것도 고단백 식사와 밀접한 관련이 있는 것으로 나타났다. 게다가 햄, 소시지, 베이컨 같은 육가공 식품의 소비도 급증하고 치즈, 유가공 식품, 달걀('닭 공장'에서 생산된 것)의 소비도 급증하고 있다.

여기서 또 문제가 되는 것은 소위 '포도당 신합성(Gluconeogenesis)'이다. 실제로 우리는 언뜻 탄수화물만 최종적으로 포도당으로 분해된다고 착각할 수도 있다. 하지만 탄수화물의 공급을 중단할 경우 체내의 지방이나 단백질이 포도당으로 변형되면서 새로 합성되는 것인데, 이를 포도당 신합성[당신생(糖新生)]이라 한다. 그리고 단백질 역시 과량 섭취할 경우 일부는 포도당으로 혈액에 흡수되지만, 여분의 단백질은 중성지방이 되고 인슐린 저항성도 유발하게 된다. 이런 현상은 비단 성인에게만 나타나는 게 아니고 어린아이들도 나타나고 있는데, 특히 여자아이들은 성조숙증이 나타나 생리를 일찍 시작하는 현상까지 발생하고 있다. 또 항생제나 성장촉진제, 배란촉진제를 먹여 키운 '닭 공장'에서 나온 달걀의 부작용도 심각한 상태다. 결국, 닭 사료용으로 사용된 항생제, 성장촉진제 등을 아이들이 먹게 되는 어처구니없는 현상이 벌어지게 된 것이다. 이런 아이들은 성장 속도가 빨라져 키도 과거의 아이들보다 훨씬 크다. 하지만 어른들은 외관상 체격이 커진 것만 보고 좋아할 수도 있지만, 이게 어찌 건강한 상태라고 말할 수 있다는 말인가? 아이들이 어릴 때부터 잘못된 식습관으로 과거의 아이들보다 병치레를 자주 하고 질병에 걸리는 것도 많아지고 있으니 하는 말이다.

• 육식의 함정

육류의 섭취는 장내 이상 발효, 즉 부패 현상이 나타나 프토마인 (Ptomaine)이라는 부패의 독소가 혈액 속에 유입되면 세포가 노쇠하여 노화가 촉진되는 상황에 처한다. 즉, 섬유질이 전무한 육류 섭취로 생기는 프토마인은 배출할 수 없기 때문에 인체에 치명상을 주기 일쑤다. 소고기, 돼지고기, 닭고기, 오리고기, 양고기 등과 같은 동물성 단백질이나 햄, 소시지, 베이컨 등과 같은 육가공 식품 역시 장내에서 부패하여 독성 물질인 프토마인을 혈액 속에 유입시킨다. 하지만 더 큰 문제는 육가공 식품에 사용되는 발색제인 아질산나트륨은 발암 물질인 나이트로사민(Nitrosamine)을 생성시킬 수 있기에 더 유의해야 한다. 독소가 혈중에 유입되면 체질의 산성화에 가속도가 붙어 인체는 급속도로 병적 체질로 전환한다. 그러니 보양식이나 면역력 향상이라 해서 산성 식품인 육류의 과도한 섭취는 결국 보양식은커녕 어쩌면 난치병으로 이어질지도 모를 일이니 왜 경각심이 필요하지 않다고 하겠는가?

단백질 과잉 섭취는 결국 염증을 유발하고, 중성지방을 증가시키고, 인슐린 저항성을 높이고, 유익균을 죽이면서 유해균을 늘리고, 섬유질이 없고, IGF-1의 분비를 촉진하는 결과로 이어진다.

실제로 우리는 평소 과도하게 단백질을 섭취한다. 그런데 문제는 단백질이 우리 인체에서 다른 영양소에 비하여 제일 분해가 안 된다는 결점이 있다는 것이다. 그러니까 그것이 제대로 분해, 흡수, 배출이 안 되기 때문에 인체 어느 곳(위장, 소장, 대장 등)에 저장되어 있기 마련이다. 위장에 머물러 있는 경우는 분해가 안 되어서 그렇고, 섬유질이 전무한 육류 단백질은 소장이나 대장에서 오래도록 체류하기 마련이다. 우리는 이런 상태를 두고 체중이 늘었다고 하지만, 실질적으로는 체중이 증가한 것이 아니라 소화가 원활하게 되지 않아 장기에서 빠져나가지 못한 독성 물질이 증가했다고 표현하는 것이 더 맞다. 하지만 단백질에 대한 애착(?)은 끝이 없어 오늘도 또 내일도 계속 섭취하다 보니 소화가 안 되고 배출하지 못한 독성 물질이 계속 체내에 쌓이게 되어 계속 체중 증가라는 허울 좋은 미명하에 우리를 멍들게 하고 있다. 보양식에 대한 열정은 보양식 생산업자의 장사 논리의 결과가 빚어낸 오해라는 것도 이제 알아야 할 것이다. 우리는 그들의 장사 논리에 절대 휘둘려서는 안 된다.

한편 숨어 있는 당질이 함유된 소위 '양념 소고기' 등에는 설탕을 비롯한 각종 당분이 함유돼 있으므로 양념에 절인 육류는 특히 피하는 것이 좋다. 육류와 당분에 이중으로 피해를 입을 수 있기 때문이다.

• 배 터지게(?) 하는 무한리필을 만류(挽留)한다

'무한리필'이란 말은 음식점, 특히 돼지고기 판매점 또는 해산물 판매점 등에서 대대적으로 선전되고 있음을 목격할 수 있다. 그 음식 품목은 대체로 삼겹살이다. 여기서 삼겹살에 대해 한번 알아보면, 섬유질이 전무(全無)하고 포화지방이 가득 차 있다는 선입견이 들게 된다. 게다가 육류를 가열할 경우 체내에 이용되는 아미노산은 응고되거나 파괴되기 때문에 결국 아무런 효용도 없이 체내에 독성 쓰레기가 되어 유독 가스를 양산한다. 육류와 같은 단백질의 최대 문제점은 섬유질이 없다는 점이다. 섬유질이 없는 음식이야말로 인체에 치명상을 입힐 수 있다는 결점을 안고 있다. 그렇기에 삼겹살과 같은 음식을 먹게 되면 섭취 후 소화가 덜 된 채 쉽게 배설이 되지 않는 장내 환경이 전개됨을 즉각적으로 체험할 수 있다. 최근 섬유질은 학계에서 제6대 영양소란 칭호를 부여하면서 장내 오염에서부터 우리를 구출할 수 있는, 그야말로 생명을 살리는 '구원투수'가 되었다. 따라서 이 '구원투수'만 적극적으로 활용하면 질병과 싸워 참패한 대가(전리품)를 내놓을 필요도 없이 항상 식생활이란 전쟁에서 승리할 수 있을 것이다. 가령 섬유질이 없는 삼겹살은 대장에서 게실(憩室)과 폴립(Polyp)을 만들면서 대장암의 위험 요인까지도 만들어 우리를 위협한다. 또 포화지방은 간에서 담즙산의 분비를 촉진하는데, 이 또한 대장암 유발의 원인이 되고 있다.

이에 따라 대장암 예방에는 충분한 섬유질을 섭취하는 것이 중요하므로 평소 고섬유질 식품을 비롯하여 프리바이오틱스(프럭토올리고당, Fructo-oligosacharide)를 상식하면 충분히 막을 수 있다. 평소 육류를 많이 섭취하는 사람은 분해되지 않은 찌꺼기가 대장에 독성 물질을 생성한다는 사실을 유념해야 한다. 장시간 대장에서 체류한 독성 물질은 결국 대장 벽을 손상하고 대장암을 유발할 가능성이 크다. 그러므로 육류 섭취를 삼가고, 대장에 장시간 체류하지 않고 단시간에 노폐물을 배출할 수 있는 고섬유질 식품을 상식하는 것이 좋다.

포화지방은 돼지고기 비계의 지방층에 포함되어 있으며 이것은 암, 대장암, 전립선암 등과 연관된 것으로 알려져 있다. 따라서 돼지고기를 먹는다면 지방을 뺀 살코기 형태로 먹는 것이 바람직하다. 그러나 이 역시 붉은 고기라서 비교적 많은 양의 메싸이오닌(Methionine)이 함유돼 있으므로 메틸화 과정을 거쳐 재활용하지 않으면 동맥경화를 유발하는 호모시스테인(Homocystein)이라는 독성 물질이 인체에 쌓이게 된다. 물론 돼지고기 외에 소고기에도 이런 물질이 함유돼 있으므로 유념할 필요가 있다. 실제로 돼지고기는 티아민(Thiamin, 비타민 B¹)이란 물질이 소고기의 10배나 함유돼 있다. 따라서 기름기를 뺀 상태라면 가끔씩만 섭취하여 티아민을 보충할 필요가 있다.

무한리필을 탐닉하는 사람들은 '과식은 만병의 근원'이란 말을 간과하거나, 아니면 과식이 인체에 어떤 처참한 영향을 미치는지 아마 모를 수도 있을 것이다.

사실 무한리필 정도면 과식이라기보다는 포식(飽食)이라는 말이 어울릴 것이다. 특정한 '단일식(單一食)'을 무한으로 섭취하는 것이므로 영양의 불균형 현상이 나타나고, 이 현상이 호르몬의 불균형으로 이어지면서 신체 전반에 걸쳐 심각한 스트레스를 유발한다. 일단 그 음식이 혀에 남아 있을 때만 짧은 순간의 엔도르핀의 효과로 쾌감이 나타나지만 그 이하, 즉 목을 거쳐 식도로 내려가면 이미 맛은 사라진 상태가 되어 버린다. 그러니 다시 또 짧은 엔도르핀을 찾기 위해 계속 먹게 되는 악순환이 반복되기 마련이다. 이렇게 되면 우선 소화 과정에서는 인슐린이 참여하게 되는데, 과도한 음식 섭취에 따른 과도한 인슐린이 분비된다. 이것이 결국 신체 전반의 호르몬 불균형을 초래하여 호르몬 균형이 깨지고 만다.

여기서 잠깐 방향을 돌려, 인체의 호르몬에 대해서 살펴볼까 한다. 췌장에서는 베타세포에서 인슐린과 알파세포에서 글루카곤, 송과체에서는 멜라토닌, 갑상선에서는 갑상선호르몬, 부갑상선에서는 부갑상선호르몬, 부신에서는 아드레날린, 코티솔 등, 간에서는 담즙산, IGF-1 등, 시상하부에서는 도파민, 노아드레날린 등, 뇌하수체에서는 성장호르몬, ACTH, 옥시토신 등, 장에서는 세로토닌 등, 난소에서는 에스트로겐, 고환에서는 테스토스테론, 위에서는 그렐린, 지방조직에서는 렙틴과 같은 호르몬이 있을 것이다. 하지만 이 외에도 엄청난 호르몬이 있는 것으로 알려지고 있다.

이제 다시 본론으로 들어가서, 상기한 각종 호르몬 각각의 기능은 다른 각각의 호르몬과 연관되어 있다. 가령 과식과 폭식의 경우 인슐린이 과다 분비되거나 부족하여 분비가 안 되면 다른 호르몬이 혈류를 타고 혈관으로 이동할 수 없는 돌발 상황이 발생한다. 이와 같은 호르몬 불균형은 모든 혈관을 통해 흐르는 호르몬의 통로를 차단하고 인체에 심각한 부작용을 초래할 수 있다는 것을 경계해야 한다.

참고로, 사람은 고령화될수록 인체 내 분포된 각종 호르몬의 생산량이 점점 줄어든다. 이에 따라 호르몬의 불균형이 나타나 신체가 제 기능을 상실하면서 체내 전반에 걸쳐 이상 증상을 유발할 가능성이 증가한다. 그러니 호르몬의 과부족이 없도록 사전에 적절한 식이요법과 운동 요법이 꼭 필요하다.

• 육식 과다 섭취의 종말

동물성 단백질에는 철분이 풍부한데, 동물성 단백질을 과식할 경우 철분도 과잉 섭취하게 된다. 문제는 이 철분이 빈혈, 임신수유부, 발육기에 철분 부족 등을 제외하고 대체로 불필요한 영양소임이 틀림없다. 철분이 노화를 유발하는 주범이기 때문이다. 즉, 철분이 세포의 발전소 역할을 하는 미토콘드리아가 제 역할을 하지 못하게 막음으로써 신진대사를 방해한다는 것이다. 또 동물성 단백질의 과잉 섭취는 인슐린 유사 성장인자(IGF-1)의 분비를 촉진하게 된다. IGF-1은 유아나 청소년기의 성장기에는 반드시 필요하지만, 성인으로서는 성장촉진 인자이기 때문에 암세포의 성장을 촉진할 수 있다는 점에 유념할 필요가 있다. 그러니까 IGF-1의 수치가 높으면 노화를 촉진하는 요인이 되어 결국 질병으로 이어진다. 따라서 동물성 단백질(붉은 육류)의 과잉 섭취를 배제하여 열량 섭취를 낮추면, 성장기에 꼭 필요한 특정 아미노산인 메싸이오닌이 전환되어 나타나는 독성 물질을 덜 섭취하게 되어 체내에 동맥경화를 유발하는 호모시스테인이라는 독성 물질도 쌓이지 않게 되는 것이다.

참고로, 청소년기에는 동물성 단백질에 풍부한 메싸이오닌, 시스테인, 아이소류신과 같은 아미노산을 동물성 단백질 말고는 보충할 방법이 많지 않기 때문에 종종 섭취할 필요성이 있다.

한편 메싸이오닌이 많이 함유된 식품으로는 콩류, 생선류, 마늘, 양파, 소고기, 돼지고기, 닭고기, 칠면조, 우유, 치즈, 난황, 씨앗류 등이 있다.

• 육식이 인체에 미치는 영향

"체력 보강에는 육식이 최고다."라는 말을 한다. 하지만 일부 '건강 전문가'는 식단에서 단연코 육식을 배제하란 말을 한다. 물론 대개 의사들도 1주일에 1~2번 육식을 권장한다. 여기서 1주일에 한두 번이라는 말은 단지 그들의 추정치이므로 믿어서는 안 될 것이다. 또 어떤 경우는 한 달에 한 번 육식을 권장하기도 한다. 과연 어느 쪽을 택해야 옳은지 일반인들은 분간하기 어려울 수도 있다. 그런데 문제는 그 육식의 맛이다. '맛 좋은 육식을 왜 하지 말아야 하는가?'라는 벽에 부딪힐 수도 있다. 건강 전문가들은 왜 육식을 배제하라고 하는가?

자, 그럼 이제 그 말 많은 육식에 대한 단점을 알아보자.

육식은

① 장내 유해균의 번식을 촉진함과 동시에 유익균이 급감하게 하여 마이

크로바이옴(장내 미생물 생태계)을 열악하게 한다.

② 섬유질이 전무하여 소화가 안 된 단백질 쓰레기를 배출하는 데 엄청난 에너지를 낭비한다.

③ 암(특히 대장암) 발생률이 증가한다.

④ 염증이 증가한다.

⑤ 생활습관병이 증가한다.

⑥ 노화가 촉진되면서 조로(早老) 현상이 나타난다.

⑦ IGF-1의 분비가 증가한다.

⑧ 포도당 신합성(당신생)이 증가한다.

⑨ 인슐린 저항성이 증가한다.

⑩ 중성지방이 증가한다.

⑪ 대장에 게실과 폴립이 발생할 수도 있다.

⑫ 수명이 짧아진다.

⑬ 특정 아미노산의 영향으로 체내에 동맥경화를 유발하는 호모시스테인 이란 독성 물질이 쌓인다.

⑭ 활성산소의 발생이 증가한다.

⑮ 체내 철분(세포의 발전소인 미토콘드리아의 기능 방해)이 증가한다.

⑯ 장내 부패 현상이 나타나 부패 독소인 프토마인(Ptomaine)이 생성되어 혈액에 유입된다.

　그런데 여기서 상기한 육식의 단점을 차치하고서, 육식을 전혀 안 하고도 최상의 건강 상태를 유지하는 사례가 있음을 알리려 한다.

　실제로 역사상 위업을 남긴 성현들이나 선각자들은 모두 육식을 전혀 하지 않았다는 것이다. 또 가축으로 사육하는 소, 말, 토끼 등과 같은 동물들도 초식만 하고도 그들의 몸에 근육이 탄탄하게 붙어 있다는 것을 알 수 있다. 우리 인간도 그들과 같아 채식만 하고도 체내에 단백질을 축적할 수 있는 능력을 신으로부터 부여받은 것이다.

또 다음과 같은 실제 사례가 있음을 알 수 있다.

최근 보디빌더 'ㅊㅅㅁ' 씨는 채식만 하는 보디빌더로 널리 알려져 있다. 잡곡밥과 나물 반찬만으로 보디빌딩대회에서 1등을 했다고 한다. 그런데 세인들은 이 보디빌더에게 과연 '현명한 보디빌더'란 칭호를 부여해 줄까? 우리가 이런 사례를 보더라도 단백질을 굳이 보충할 필요가 있을까 하는 의문이 생길 수밖에 없다.

사실 단백질은 영유아기에 가장 필요로 한다. 모유에는 단 5~6%의 단백질이 함유되어 있어 성장에 한계가 오지 않을까 걱정할 수도 있을 것이다. 그러기에 우려할 수도 있지만, 과거 우리 부모 세대는 먹을 것 없어 초근목피로 연명하면서 겨우 삼시 세끼를 넘겼을 때조차도 후손을 모유로 키워 나름대로 별 손색없는 체격을 유지할 수 있었다. 하지만 성장기 때나 청소년 때는 많은 열량을 보충할 필요가 있다. 그런데 요즘 청소년들은 과다한 열량 섭취로 성조숙증이 나타나 월경이 빨라지고, 유방도 커지고, 사춘기도 앞당겨지는 경향이 있어 사회 문제로 대두되고 있다. 우리 부모들은 성장이 빨라진 것을 좋아하고 있으나 그것은 좋은 현상이 될 수 없다. 인간은 동물과는 달리 늦게 성장하도록 고안되었기 때문에 동물처럼 빨리 성장해서는 안 된다. 인간은 탄생 후 오랫동안 부모가 돌봐야 하지만 동물은 태어나자마자 바로 걸어 다닌다는 사실만 보더라도 인간과 동물은 분명 성장에 있어서 차이가 난다는 것을 알 수 있을 것이다. 그러므로 아이들을 빨리 성장시키려고 달걀, 우유, 유제품, 고지방 육류 등을 과잉 섭취시키지 말아야 할 것이다. 또 성인들은 어떤가? 그들 역시 과도한 단백질 섭취로 각종 생활습관병이 발생하는 시작 단계가 되어 콜레스테롤 수치가 높아지고, 간 수치가 높아지고, 신장의 사구체 기능도 저하되어 요단백이 발생하고, 단백질도 결국 포도당으로 분해되기 때문에 나타나는 인슐린 저항성 등 여러 불길한 발병의 전조 증상이 나타나고 있다. 하지만 육류 섭취를 중단하면 상기한 발병의 전조 현상이 사라지는 것을 볼 수 있는데, 육류 섭취와 인체의 질병 유발에는 확실한 상관관계가 있음을 알 수 있다.

실제로 가축 사육자들과 육식 관련 업자들은 현대 의학적 견해 등을 토대로 육식 섭취를 대대적으로 선전하고 있다. 이것은 어디까지나 건강상의 목적이 아니라는 데 그 문제가 있다. 예컨대 마블링이 자르르 흐르는 소고기가 맛있다며 1등급이라는 칭호를 부여하고 있지만, 마블링은 사료를 먹여 생긴 것이다. 넓은 산야에 방목한 소는 운동량 때문에 마블링이 적고 육질도 단단하기 때문에 상대적으로 맛이 없지만, 이것이 진짜 건강한 소가 아니겠는가? 그래서 이런 소에서 나온 육류를 1등급으로 평가해야 하지 않을까?

결론적으로 볼 때 육류는 꼭 먹어야 할 이유가 없으며 간혹 때가 되면 한 번씩 먹으면 된다. 채식가였던 성현과 선각자를 살펴보면, 석가, 노자, 공자, 소크라테스, 간디, 플라톤, 루소, 톨스토이, 에디슨 등이 있다. 이들은 모두 채식 덕분에 통찰력과 총명함이 탁월하였다. 우리는 이들이 무병장수하였다는 사실을 교훈으로 삼아야 할 것이다.

여기서 한 가지 사례로 '먹이의 차이와 건강 상태'라는 실험이 큰 화제가 된 적이 있다. 인도의 '국립영양연구소'의 소장 로버트 막칼거슨 박사는 수천 마리의 생쥐를 세 그룹으로 분류하고 사육했다. 그 결과 첫째, 훈자(Hunza)식(잡곡밥과 채소)을 먹인 그룹에서는 수천 마리가 모두 건강했고 둘째, 인도식(백미, 고기, 채소, 향신료 등)을 먹인 그룹에서는 위장 장애, 빈혈, 간염, 충치, 구루병, 피부병, 신장염, 암 등의 질병이 나타났으며 셋째, 구미식(흰 설탕, 채소, 버터, 치즈, 고기, 흰 빵 등)을 먹인 그룹에서는 인도식에 나타난 질병뿐 아니라 뇌 신경계에 이상을 보였으며, 광폭성(狂暴性)을 드러내고

서로 잡아먹는 현상도 있었다는 것이다.

이 실험이 시사하는 바는 바로 쥐에게 나타난 현상이 우리의 먹거리와도 무관하지 않다는 것이다.

• 체질의 산성화

체질이 산성으로 기우는 이유는 인체의 항상성(Homeostasis)이 깨지기 때문이다. 사람의 혈액은 pH 7.35~7.45(약알칼리성) 정도가 정상 범주다. 그러므로 산성 식품을 과다하게 섭취하여 혈액의 pH가 산성 쪽으로 기울지 않도록 유의할 필요가 있다. 일반적으로 식품류에서 그 pH를 비교해 보면 우유는 6, 커피는 5, 사과는 4, 식초는 3 등으로 분류되고 있다. 하지만 사과(다른 과일도 마찬가지)는 pH의 수치가 산성으로 분류되지만, 체내에서 알칼리성으로 변하여 산성 물질을 중화하는 데 일조한다. 식초 또한 체내에서 분해되어 알칼리성으로 변하기 때문에 섭취할 당시 물에 5~10배 희석하여 마시면 인체에 유익하다. 실제로 혈액의 pH는 약알칼리성(pH 7.35~7.45)에서 미미하게 변한다. 산성 식품을 과다하게 섭취할 경우 약간 산성 쪽으로 그리고 알칼리성 식품을 과다하게 섭취할 경우 약간 알칼리 쪽으로 향하는 경향이 있는 것으로 나타났다. 여기서 강조하고자 하는 것은 혈액의 산성화(혈액이 산성화하면 인체는 극도로 위험해지며 또 인체의 항상성 때문에 거의 항상 약알칼리성으로 유지됨)가 아니고 체질의 산성화다. 인체가 병적 체질인 산성 체질로 기우는 이유를 보면 스트레스, 운동 부족, 조리식과 가열식 섭취, 고지방 육류 섭취, 수면 부족, 알코올, 약물, 커피, 청량음료, 탄산음료, 흡연 등이란 통계 수치가 있다. 여기서 문제가 되는 커피는 마시면 마실수록 체질이 산성으로 향하는 성질이 있다. 뭔가를 마시고 싶다거나 갈증 해소 등으로 커피에 중독이라도 되면 그리 좋은 현상만은 아닐 것이다. 커피는 아주 산성화되어 있는 음료이며 커피의 잔재물이 신장을 통과하여 배출되려면 약 하루(24시간)나 소요되어 인체에 지대한 영향을 미친다는 사실 또한 간과하지 말아야 할 문제다. 한편 소고기, 돼지고기, 닭고기, 연어, 오징어 등에 함유된 산성 원소인 질소, 염소, 인, 유황 등과 같은 것을 중화하기 위해서는 알칼리 원소인 칼슘이 필요하며 그 중화를 통해 분해, 흡수, 배출의 과정을 거친다. 그런데 이 칼슘은 인체의 골격과 치아에 주로 들어 있는데, 이 원소가 빠져나가면 결국 뼈에 골다공증이 발생하고 치아는 약해져 빨리 부식하거나, 충치가 생기거나, 빠질 수 있다. 그러니 보양하겠다고 먹는 산성 식품이 문제가 될 수밖에 없다. 우리는 현재 특정 바이러스로 인해 면역력을 향상하겠다는 일념으로 보양식에 치중하는 경향이 짙어지고 있다. 그런데 그 보양식들은 전부 산성 식품이라는 것이 문제다. 게다가 그런 산성 식품군을 많이 먹으면 면역력이 더 강화되는 것처럼 느껴지지만 그건 착각일 뿐이다. 좋은 것을 많이 먹어 체력을 향상하여 면역력을 키우려고 하는데 무슨 착각이냐고?

필자는 항상 과유불급을 강조하고 있다. 뭐 모르는 사람이 없지만, 일상생활에서도 과유불급으로 큰 낭패를 보는데, 이 말은 섭취하는 음식에서도 동격으로 취급해야 한다. 왜냐면 열량 섭취를 줄이는 소식의 중요성이 또 강조되기 때문이다.

그 옛날 보릿고개 시절, 우리는 헐벗고 굶주렸다. 필자 역시 그 시절을 겪었으니 어찌 감회가 새롭지 않을까! 가수 진성의 「보릿고개」라는 노래에는 "아이야, 뛰지 마라. 배 꺼질라."란 가사가 실려 있다. 필자 역시 부모로부터 그 소리를 들었으니 어찌 그 시절이 슬프다 않겠는가?

하지만 풍요로운 시절을 맞아 그 굶주렸던 시절이 한이 되어 뭐든지 많이 먹으면 좋은 거라고 착각하게 되었다. 요즘과 같은 전례 없는 전염병 시대에는 면역력이 특히 강조되면서 특히 육류, 생선, 어패류 등과 같은 보양식 음식을 요리해서 먹는 시대가 유행하고 있다. 하지만 그 보양식들은 전부 산성 식품이라는 것을 유념할 필요가 있고, 그것도 1회 혹은 1일 허용량을 훌쩍 넘는 경우가 다반사가 되다시피 하고 있다. 특히 문어, 낙지, 오징어, 해삼, 새우, 랍스터, 소라, 굴, 멍게 등이 주목받고 있는데 이와 같은 해산물은 100g당 100kcal 미만이 대부분이다. 그러니까 열량도 낮을 뿐 아니라 피로회복에 탁월한 아미노산인 타우린(Taurine)도 풍부하고, 콜레스테롤 수치를 떨어뜨리는 콘드로이틴황산도 풍부하기 때문에 상당히 각광받고 있다. 필자 역시 동물성 육류 대신 이러한 식품류를 가끔 선호하기도 하지만 과잉 섭취는 자제하고 있다. 열량이 낮다는 이유로 과잉 섭취를 할 수도 있겠지만, 체질이 산성으로 기울 수 있다는 점과 항상 강조되는 과유불급이라는 사자성어를 잊지 말아야 할 것이다. 게다가 바다는 오염도가 날로 심각해지고 있어, 어패류의 가장 치명적인 단점인 수은과 같은 중금속 함유량도 우려되기 때문이다. 수은은 어패류의 아가미와 껍질에 쉽게 유입이 된다. 그렇기에 먹을 때도 머리와 껍질은 제거하고 먹는 것이 좋다. 또 활성산소도 많이 발생시키는 과식을 철저히 배제할 것도 신신당부하는 바이다. 활성산소는 만병의 근원이다.

게다가 향락식은 거의 다 산성 식품임을 유념해야 한다.

또 '해물을 넣은 라면'이라 하여 라면에 낙지, 문어, 오징어 등을 넣은 음식이 있다. 그 맛이 기가 막히는데, 이때 열량을 보면 라면 한 봉지(120g)에 약 500kcal, 낙지, 오징어 등의 해산물 큰 것 한 마리가 약 300kcal임을 감안하면 총 약 800kcal를 섭취하는 셈이 된다.

800kcal 외에 다른 반찬류 등을 섭취한다고 계산하여 한 끼의 식사가 1,000kcal라면 이건 완전한 과식이라고 할 수 있다. 과식하면 질병의 원천 요인인 활성산소가 폭증한다. 이때부터가 문제다. 세포 속의 발전소 역할을 하는 미토콘드리아에 대량의 그을음을 발생하면서 미토콘드리아의

세포막이 파괴되고, 염증을 유발하고 더 나아가 세포핵이 파괴되면 종양세포가 된다는 사실을 유념할 때, 보양식으로 좋다는 음식의 과식으로 활성산소의 발생을 문제 삼지 않고 그냥 간과할 수는 없을 것이다.

또한, 라면과 어패류 모두 산성 식품이므로 산성 체질로 더 기울어지는 상태가 된다. 향락식과 보양식이 전부 산성 식품이므로 면역력 향상에 눈멀어 이런 식품을 매일 섭취한다면 질병의 발병은 명약관화한 사실이 되고 만다. 결국, 보양하겠다고 먹은 식품으로 인해 병을 유발하게 되는 꼴이니 정말 어처구니없는 일이 아닌가?

체질이 산성으로 기울면 이런 현상이 염증 물질인 사이토카인(Cytokeine)의 수치를 높여 만성 염증을 유발할 수 있다는 사실이 문제가 된다. 만성 염증이 계속 이어져 장기화하면 결국 암이나 심장병 같은 질병을 앞당기게 되는 것이다.

그리고 장내에는 100조 마리나 되는 세균이 살고 있는데, 섬유질을 적게 섭취하는 유형의 사람은 주로 고지방 육류를 많이 섭취하면서 쉽게 살이 찌는 비만균(루미노쿠스 유형)들이 서식하게 되어 당분을 많이 흡수하므로 면역력이 낮아지는 동시에 쉽게 비만해진다. 그리고 이러한 유해균은 당뇨나 암과 같은 질병을 유발하기 때문에 이러한 유해균들이 서식하지 못하도록 장내 환경을 바꾸어 주어야 한다. 즉, 평소 채식 위주로 소식하는 습관을 들이면 체질이 산성에서 약알칼리성으로 변하게 되므로 인체는 병적 체질의 모태인 산성 체질에서 건강한 체질의 모태인 약알칼리성 체질로 탈바꿈하게 되는 것이다. 이와 같이 평소 체질이 약알칼리성이 되도록 하기 위해서는 프리바이오틱스의 상식은 물론 프로바이오틱스[청국장, 김치(겉절이는 효능이 없고, 발효가 잘된 시큼한 것), 사워크라우트, 된장 등]를 상식하면 유익균이 장내에 정착하여 항상 건강한 체질을 형성할 수 있다.

여기서 중요한 문제는 유해균이 특히 단당류(설탕, 액상과당, 사탕, 청량음료 등)를 가장 선호한다는 것인데, 유익균을 위해서는 이러한 단당류를 철저히 배제해 유해균이 서식하지 못하도록 해야 한다.

아래의 표에는 산성 식품과 알칼리성 식품의 작용과 함유 식품에 대해서 비교하였으니 참고하시기 바란다.

종류	작용	함유 식품
알칼리성 식품	부교감신경의 활성화 (정신 안정, 신경 안정)	과일, 녹황색 채소, 해조류, 셀러리, 미나리. 시금치, 고구마, 연근, 콩, 버섯류, 천연식초, 토란, 우엉, 호박, 당근, 무 등
산성 식품	과다 섭취 시 신경세포 수축, 정신 불안정, 질병 감염	생선류, 육류, 곡류, 새우, 오징어, 문어, 낙지, 해삼, 떡, 라면, 국수, 쌀밥, 빵, 땅콩, 커피, 알코올, 흡연, 초콜릿, 햄, 소시지, 베이컨, 소고기, 돼지고기, 닭고기, 오리고기 등

상기한 내용을 참고하여 산성 체질이 되지 않도록 유념하는 동시에 산성 식품을 섭취하는 경우에도 1회 섭취량을 최소화하는 것이 중요하다.

사실, 자칫 간과할 수도 있는 말이지만 건강한 사람은 분명 건강한 이유가 있고, 아프거나 병든 자 역시 분명 건강치 못한 이유가 있다. 잠깐 말이 옆으로 새지만, 필자의 지인 중에는 자타가 공인하는 엘리트가 있다. 그는 초석을 탄탄하게 쌓았기 때문에 지금도 승승장구하고 있다. 그가 엘리트가 될 수 있도록 기반을 닦을 시절에는 눈물겨울 정도로 힘든 고난의 길을 걸었을 것이다. 다시 본론으로 들어와서 우리의 건강도 이와 다를 것 없으니 체질이 약알칼리성이 되도록 열심히 관리할 것을 유념하기 바란다. 혹시 보양한답시고 산성 식품을 잔뜩 먹으면서 대충 살다 보면 건강한 체질인 약알칼리성 체질과는 이별을 고해야 할지도 모른다는 사실도 한 번 짚고 갔으면 한다. 이 책을 읽는 독자들은 부디 지금부터라도 건강한 체질을 만들겠다는 일념으로 매진하여 평생 건강하게 살 수 있는 기반을 확보하시기 바란다. 왜냐면 산성 체질이 만성화할 경우 병적 체질이 되어 나락에 빠질 수 있기 때문이다.

참고로, 타우린이 풍부한 문어, 낙지, 오징어 등에는 통풍을 유발하는 퓨린(Purine)도 많이 함유하고 있으니 유념하였으면 한다. 연체류나 장어, 미꾸라지 등에는 콜레스테롤도 함유돼 있으므로 적당히 드시기 바란다. "보양을 위해 많이 먹는 문어, 낙지, 오징어 등이 통풍을 일으킬 줄이야!" 하고 후회하지 않도록 각별히 유념할 필요가 있다. 필자는 항상 '과유불급'을 강조하고 있다.

결과적으로 체질의 산성화가 계속될 경우 만성 염증이 나타나 소화 불량으로 이어져 심장병, 암 등과 같은 생활습관병이 유발된다는 사실을 간과하지 말아야 할 것이다.

• 탄수화물로 인한 혈당 상승으로 단백질 위주 식생활의 종말

우리는 평소 과도한 혈당 문제를 해결하고자 탄수화물을 거의 배제한 채 단백질 위주의 식사를 하는 경향이 있을 것이다. 이럴 경우, 혈당의 급상승은 막을 수 있지만 그에 반해 탄수화물에 해당하는 섭취량을 단백질로 대체하면서 결국 과도한 단백질을 섭취하게 된다. 이때 육류가 주식이 될 것이고, 그로 인해 과도한 열량 섭취로 이어질 수 있다. 열량 제한이 장수의 근원이 됨에도 불구하고 동물성 단백질(생선 제외) 위주의 식사로 인해 과도한 열량이 인슐린 유사 성장인자(IGF-1)의 수치를 높여 질병을 일으키고 노화의 초석을 쌓는다. 우리는 IGF-1 수치가 낮을수록 장수한다는 연구 결과를 이미 잘 알고 있다.

우리가 평소 동물성 단백질에 주목하는 이유는 메싸이오닌(Methionine),

아이소류신(Isoleucine), 시스테인(Cysteine)과 같은 성장에 반드시 필요한 아미노산이 식물성 단백질에는 턱없이 부족하다는 이유 때문일 것이다. 이와 같이 동물성 단백질에 중요한 성분이 있다는 사실을 미끼로 생산업자들도 가세하여 소비자들을 현혹하고 있다. 그런데 동물성 단백질의 열량 제한을 막음으로써 우리는 쉽게 암세포가 성장하는 토대를 차단함과 동시에 IGF-1 수치도 줄일 수 있다. 실제로 단백질 공급원은 채소와 견과류에도 풍부하다. 또 간혹 등 푸른 생선도 단백질의 좋은 공급원이고, 비록 식감은 다르지만 콩을 이용한 다양한 제품이 훌륭한 단백질 공급원이 되어줄 것이다. 그런데 문제가 되는 IGF-1은 당분에도 관여한다. 그러니까 당분과 동물성 단백질을 배제하는 것이 곧 IGF-1의 수치 증가를 차단하는 셈이다.

결론적으로 말해서, 탄수화물을 배제한 채 단백질 위주로 하는 섭생보다는 적당량의 탄수화물을 섭취하되 탄수화물의 섭취 순서를 채소, 생선, 잡곡밥과 같은 순으로 섭취하면 혈당의 급상승을 막을 수 있으며, 또 적당량의 단백질도 섭취할 수 있다.

사실 단백질도 최종 산물은 포도당이다. 이것은 인체가 단백질을 저장하도록 설계되지 않았기 때문이다. 그러므로 과량의 단백질은 결국 일부는 포도당으로 전환돼 에너지로 이용되겠지만 그 외의 당분은 중성지방으로 변한다. 다시 말해 단백질의 과잉 섭취는 중성지방 증가와 인슐린 저항성과 같은 두 가지의 난관에 봉착하게 됨을 알 수 있다.

사실 인체의 성장에 반드시 필요한 동물성 단백질에 풍부한 메싸이오닌, 시스테인, 아이소류신을 먹지 않는 대신 견과류와 채소류와 같은 식물성 단백질만 먹고도 건강에 유익한 모든 필수 성분을 흡수할 수 있다.

동물성 단백질에만 풍부한 메싸이오닌, 시스테인, 아이소류신을 꼭 먹어야 한다면 암세포를 성장시키는 IGF-1 수치도 증가하게 된다는 사실을 반드시 확인할 필요가 있다. 왜냐면 우리가 평소 당분과 동물성 단백질의 섭취를 증가시킬 경우 IGF-1 수치도 증가하여 노화를 촉진하고, 병적 체질도 만들고, 발암 가능성도 높이는 등 인체의 항상성이 약해지는 등 많은 문제를 가져올 수 있다.

• 단백질 파우더(보충제)의 문제점

평소 육류를 배제한 식사를 하거나 운동을 할 때 단백질 결핍이 염려된다는 점이 관심거리가 되면서 단백질 파우더에 대한 관심이 높아졌다. 특히 보디빌더와 운동선수들은 이 문제에 특별한 관심을 가지고 '분리유청단백'이나 '분리대두단백'을 선호하는 경우가 있다. 하지만 단백질 파우더를 과량으로 섭취할 경우 요단백(尿蛋白) 수치가 비정상으로 나타날 수 있다는 점을 유의해야 한다. 신장에 네프로시스증후군(Nephrotic Syndrome)이 있으면 요단백의 수치가 급격히 악화되는데, 이때는 신사구체에서 모세혈관 벽의 투과성이 커진다. 요단백의 수치는 0.03g(30mg) 이하가 정상인데, 그 이상일 경우 사구체에 이상이 있는 것으로 보고 있다. 요단백은 소변 속에 있는 단백질로 간에서 생성된다. 이때 신사구체 여과율과 혈청 크레아티닌(Creatinine)도 함께 검사해 보는 것이 좋다. 혈청 크레아티닌은 0.5~1.4mg/dl이어야 정상이며, 신사구체 여과율은 60 이상이어야 한다고 알려져 있다. 가령 요단백이 0.3g(300mg) 이상 나왔다면 신장의 기능에 문제가 있다는 것이다. 그러므로 '분리유청단백'이나 '분리대두단백'과 같은 단백질 파우더를 섭취할 예정이라면 항상 신장의 기능도 함께 검사해 보는 것이 좋을 듯하다.

단백질 보충제 중에서도 특히 '분리유청단백'이 문제가 되는 것으로 나타났다. 이것은 근육 성장을 위해 보디빌더들이 잘 이용하는 제품으로 설탕 또는 유사 감미료가 혼합돼 있고 인슐린 유사 성장인자(IGF-1)도 함유돼 있다는 것이다. 근육을 키우려다 그 이면에 숨겨져 있는 설탕이나 IGF-1 같은 물질로 인해 암세포를 키우고 노화를 재촉한다는 것을 잊어서는 안 된다.

• hs-CRP 검사

CRP는 간에서 생성되는 단백질로 신체 내에서 발생하는 모든 염증을 측정하는 검사 방법이다. 이것은 향후 심장병, 뇌졸중, 알츠하이머치매 등을 예측할 수 있는 검사 방법이다. 그 기준은 0~0.3mg/dl이지만 1.3ml/l 이하면 정상이라고 한다. 그러나 참고할 점은 국내외로 그 기준이 통일되어 있지 않다는 것이다. 그러니 상황에 따라 담당 전문의와 적절히 상담하는 것이 좋을 듯하다. 따라서 평소 친염증성 식품을 자제하는 것이 최고의 예방 방법이다. 가령 오메가-3와 오메가-6의 섭취 비율이 1:1 또는 1:2가 가장 이상적이라는 전문가의 견해를 생각해서라도 평소 항상 먹게 되는 부침개의 섭취를 지양하는 것이 좋을 듯하다. 실제로 부침개 한 개를 굽는 데 얼마의 오메가-6(콩기름, 옥수수기름 등)를 사용하는지 알 수 있을 것이다. 기름이 적으면 팬에 눌어붙게 되므로 넉넉하게 둘러야 한다. 하지만 이 고소하고 맛있는 부침개 섭취가 습관이 되면 염증 수치 증가로 치명상을 입을 수도 있다. 더구나 우리는 부침개만 먹지 않는다. 각종 튀김, 고지방 육류, 삼겹살, 꽃등심 등 많은 오메가-6 기름을 섭취하고 있다. 이와 동시에 오메가-3 섭취를 게을리해서는 안 될 것이다. 오메가-3가 바로 염증을 억제해 주기 때문이다. 그 외 염증 억제에 탁월한 향신료(강황, 생강, 마늘, 양파, 고수 등)도 섭취해야 한다.

사실 한국영양학회나 정부의 기관에서는 오메가-3와 오메가-6의 비율을 1:4~8~10으로 권장하고 있다. 하지만 실제로 세계적으로 권위 있는 전문가에 따르면 오메가-3보다 오메가-6의 섭취 비율이 높으면 염증 지수가 상승하여 병에 걸릴 위험성이 증가한다고 밝히고 있다. 따라서 우리는 항상 오메가-6를 적게 섭취하는 식습관을 들여야 한다.

(1) 장(腸)의 영향

우리는 모두 장내 세균에 의해 건강이 지배되고 있다. 장이 바로 건강과 직결되기 때문이다. 따라서 어떻게 하면 장을 건강하게 관리할 수 있을까 하는 데 초점이 모이기 마련이다.

실제로 항상 우리를 위협하는 암조차도 그 발생의 근본 원인이 장에 있다고 본다. 장내에 상존하는 유해균과 유익균의 부조화로 혈액에 염증이 발생하고, 이것이 곧 발암과 결부되는 것이다. 그런데 우리가 섭생할 때 탄수화물, 단백질, 지방 중 어떤 것을 섭취하든 결국 그 잔존물이 장으로 보내지는데, 이때 섬유질만 충분히 보충해 주어도 장내 환경이 극대화된다. 우리가 평소 식단에서 이 섬유질 섭취를 게을리하지 말아야 할 이유가 바로 여기에 있다. 하지만 우리의 섭생 중 특히 단백질 섭취가 가장 문제시될 수 있다. 바로 섬유질이 전무하기 때문에 장내에서 불완전하게 소화되어 중간 대사 산물이 대량으로 발생하면서 장내 환경이 극도로 악화하게 된다. 소화가 제대로 안 되고, 섭취 후 배설도 제대로 이루어지지 않기 때문이다. 장내에 정체된 중간 대사 산물은 가스와 악취를 생성하고 체질의 산성화까지 가져와 그야말로 장내 환경을 극도로 악화시킨다. 현재와 같이 특정 바이러스의 출현으로 미증유의 험로를 걷고 있는 이 풍진 세상에서 우리는 면역력 확보를 위해 그 어느 때보다도 특히 단백질 보양식 섭취에 치중하고 있을 것이다. 이때 문제는 자칫하면 섬유질도 없고, 산성 식품인 고단백 식품을 과식할 수도 있다는 점이다. 또 육가공 식품으로부터 발생하는 식품첨가물의 섭취 등도 문제가 된다. 상기한 식품들은 효소도 전무(효소는 섭씨 55도 이상에서 사멸)하고, 영양분도 조리 과정에서 거의 소멸(85% 소멸)하기 때문에 영양의 불균형이란 상황이 나타난다. 섬유질이 없기 때문에 배설 장애가 생기고, 혈액의 산독화로 암모니아 등 유독한 중간 대사 산물이 대량으로 발생하며, 유독 물질을 해독하느라 간도 적지 않게 손상된다. 이때 유독 물질의 양이 많다면 간은 자칫 치명상을 입을 수 있다. 그야말로 득보다 실이 더 많은 것이 보양식이다.

(2) 뇌의 영향

• 정크푸드(Junk Food) 과량 섭취하면 뇌세포 손상된다

고지방 유제품, 탄산음료, 인스턴트 식품, 아이스크림, 과자류 등 설탕이나 액상과당이 들어간 엠프티 칼로리(정크푸드)는 폭력을 유발하거나 우울증, 주의력결핍과잉행동장애(ADHD, Attention Deficit Hyperactivity Disorders)를 유발한다. 부신에서 나오는 스트레스 호르몬인 아드레날린[Adrenaline=에피네프린(Epinephrine)]의 분비가 증가하여, 간에서 글리코겐의 분해를 촉진하고 혈당과 젖산(Lactic Acid) 수치도 높임으로써 신경질적이거나 공격적인 성향을 띄게 되는 것이다. 따라서 부모가 자녀에게 상기한 불량 식품류의 섭취를 되도록 삼가게 하고 시금치, 된장국, 브로콜리, 녹색 채소, 콩류, 방목 소고기, 토종닭, 작은 생선류, 갑각류, 연체류, 조개류 등의 식품류를 섭취하도록 도와줘야 한다. 여기서 특히 강조하고자 하는 것은, 녹색 채소를 섭취하는 것이 습관으로 자리 잡으면 단 것이나 불량 식품을 찾는 빈도가 줄어든다는 연구 결과가 있다. 사람이 살아가는 데 있어 가장 중요한 것이 상급 학교 진학이 아닐 것이다. 인간의 사망 원인 1위가 바로 불량 식품 섭취란 사실만 보더라도 평소의 식생활이 얼마나 중요한지 짐작할 수 있다. 따라서 먹는 것을 잘 먹는 습관을 들인 후, 상급 학교 진학을 논해야 할 것 같다. 이것은

'금강산도 식후경'이란 속담의 맥락과도 잘 어울린다. 불량한 것을 먹으면서 상급 학교에 진학하겠다는 생각 따위는 어쩌면 '잠꼬대' 같은 소리인지도 모를 일이다. 부모들이 앞장서야 한다.

3. 지방의 문제점

• 고지방 육류

우리는 평소 맛있는 기름인 마블링을 좋아한다. 마블링이 포화지방이란 생각 따위는 아예 하지 않고 그 육즙에 탄성을 지르면서 육즙이 터져 나올 때 분비되는 쾌감 호르몬인 엔도르핀에 모든 시름을 잊는다. 하지만 육류에는 포화지방 외에 불포화지방도 있다. 이 불포화지방이 오메가-6란 사실 또한 잊고 살아간다. 옥수수, 밀, 콩 등의 사료로 사육한 소에는 오메가-6와 같은 친염증 성향의 기름이 꽉 차 있다. 오메가-6의 부작용은 차치하고서도 기름이 많이 함유된 식품을 먹을 경우를 생각해 보자. 이때 지방을 소화하기 위해 간에서 생성된 담즙이 담낭에 저장되었다가 담관을 통해 십이지장으로 흘러간다. 그러니까 육류를 비롯해 지방분(식물성기름 포함)이 많은 음식일수록 담즙이 더 많이 방출되는 것이다. 과량의 담즙은 대장에 이르러 대장암의 발병 요인도 될 수 있다. 또 지방에 붙어 있는 단백질 덩어리는 어떤가? 이와 같은 단백질은 소화관에서 충분히 소화되지 못한다는 단점이 있어 중간 대사 산물인 암모니아 등의 각종 노폐물이 쏟아져 나와 각종 장기 특히 해독 기관인 간에 엄청난 손상을 가할 수 있다. 우리는 축산업자의 판촉에 속아서도 안 되고 현란하게 선전하는 '먹방'에 휘둘려서도 안 될 것이다. 또 육식에는 특정 아미노산인 메싸이오닌이 함유돼 있는데, 이 물질은 분해되면서 동맥경화를 유발하는 호모시스테인이라는 치명적인 독성 물질을 만들어 낸다. 하지만 인체에 비타민 B^6, B^9, B^{12}와 같은 비타민 B의 3종만 있으면 메틸화 과정을 통해 호모시스테인을 재활용할 수 있기는 하다만.......

그러니까 결국 맛 좋은 고지방 육류는 독성 물질의 대량 생산은 물론, 대장암을 유발할 수도 있고 신장에도 장애를 일으킨다. 따라서 발병의 근원이 되는 식단을 바꾸어 장내 세균의 생육 환경을 극대화할 수 있도록 혁신하면 정장(整腸)이 되면서 면역력이 살아나 질병이 나타나지 않는다. 이와 같은 결과는 바로 장 건강이 우리의 건강을 지배하고 있기 때문이다. 우리가 섭취하는 음식으로 100조 개의 세포가 병들지 않게 하려면 양질의 재료를 섭취하며 건강한 세포를 만들어야 한다. 즉, 건강한 약알칼리성 체질이 되어야 한다.

사실 고지방 육류의 최대 단점 중 하나는 바로 섬유질이 전무하다는 점이다. 따라서 섬유질을 먹고 사는 유익균의 수가 점차 퇴조하면서 섭취 후의 잔재는 대장에 오래 체류할 수밖에 없다는 치명적인 문제가 도사린다. 유해균이 급속도로 증가하면 장내 환경이 극도로 열악해져 유해균이 부패하며 만드는 잔재에는 인돌, 스카톨, 암모니아, 황화수소, 메탄 등이 끊임없이 쏟아져 나와 혈관을 물론 신체 전반을 오염시키면서 건강을 악화시키고 만다.

결과적으로 장내 독소가 혈관을 오염시키면서 혈행을 방해해 고혈압, 심장병 등은 물론 수족 냉증, 통증, 피로, 결림 등도 유발한다. 또 장내에서 퍼져나간 암모니아 가스는 혈액에 녹아들어 뇌로 전달돼 치명상을 주는 사례도 드물지 않다. 그런 만큼 대장의 역할이 얼마나 중차대한지 실감할 수 있다. 실제로 장 건강이 인체의 건강을 좌우함은 말할 것도 없거니와 소위 '장청뇌청(腸淸腦淸)'이란 말과 같이 암모니아 가스가 없는 장이 곧 뇌도 맑게 한다는 사자성어에 유념해야 할 것이다. 게다가 장내 상황이 악화하여 게실(憩室)까지 발생하면 큰일이다. 게실 속에는 기생충은 물론 세균, 담즙산, 부패한 찌꺼기까지 포함되어 있다. 그야말로 시한폭탄의 온상이 바로 게실이다. 나아가 폴립(Polyp)도 발생할 가능성도 있다.

따라서 이를 예방하기 위해 한 끼에 채소 25%, 저당도 과일 5%, 섬유질(해조류 등) 10%, 잡곡밥 35%, 작은 생선 5%, 반찬류 20%를 섭취하기를 권장한다. 건강을 황폐화하는 설탕 및 당분, 쌀밥, 밀가루 음식(라면 포함), 고지방 육류 등은 필자가 특히 섭취를 만류하는 식품이다.

실제로 포화지방(우지, 돈지, 버터, 마가린 등)은 가격이 가장 저렴하므로 흔히 사용하는 것을 볼 수 있다. 또한, 대부분 가공 식품에 사용되는 팜유(라면, 과자, 커피크림 등에 사용) 등은 중성지방과 콜레스테롤의 수치를 증가시키고 있다. 우리는 매일 자신이 알지 못하는 사이에 아무 생각 없이 조금씩 먹는 지방(고지방 육류+오메가-6)이 모이다 보면 결국 장기간에 걸쳐 이미 체내에 엄청나게 쌓였다는 사실을 알게 된다. 지방이 축적되면 내장 비만과 같은 체형의 변화를 가져오는 것은 물론이거니와 대사증후군으로 이어지기 때문이다. 실제로 지방이 인체에 축적되면 인슐린 저항성도 발생한다.

• 지방이 인체에 미치는 영향

지방이 인체에 유익한 영향(체온 유지를 위한 단열재 역할, 지용성 비타민의 공급원, 피부의 수분 유출 방지, 위장 벽 보호, 혈관 벽의 상처 치유, 세포막의 주성분, 호르몬 생성, 충격을 흡수하는 쿠션 역할, 주름살을 커버하는 피하지방의 풍성함, 신경섬유 보호, 출혈 방지 등)을 미친다는 이유로 일부 전문가들은 지방 섭취를 강조하면서 지방에 면죄부를 주고 있지만, 지방이야말로 식욕 촉진제란 사실을 간과해서는 안 된다. 특히 지방과 당분(설탕을 포함한 모든 당류)이 결합할 경우 면역세포의 통로를 차단하기 때문에 인슐린 저항성이 유발된다. 또 인슐린은 지방이 축적되도록 촉진하기도 한다. 게다가 지방이 정제 탄수화물을 만나면 체내 지방은 더 축적될 수 있다.

우리가 필수지방산으로 알고 있는 오메가-6는 일부 전문가 중에서 '불량 기름'의 범주에 넣는 불미스러운 칭호를 주기도 한다. 실제로 오메가-6는 우리가 평소 항상 과잉 섭취하고 있다는 사실에 경각심을 가져야 하지만 습관이 되어 잊고 산다. 체내에 아라키돈산(오메가-6)의 수치가 증가하면 염증 수치가 높아진다. 또 오메가-3에 비해 오메가-6를 과잉 섭취할 경우 제2형 당뇨 발생 확률이 증가한다는 연구 결과도 있다. 지방이 응고된 상태로 쌓이면 인슐린이 제대로 분비되지 못한다. 인슐린 수용체가 혈중 당분을 세포 속으로 밀어 넣을 수가 없게 되는 것이다. 그러니 결국 혈중에는 포도당 등 당분이 넘치게 되고 세포는 포도당을 받을 수 없어 기아 상태가 되면서 체력도 상실되는 단계로 돌입한다.

지중해식 식단에 올리브유가 건강 유지에 일등 공신이라고 하지만 실제로 올리브유가 아니라 채식과 과일 등인 것으로 밝혀지기도 했다. 그 채식 등이 크레타 사람들의 건강을 지켜준 것으로 확인된 것이다. 올리브유에는 포화지방이 14%나 함유된 것도 문제로 나타났다. 이것은 LDL의 수치를 높여 동맥을 차단하는 데 일조하기도 한다. 어떤 전문가는 샐러드에 올리브유를 듬뿍 끼얹어 먹으라고 했다. 게다가 각종 소스까지 뿌리면 그야말로 샐러드가 아니라 다이어트를 방해하는 식단이 될 뿐이다.

지방 함량이 많은 식단은 혈행 장애, 소화 장애, 노화 촉진 등을 유발하는데, 동물성 지방에는 콜레스테롤이나 포화지방이 많아 혈관의 산소 및 영양분의 이동을 차단함으로써 이상지질혈증이나 동맥경화를 유발하기도 한다.

그런데 여기서 오메가-3와 오메가-6의 비율이 문제가 안 될 수가 없다. 한국인들은 오메가-6의 섭취량이 너무 많은 것으로 확인되고 있어 경각심이 강조되고 있다. 오메가-6에는 참기름을 비롯해서 콩기름, 옥수수기름, 홍화씨유, 포도씨유, 카놀라유 등이 있는데 무분별하게 섭취하는 경향이 있어 항상 유념할 필요가 있다.

한편 전문가의 견해에 따르면 동물성 지방을 배제하고 견과류와 씨앗류로부터 지방을 섭취할 경우 불포화지방이 80% 그리고 포화지방이 20%의 비율로 구성돼 있어 이 비율이 영양 성분으로 인정되는 표준 비율이라고 한다. 하지만 동물성 지방에서는 불포화지방이 20% 그리고 포화지방이 80%로 구성되어 있다. 따라서 우리가 평소 동물성 지방의 섭취를 자제하지 않고 지속한다면 혈관이 오염되어 산소와 영양분을 제대로 흡수하지 못하게 될 것이다. 모세혈관이 서서히 사라지면서 혈관이 죽어가는 것이다. 이에 따라 노화 촉진과 수많은 퇴행성 질환이 우리를 위협하고 있다. 동맥경화증, 고혈압, 심근경색, 뇌경색, 혈전이 이동하여 문제를 유발하는 색전증 등의 혈관병들이 모두 지방의 과다 섭취가 원인인 것으로 나타났다. 하지만 동물성 지방에만 그치지 않고 식물성 지방을 비롯해 샐러드드레싱, 기름으로 버무린 음식, 기름으로 코팅된 음식과 같은 튀김류 등 수많은 지방도 우리의 입맛을 유혹하고 있다.

지방의 과다 섭취는 소화를 위해 간에서 담즙을 생성하게 하는 원인이 된다. 이 물질은 대장암을 유발하는 원천이 되고 있다. 또 뇌하수체에서 프로락틴(Prolactin)을 과다 분비시켜 유방암을 유발하는 요인이 된다.

사실 우리의 식단은 단백질은 물론 지방도 너무 많다. 우리는 일반적으로 고지방 육류라 해서 동물성 지방만 염두에 두고는 한다. 하지만 지방에는 그 종류가 너무나 많다. 동물성 지방뿐 아니라 식물성 지방 예컨대 올리브유, 아보카도오일, 호두, 아마인, 아마인유, 포도씨유, 참기름, 들기름, 콩기름, 카놀라유, 홍화씨기름 등등 수없이 많을 것이다. 또 생선은 어떤가? 어패류에도 포화지방은 아니지만 불포화지방이 들어 있다. 따라서 평소 우리의 식생활에서 별생각 없이 여기저기에서 기름이 식단에 유입되기 마련이다. 샐러드드레싱, 나물 무침, 부침개, 튀김, 가공 식품, 라면, 빵 등

기름의 한계가 어디쯤일까 할 정도다. 이렇게 많은 기름을 섭취하고도 체내에 적신호가 안 나타난다면 그것이 오히려 이상하지 않을까?

여기서 가장 중요한 핵심은 상기한 기름이 혈관을 오염시킬 경우 면역세포가 가는 통로를 차단하게 된다는 점이다. 이것은 '과식 중노동'에만 그치는 것이 아니라, 인체의 항상성을 차단해 버리는 결과를 유발하는 것이 아닌가? 인체의 최전방에서 세균과 바이러스가 침투하는 초긴장 상태에서 그에 맞서 싸울 수 있는 정예부대인 면역세포가 쓰레기 따위를 치우느라 제 역할을 할 수 없는 꼴이 된 것이다.

한편 식물성 지방은 안심해도 되지 않을까 하는 여유가 있을 수도 있지만, 불포화지방이 대체로 많이 함유된 식물성 지방도 셀레늄이나 비타민 E가 함유돼 있어야 산화를 차단하는 항산화 작용을 할 수 있다. 하지만 가령 항산화 물질이 없어 산화할 경우 과산화지질이란 치명적인 독성 물질이 생성된다. 이 과산화지질은 부침개가 공기 중에 노출돼도 발생하고 튀김류에서도 시간이 지나면서 서서히 과산화지질로 변질한다. 물론 드레싱을 벗기고 재료만 섭취하면 다소 안심할 수도 있지만 그래도 일단 고온에서 튀기면 그 재료조차도 영양소가 거의 다 소실되는 것이다. 결국, 엄청난 열량(지방 1g당 9kcal)만 섭취할 수 있어 이때도 체내에 잔존하는 효소는 그 튀김을 분해해서 소화시키느라 점점 고갈하게 되는 것이다. 물론 생산 즉시 먹는 경우는 과산화지질이 거의 발생하지 않는다 해도 대체로 과량으로 만들어 방치하거나, 일반 시중의 매장에 방치된 부침개나 튀김류는 물론 공장에서 대량 생산되어 포장된 것들이기에 결코 안심할 수 없다. 우리는 이런 평범한 일상생활 속에서 별 경계 없이 그 치명적인 과산화지질을 흡입하고 있다. 결국, 암이나 치매를 비롯하여 각종 퇴행성 질환을 유발하는 인프라를 쌓아가는 것이다.

또 췌장 주변에 기름이나 콜레스테롤이 들러붙어 있으면 췌장이 인슐린을 분비할 수 없다. 혹여 분비된다 하더라도 혈관 벽 등에 기름 성분이 있는 경우 인슐린 수용체가 포도당을 세포 안으로 밀어 넣을 수가 없다. 기름의 피해가 얼마나 치명적인가를 실감할 수 있는데, 그래도 그 맛 좋다는 마블링에만 홀딱 빠져서야 되겠는가? 우리의 일상생활에서 자주 접하는 참기름이나 들기름도 참깨나 들깨를 고온에서 볶는데, 이때부터 성분이 변질되기 시작한다. 그러한 현상을 산화라고 하는데 산화한 참기름과 들기름은 과산화지질이 된다. 오메가-6와 오메가-3를 섭취하려다가 오히려 과산화지질을 섭취하게 되어 염증을 유발하게 된다. 실제로 참깨나 들깨는 올리브 열매와 같이 냉압착 방식으로 식재료를 그냥 짜내서 기름을 얻는 것이 정답이지만, 특유의 고소한 풍미를 더 맛보기 위해 찌거나 볶는다.

또 기름의 피해는 인체에 정말 소중한 췌장뿐 아니라 담낭에도 피해를 준다. 동물성 지방뿐 아니라 식물성 지방조차 중요한 장기에 치명상을 준다. 췌장액과 담즙산은 기름이 많은 경우 분해되지 않는 특성이 있기 때문이다.

또 채식주의자들이 마가린은 동물성 기름이 아니라는 이유로 각종 음식에 마가린을 곁들이는 우(愚)를 범하고 있는 사실을 과연 어떻게 받아들여야 할까? 마가린! 절대 먹어서는 안 되는 최악의 불량 식품임을 상기하시라! 마가린은 체내에서 트랜스지방으로 변형되기 때문이다. 버터는 좋은가? 흔히 버터가 마가린의 대용품이라고 알고 있지만 버터 역시 좋지 않다. 이는 동맥경화를 일으키는 원인이 될 수 있기 때문이다. 그렇다면 치즈는 어떠한가? 치즈는 성장기 아동이나 청소년에게는 필요하지만 성인에게는 불필요하다. 게다가 그 맛이 기가 막힌다는 마블링의 맛은 어떤가? 마블링은 소고기 등에서 볼 수 있는 동물성 지방의 극치가 아닌가? 배후에 가려진 함정에 눈 감고 있는 현실에 축산업자들은 맛을 미끼로 컴컴한 밤길을 걷고 있는 '당달봉사(?)'를 유혹하지 않을까?

하지만 컴컴한 밤길을 걷지만 사탕을 입에 물려 주는데, 왜 마다하겠는가? 내 인생 내가 사는데 뭐라 하겠느냐마는, 필자는 그저 그 진실만을 알릴 뿐이며, 단지 그런 식재료의 섭취를 만류하고자 하는 것뿐임을 이해하시기 바란다.

우리는 평소 이런 말을 듣는다. "병의 원인을 제거하는 것이 건강을 위한 최상의 전략이다."라고 말이다. 즉, 대증 요법 대신 '원인 요법'을 채택하는 지혜가 필요하다는 것이다. 이것이 바로 관습과 통념에서 벗어나는 지혜가 아니겠는가? 다시 말해 지방 섭취를 최소화하는 지혜가 바로 건강으로 가는 첩경이 될 것이다. 실제로 우리는 질병을 예방하는 것이 그 치료보다도 훨씬 쉽다는 것을 간과하기 때문에 아무 생각 없이 살고 있지만, 치료보다는 예방이 훨씬 쉽다는 사실을 유념해야 한다. 그래서 더더욱 예방에 전력을 기울여야 할 것이다.

여기서 지방의 과잉 섭취의 단점을 다시 한번 정리해 보면 인슐린 저항성 유발, 동맥경화 유발, 학습 장애, 기억력 장애, 암 및 심장병 유발 등 수없이 많다.

참고로 우리가 샐러드를 섭취할 때에도 채소 외에 견과류, 올리브유, 아보카도, 씨앗류도 있을 수 있다. 그렇기에 이 많은 기름을 먹어도 기름의 섭취량은 간과하고 채소만 보이는 것이다. 결국, 샐러드는 '빛 좋은 개살구'밖에 안 되는 것이 아닐까?

2장 향락식은 질병 발생의 지름길

1. 염증

우리는 평소 '감기는 만병의 근원', '당뇨병은 만병의 근원', '과식은 만병의 근원', '변비는 만병의 근원', '냉기는 만병의 근원', '스트레스는 만병의 근원', '과음은 만병의 근원', '비만은 만병의 근원', '활성산소는 만병의 근원'이란 말을 하곤 한다. 하지만 만병의 근원은 또 있다. 바로 염증이야말로 진짜 '만병의 근원'이란 사실이다. 염증이 없는 사람이 없는 데다 그로 인해 노화가 급진전하는 상태가 지속되는 게 엄청난 파장을 부르고 있다. 염증으로 인한 독성이 혈관을 따라 흐르면서 세포를 공격하고 인체의 각 장기를 망가뜨린다. 다시 말해 이 독성은 혈전(血栓)을 만들고, 혈소판을 응집하고, 혈관 기능을 떨어뜨려 동맥경화, 암, 고혈압, 당뇨, 치매 등을 유발한다. 그렇다면 염증은 왜 생길까? 바로 염증의 발현을 증가시키는 음식의 섭취 때문이다. 예컨대 쌀밥, 빵, 떡과 같은 정제 탄수화물, 설탕, 액상과당, 조청, 물엿, 벌꿀, 대체감미료 등과 같은 단순 당, 최상위 악당이지만 사람들이 가장 좋아하는 감자튀김, 도넛, 꽈배기, 닭튀김 등과 같은 고소하고 바삭한 각종 튀김류, 그 외 구운 음식, 탄산음료, 주스 등과 같은 음식은 소장을 거쳐 혈액에 빠르게 유입된다. 이때 혈당이 급상승하면서 염증 물질인 사이토카인(Cytokine)도 급상승한다. 우리는 이런 상황에서 과연 어떻게 대처해야 할까? 방법이 없다. 그러니 차선의 방책으로 항산화제를 처방받을 수밖에 없다. 즉, '천연 항염증제'라고도 불리는 오메가-3를 섭취할 것을 적극 권장 받는다. 그런데 사실 오메가-3는 단지 몸에 좋다는 이유만으로 먹는 경우가 많다. 어디에 좋은지, 왜 먹어야 하는지는 모르는 채 말이다.

사실, 오메가-3에 대한 정보라면 꿰뚫고 있는 사람들이 부지기수에 이르겠지만, 단순히 캡슐 형태로 시판 중인 것 외에도 일반 식품에 함유된 것도 확실히 알아 둘 필요가 있을 것 같다. 오메가-3는 연어, 고등어, 청어, 정어리 등과 같은 등 푸른 생선류의 EPA와 DHA 성분에 함유되어 있다. 들깨, 호두, 아마인과 같은 견과류, 시금치, 케일, 브로콜리 등과 같은 녹황색 채소, 미역, 다시마 등과 같은 해조류에 함유된 ALA(Alpha Linolenic Acid, 알파 리놀렌산)에도 들어 있으며 결론적으로 총 세 가지 물질(EPA, DHA, ALA)에 함유되어 있다. 이 물질들은 체내 합성이 불가능하지만, 염증 특히 만성 염증의 처방으로는 으뜸으로 꼽을 수 있다.

그런데, 여기서 문제가 되는 만성 염증은 도대체 왜 나타나는 것일까? 에 그 궁금증이 생긴다. 우리는 평소 삼시 세끼 식사를 하면서 주로 맛있는 음식 위주로 식사하는 경우가 대세일 것이다. 하지만 이때 우리는 이러한 맛 위주의 음식에 염증 유발 물질이 함유돼 있다는 사실을 미처 깨닫지 못하고 있다. "가랑비에 옷 젖는 줄 모른다."라는 속담을 상기하시기를 바라면서 다음과 같은 식품들의 섭취를 만류(挽留)하고자 한다. 제일 먼저 튀김류인데, 이것이 바로 염증 유발의 최상위 등급이란 사실을 알아야 한다.

필자는 얼마 전 거주하는 지역의 '알뜰장터'에 간 적이 있다. 그때 마침 유심히 본 품목이 있는데 바로 어묵이다. 어묵은 기름에 튀겨 만든다. 그래서 필자가 그 소상공인(40대의 여성)에게 "기름을 매일 바꿉니까?"라고 물었더니, 그 상인은 "매일 기름을 갈면 우린 망합니다. 4일에 한 번 갑니다."라고 했다. 여기서 우리는 아주 중요한 정보를 포착할 수 있다.

그러니까 거의 모든 제조업자는 소비자들의 건강 따위에는 안중에 없고 자신들의 사업이 번창하기만을 목표로 제품을 생산한다는 사실이다. 정말 아찔할 수밖에 없다. 제품을 당일 하루 종일(대체로 하루 8~10시간 정도) 튀긴 다음 식혀 재사용하기까지가 4일이다. 그러니까 4일간 계속 산패한 기름은 진한 갈색이 되고, 그 안에서는 과산화지질이 발생한다. 사실 서민들은 이런 상황을 잘 의식하지 않는다. 과산화지질을 섭취했을 때의 피해 따위는 아예 모르기 일쑤다. 그저 어묵이 맛있기만 하면 상관없는 것이다. 과연 현명한 주부들의 비율이 얼마나 되는지 알 수도 없거니와 그 어묵 가게에 줄을 서서 대기한 주부들은 또 어찌나 많은지 모른다. 그런 불량한 어묵을 사기 위해 줄을 서지 말아야 할 것이다. 현명한 주부라면 자신의 가족 건강을 지키는 선택을 해야 한다. 산패된 기름은 일반적으로 공장에서 도시락용으로 대량으로 튀겨낸 튀김류(먹으면 안 됨, 트랜스지방으로 염증 유발)에만 사용할 거라고 예상한다. 하지만 상기와 같은 소상공인의 가게나 소량 생산 업체에서도 같은 기름을 며칠씩 사용하여 산패한 기름의 색을 볼 수 있을 것이다. 또 그러한 제품들은 공기에 노출된 데다 햇빛에도 노출되기 일쑤다. 우리의 대부분은 튀김 맛에 취해 있으니까 그 튀기는 기름의 암갈색의 색깔은 안중에도 없다. 어디 트랜스지방산뿐이겠는가! 섭씨 120도 이상에서 조리하면 발암 물질인 아크릴아마이드(Acrylamide)도 생길 수 있고, 당질과 단백질이 결합한 마이야르 반응(Maillard Reaction)으로 최종당화산물(AGEs)까지 포함돼 있으니 어찌 염증을 유발하지 않겠는가? 필자는 특히 이 튀김류의 섭취를 만류하고 싶다. 고소하고 바삭한 맛 때문에 이미 중독이 돼버린 그 튀김류들! 그걸 만드는 소상공인들은 그것이 인체에 어떤 영향을 미치는지 알 턱이 없다. 계속 많이 팔리기만 바랄 뿐이다. 맛에 중독된 식객들은 계속 요구하고, 업자는 그에 호응하여 계속 만들고. 마치 누이 좋고 매부 좋다고나 해야 할까! 만성 염증을 유발하는 '판도라의 상자'가 열려 버렸다. 또 일반 식단의 전(부침개)도 염증 유발에 가세한다. 전을 부칠 때 사용하는 기름은 주로 콩기름, 옥수수기름, 카놀라유, 해바라기기름 등과 같은 친염증성 기름이 주류를 이루는데, 이와 같은 기름은 필수지방산이 포함돼 있기는 하지만 오메가-6 계열이라 친염증성 기름임을 유념할 필요가 있다. 일반적으로 오메가-3와 오메가-6의 비율을 1:4로 섭취할 것을 권장하고 있지만, 실제로 오메가-3의 섭취 비율을 볼 때 오메가-6의 섭취 비율이 훨씬 더 크다고 볼 수 있다.

염증 문제에 대해 다시 언급하면, 염증은 인체 세포 말단인 텔로미어(말단소체)의 길이도 짧게 만든다. 면역세포의 분열과 복제를 조장하기 때문이다. 이는 곧 단명으로 이어지는 전제조건이 된다. 우리는 염증 수치를 측정하는 지표로 호모시스테인(Homocystaine)을 확인한다. 호모시스테인이 높은 경우 텔로미어의 길이가 짧다는 연구 결과가 있다. 그러니까 염증이 많다는 것은 독성이 많다는 것을 말하고, 호모시스테인이 많다고 보면 되겠다.

결론적으로 우리는 항상 체내에 만성 염증 수치를 낮게 유지하는 데에 총력을 기울여야 한다. 만성 염증이 노화를 촉진하기 때문이다. 질병이 나기 전에 예방이 우선이듯이 염증 역시 미연(未然)에 막아야 한다. 다시 말해 감자튀김, 어묵, 도넛, 꽈배기 등의 온갖 튀김을 배불리 먹은 후, 오메가-3 등의 항산화제로 막으려 하는 발상은 아예 버리라는 얘기다. 이런 발상은 사실 누구나 가지고 있다. 하지만 실제 염증 발생 후 항염증제로 상쇄하려 들어도 효과가 없거나, 오히려 염증 제거가 되지 않는 상태일 수도 있다. 그러므로 튀김류 등의 친염증성 식품을 안 먹고, 오메가-3와 같은 항산화제로 건강 상태를 증진하는 것이 훨씬 바람직할 것이다.

참고로, 염증을 줄이거나 없애는 방법이 있다. 그것은 바로 몸을 부지런히 움직이는 것이다. 다시 말해 TV나 보면서 앉아서 생활하는 방식을 청산하자는 것이다. 사실 운동은 염증을 최소화하는 최고의 방법이며, 인슐린 민감성 향상 외에 마이야르 반응으로 인한 최종당화산물의 형성도 최소화할 수 있다.

사실 마이야르 반응은 염증을 유발할 뿐 아니라 인슐린 민감성도 낮추고, 활성산소도 늘리고, 장(腸) 내벽을 손상시키기도 한다. 따라서 우리는 어떻게 해서라도 이 당화 반응을 막든지 또는 최소화하는 데 총력을 기울여야 한다.

우둔한 자식들은 부모에게 효도한답시고 가만히 앉아 편하게 생활하도록 하면서 맛있는 것 잡수시게 하는 사례가 빈번하다. 하지만 앉아 지내는 생활이 인체에 얼마나 지대한 악영향을 미치게 하는지는 미처 계산하지 못한다. 게다가 맛 좋은 것도 인체에 악영향을 미치는 데 한몫한다. 이런 연구 결과가 있다. 신체 활동이 거의 없는 사람과 신체 활동이 최고로 많은 사람과의 치매 유발 위험에서 신체 활동이 없는 사람이 230%나 높았다는 것이다.

결론적으로, 염증 발생을 최소화하는 방법은 첫째로 염증 유발 식품의 섭취를 자제하고, 둘째로 몸을 항상 움직이는 습관을 들이는 방법밖에 없다. 선택은 오직 당신에게 달려 있다. 하루하루 대충 살다가 염증이 발생한 후 의사에게 매달리느냐 아니면 염증이 발생하지 않도록 미연에 조치를 하느냐. 사실 대충 살아가는 방식의 결과로 의사에게 매달려도 의사는 그걸 고칠 능력이 없다. 실제로 편하게 살려고 하기 때문에 대충 사는 것인데, 그래 살아서는 심신의 황폐화밖에 남지 않는다. 그야말로 처참한 종말일 수밖에 없다.

2. 인슐린 저항성

인슐린 저항성이 나타난다는 것은 우리가 탄수화물을 적정량보다 과잉 섭취한다는 뜻이다. 인슐린 저항성은 뇌의 기억 중추인 해마가 작아져 뇌가 퇴행하게 됨과 동시에 인지력도 감소하게 되는 것이다. 뇌가 퇴행하고 인지력이 감소하는 현상은 치매 유발의 전조 현상이다. 의학계에서 치매를 '제3형 당뇨병'이라 부르는 이유도 당뇨병이 있는 사람은 점차 치매로 진행한다는 것을 염두에 두고 있기 때문이다.

또 인슐린 저항성으로 인해 혈당이 급증하면 뇌의 신경 전달 물질이 고갈되기 시작하는데, 고갈되는 뇌의 신경 전달 물질에는 도파민, 가바, 에피네프린, 노에피네프린, 세로토닌이 있다.

사실, 인슐린이 저항을 받으면 당화 반응(Glycation)도 진행된다. 이 반응은 마이야르 반응(Maillard Reaction)이라고도 하는데, 반응이 진행되면서 고열에 의해 당과 단백질이 결합하여 최종당화산물(AGEs)이라 는 노화를 촉진하는 독성 물질이 생성한다. 그 결과, 얼굴에는 검버섯 (노인반)이 나타나고 체내에서도 당화혈색소(HbA1c)가 더욱 빠르게 진행된다.

이때 문제는 활성산소가 급격히 증가한다는 것인데, 이 물질은 90%나 되는 생활습관병의 발병 요인이 되고 있다. 당화혈색소는 적혈구에 당분과 단백질의 결합 정도를 측정하는 검사인데, 3개월간의 평균 혈당인 당화혈색소의 수치를 보면 당뇨병이 발병할 것인지를 알 수 있다. 당화 반응이 최소화할 수 있도록 당분(탄수화물)의 섭취를 최소화할 필요가 있다. 다시 말해, 최종당화산물이 발생되지 않게 하기 위해 탄수화물을 소식하는 방법을 선택해야 한다. 소식의 중요성이 여기에 있다고 하겠다. 또 식사 때도 채소(양배추를 비롯한 섬유질이 풍부한 잎채소)를 먼저 그리고 식물성 단백질(청국장을 비롯한 콩류), 생선(등 푸른 생선 위주의 소형 생선), 끝으로 잡곡밥을 소량 섭취하는 순서를 택하면 식후 급격한 혈당 상승을 막을 수 있다. 특히, 식사 때 저GI 식품을 선호해야 하며 불가피할 경우 중GI 식품도 가끔 허용함을 원칙으로 해야 혈당이 출렁이지 않고 안정된 생활을 이어갈 수 있다.

사실 인슐린 저항성에 문제가 있어도 당뇨가 나타날 수 있다. 그런데 이 당뇨는 대사성 질환이지만 순환계 질환과 별개로 볼 수 없고 상호 연관성이 있다. 다시 말해 당뇨가 있으면 동맥경화가 유발되는데, 이 동맥경화는 고혈압으로 진전된다. 이렇게 질병이 유발되어 진전되면 뇌일혈과 심근경색도 나타나 심장병으로 악화되기도 한다. 또 암이나 치매도 나타날 수 있다는 데 그 심각성이 있다. 당뇨가 만병의 근원이란 이유가 바로 여기에 있다.

• 치명적 혈독, 최종당화산물(AGEs)

당화 반응(마이야르 반응, Maillard Reaction)으로 손상을 입은 단백질은 최종당화산물로 변한다. 이 물질은 생명의 통로 역할을 하는 혈관에 치명적인 손상을 일으킬 수 있어서 주의를 필요로 한다. 그런데 문제는 세포가 사멸하는 현상이 바로 활성산소가 폭증할 때 일어난다는 사실이다. 인체 곳곳에 산재하는 단백질이 당화 반응을 일으키면 활성산소가 무려 50배나 폭증한다. 갈변한 빵 껍질이 고소하지만 콜라겐에 변성이 일어나 얼굴 피부에도 변색과 변형이 일어난다는 사실을 그냥 간과해서는 안 된다.

3. 불량 기름

☆ 포화지방

포화지방은 육류의 지방 성분(생선 제외), 가공 식품에 대체로 많이 사용되는 팜유, 소시지, 버터, 라면(포화지방이 50%나 함유된 팔미트산인 팜유로 튀김), 쇼트닝, 코코넛오일 등에 주로 함유돼 있으며 비만, 당뇨, 동맥경화, 심장병과 같은 퇴행성 질환의 발병 요인이 되고 있다. 포화지방은 적혈구를 서로 붙게 하여 산소가 부족한 저산소증(Hypoxia)을 유발해 죽상동맥경화증으로 진전하기도 한다. 따라서 코코넛오일과 야자유에 함유된 팔미트산(Palmitic Acid), 땅콩의 아라키돈산(Arachidonic Acid), 버터의 뷰티르산(Butyric Acid), 고지방 육류에 함유된 스테아르산(Stearic Acid)과 팔미트산의 섭취를 최소화할 필요가 있다. 따라서 소고기를 먹는 경우 오메가-6는 물론, 포화지방인 스테아르산과 팔미트산까지 먹게 되는 참담한 상황이 전개된다. 또 팜유는 50%가 포화지방(팔미트산)이란 사실도 간과할 수 없는 사실이다. 상기한 지방 종류를 상식하여 발생한 질병에 대해 대증 요법에 기대는 형태는 뭔지 한참 잘못돼 있음을 직시하지 않을 수 없다. 게다가 찬반양론이 팽팽한 코코넛오일에 포화지방이 82~92%나 함유되어 있는 것도 여전히 부담스럽다.

한편 전문가들에 의하면 포화지방이 인슐린 저항성을 유발하여 고혈당을 유발하므로 육류를 계속 섭취할 경우 인체에 심각한 장애가 나타난다고 경고하고 있다. 육류 역시 당분과 마찬가지로 인슐린 수용체를 억제하여 혈당을 올리기 때문이다. 우리는 평소 육류 섭취에 대해서 비교적 관대한 입장을 보이고 있지만 결코 간과하지 말아야 할 중대한 문제임을 다시 한번 짚고 가야 할 것 같다.

☆ 트랜스지방

트랜스지방은 '달콤한 악마'란 별칭이 있다. 과자, 피자, 스낵, 마요네즈, 치킨, 튀김, 빵, 햄버거, 비스킷 등을 과다하게 섭취할 경우 이 불량 기름의 1일 섭취 한도를 넘게 되어 결국 각종 암, 심장병, 이상지질혈증, 당뇨, 동맥경화 등을 유발할 수 있기 때문에 각별히 유념해야 한다. 이 기름은 HDL을 감소시키고 LDL, 중성지방, 콜레스테롤의 수치를 높여 체내의 해독 체계를 방해하기도 한다. 또 심장병의 발병 위험을 증가시키고, 체내의 해독 체계를 방해하고, 남성 호르몬인 테스토스테론의 수치를 강하하고, 대사증후군의 발병 위험을 증가시키는 동시에 제2형 당뇨병의 주요 원인인 인슐린 내성을 높인다.

참고로, 여기서 마가린과 쇼트닝의 함유 성분을 알아본다.

마가린에는 경화유(식물성유지+수소가스), 소금물, 유화제, 버터향료, 착색제 등이고, 쇼트닝은 식물성유지, 유화제 등으로 형성되어 있다. 이러한 제품은 엄청난 트랜스지방이 함유돼 있다는 사실을 유념할 필요가 있다. 트랜스지방이 함유된 식품으로는 도넛, 프렌치프라이, 스낵, 냉동 식품, 케이크, 쿠키, 크래커, 팝콘, 크루아상 등이 있다.

4. 친염증성 기름

친염증성 기름은 오메가-6가 주도하고 있는데, 평소 이 기름을 자주 혹은 너무 과량으로 섭취하는 것이 문제로 지적되고 있다. 이 기름은 오메가-3가 항염증 작용을 함으로써 결국 상쇄되지만 과량인 경우 체내에 남아서 염증을 유발하는 요인이 되고 있다.

사실 오메가-6는 필수지방산이기는 하나 최근 오메가-3와의 섭취 비율을 1:1 혹은 1:2로 할 것을 권장하고는 있다. 그러나 현실은 오메가-3에 비해 10배 이상이나 섭취하고 있다는 것이 문제다. 오메가-6의 종류에는 홍화씨기름, 해바라기씨기름, 콩기름, 참기름 등에 있는 리놀레산(Linoleic Acid, LA), 생리 활성 물질인 프로스타글란딘(Prostaglandin, PG2)의 전구체인 감마리놀렌산(Gamma-Linolenic Acid, GLA)은 달맞이꽃 종자유, 보리지유, 블랙커런트유에서 보충할 수 있다. 그리고 아라키돈산(Arachidonic Acid, AA)과 같은 종류가 있다.

오메가-6의 염증 기능은 심장병, 뇌졸중, 알츠하이머치매, 퇴행성관절염, 류머티즘관절염, 아토피피부염, 만성 감기와 같은 퇴행성 질환의 진행을 유발하는 요인이다. 따라서 우리가 일상생활에서 이 기름을 주로 많이 섭취하지만, 오메가-3와 같은 항염증성 기름을 섭취하여 오메가-6에 대처하는 생활 방식이 필요하다. 오메가-3는 들깻가루, 들기름, 아마인가루, 아마인유, 호두와 같은 견과류 및 해조류, 시금치, 브로콜리 등과 같은 녹색 잎채소에 다량 함유돼 있다.

결론적으로 볼 때, 친염증 기름은 면역세포의 통로를 방해함으로써 혈관을 오염시켜 각종 퇴행성 질환의 진행을 촉진한다.

☆ 콩기름: 친염증 기름으로 인체에 가장 악영향을 미치는 기름에 속한다, 이 불량한 기름은 샐러드드레싱에 사용되고 있음을 유념해야 한다. 이 기름은 샐러드드레싱 외에도 수프, 소스, 감자 칩, 쿠키, 크래커 등에도 이용되고 있다.

☆ 옥수수기름: 친염증 기름으로 감자 칩, 쿠키, 크래커 등에 이용되고 있다.

☆ 홍화씨유: 친염증 기름으로 드레싱 등에 이용되고 있다.

☆ 포도씨유: 친염증 기름으로 튀김, 부침개, 볶음 등에 이용되고 있다.

☆ 카놀라유: GMO, 친염증 기름으로 샐러드드레싱, 소스, 과자류, 크래커, 빵, 요리유 등에 이용되고 있다. 그런데 카놀라유는 가공 과정에서 표백제, 중화제, 탈취제, 화학 용매 등이 사용되고 있는 것으로 알려지며, 이 기름은 특히 거의 다 GMO 제품이므로 피해야 할 기름이다.

5. 유해균과 장누수증후군

우리의 속담에 "가랑비에 옷 젖는 줄 모른다."라는 말이 있다. 그 하찮은 보슬비 따위는 아예 염두에도 없기에 나중에 처참한 결과를 맞을 줄은 생각지 않는 것이다.

또 다른 예를 들어 보겠다. 개구리에 관한 실험으로, 가령 뜨거운 물에 개구리를 넣으면 개구리가 바로 펄쩍 나오지만 미지근한 물에 개구리를 넣으면 개구리가 그 따스함에 온천욕을 즐기면서 만족해하는데, 이때 천천히 온도를 높여도 개구리는 그 온도 변화를 감지하지 못하다가 결국 그 따뜻한 물에 데어 죽는 결과가 되고 만다.

우리는 대체로 편안한 삶을 원한다. 그렇기 때문에 대충 사는 것이다. 하지만 대충 살아서는 절대로 좋은 결과를 바라지 말아야 한다는 사실을 너무나도 잘 알고 있을 것이다. 우리의 생활이 바로 온천욕을 마냥 즐기다가 데어 죽는 '개구리 신세'가 될지도 모르기 때문이다.

편안한 생활은 소파에 앉아서 TV 보는 형태, 걷지 않는 신체 활동 부족 현상, 짧은 거리도 차를 타는 현상, 그날의 끝 시간인 저녁에 거하게 만찬을 즐기는 형태, 커피의 향에 취해 그 단점을 아랑곳하지 않는 형태 등등 우리를 대충 살게 하는 형태는 너무나도 많다. 먹거리에서도 그런 대충 사는 형태와 다를 것 없다. 의도적으로 식탐을 제어하려는 생각 따위는 안중에도 없다. 맛집을 항상 기웃거리고, 보양을 한답시고 육식과 어패류를 잔뜩 먹는다. '기가 막히게 맛있다'는 해물 라면, 맛있다는 이유로 당도 높은 과일을 달고 사는 형태 등과 같이 우리의 일상적인 편안한 생활 자체는 결국 장(腸) 내에 유해균이 득실거리는 상태로 이어진다. 그렇다면 유해균은 장 내에서 어떤 역할을 할까? 장 건강이 바로 인체 건강의 척도라는 점을 감안할 때, 유해균들은 우리가 평소 맛있어 먹는 소고기, 돼지고기, 닭고기, 어류, 설탕, 불량 기름, 우유, 버터, 치즈, 마요네즈 등과 같은 섬유질이 전무한 음식을 선호한다. 또 유해균은 튀김, 과자류, 탄산음료, 인스턴트 식품, 육가공 식품, 설탕 절임 식품, 아이스크림,

숯불구이, 떡, 빵, 라면, 국수류 등도 선호한다.

여기서 유해균을 분류해 보면 클로로스트륨(Clorostrium), 대장균(E. coli), 베이요넬라(Veillonella) 등이 전체 장내 세균 중 약 15%를 차지하고 그 외 중립균이 약 70%라고 알려진다. 하지만 이 중립균이 장내 환경의 열악한 조건으로 인해, 즉 상기한 불량한 식품류를 섭취할 경우 유해균 쪽으로 방향을 돌린다는 것이다. 주인이 형편없는 선택을 하는 마당에 그들 역시 그 주인에 등을 돌리는 형국이라고 해야 할까? 그러니까 유해균의 비율은 결국 85%가 되는 셈이다. 장내 환경이 극도로 열악해지면 건강에 적신호가 켜지게 된다. 이때부터가 문제다. 일단 렉틴(Lectin, 주로 통곡물에 많이 함유된 식물 단백질의 총괄적인 명칭), 비스테로이드성 소염제, 제산제, 스트레스, 과음, 설탕 등이 장에 구멍을 뚫기 시작하면 그 뚫린 구멍으로 유해균들이 장벽을 새어 나가게 된다.

우리는 사실 현재 장 건강의 중요성을 인식하기 시작하면서 요구르트(이 물질은 부작용이 많은 유제품이지만, 시중의 제품을 지양하고 양이나 염소에서 생산된 것을 선호할 것을 권유함), 김치, 된장, 청국장 등의 프로바이오틱스를 선호하는 경향이 점차 증가하고 있다. 특히 장까지 살아서 도달할 수 있는 캡슐과 같은 유형이 급증하고 있다. 이러한 것들은 유익균의 정착을 위해서 복용하는 것이지만 실제로 정착은 안 되기 때문에 매일 이런 것을 먹어야 한다. 일회용, 하루용이라고나 할까. 또 이런 캡슐을 먹지만 상기한 섬유질이 없는 식품류나, 가공 식품의 방부제, 위산 중화용의 제산제, 식수에 잔류하는 염소, 채소와 과일의 잔류농약 등도 유익균이 정착하지 못하는 요인이 된다. 실제로 우리는 대충 살면서 프로바이오틱스 캡슐에 의존한다. 편안하고 간단하고 번거롭지 않아 좋다고 할 수 있지만, 일상생활을 순조롭게 넘기는 것이 쉽지 않음을 느낀다. 다시 말해 알약만 가지고는 장 환경을 순조롭게 다스리지 못한다는 것을 금방 알게 된다.

요즘은 그 어느 때보다 보양식을 강조하고 있는 듯하다. 하지만 육류나 해산물 등도 섬유질 하나 없는 산성 식품임을 간과하지 말아야 한다.

따라서 일단 우리는 건강의 제일 중요한 요인 중 하나인 것이 바로 섬유질이 풍부한 식사이다. 그리고 청국장, 오크라, 미역, 다시마, 토란, 참마, 연근, 버섯 등과 같은 뮤코단백질(Mucoprotein)의 끈적끈적한 식품의 섭취가 중요하다. 잡균과 독소를 전부 묻혀 함께 배출해주는 것은 물론이거니와 끈적끈적한 뮤신 성분은 소장에서 당분을 흡착하여 빨리 혈액으로 흡수시키지 않는 특성도 있어 혈당의 급상승도 막아 주기 때문이다. 또 각 장기의 점막을 이 물질이 보호해 주는 특성도 있다. 게다가 섬유질은 거의 다 약알칼리성 식품이라는 것도 알아 두면 좋다. 그리고 특히 중요한 사실은 동물성 식품에는 이 섬유질이 전무하다는 사실이다.

한편 매일 체력 보강한답시고 매일 보양을 할수록 체질은 산성으로 기운다. 하지만 섬유질의 필요성을 잘 알면서도 식감이 나쁘다는 이유로 겨우 깻잎이나 상추 정도를 보양식에 곁들인다. 그러나 그 정도로는 섬유질 섭취량이 30g도 안 된다. 하루에 최소 약 30g의 섬유질 섭취가 권장되는 마당에 대부분은 그에 훨씬 못 미치는 양을 섭취하고 있다는 것이다. 하루하루의 건강이 축적되어 한 달의 건강 그리고 나아가 1년의 건강이 된다고 보면 하루하루의 건강의 척도인 장 건강을 얼마나 철저하게 관리해야 하는지 확실히 파악할 수 있을 것이다.

실제로 장 건강이 악화되면 결국 면역력 저하로 이어진다. 이런 위험천만한 장내 생태계도 인식하지 못한 채, 우리의 현실은 그저 향락식이나 보양식 따위에 의존하면서 삶을 즐기고 편하게 살기만을 바란다. 하지만 '면역력이 저하되어 질병을 막을 수 없게 되면 계속 삶을 즐기거나 편하게 살 수 있을까?' 하는 문제를 남긴다. 어떤 방식으로 살아야 할지에 대한 진지한 고민이 필요한 시점이다.

우리는 평소 향락식에 쉽게 접근하지만, 그것은 각종 식품첨가물, 불량 기름, 소금, 설탕 등의 범벅이라는 것을 잊으면 안 된다. 맛있으면 그만이라고? 하지만 당장 하루의 생활이 힘들어진다. 왜냐면 그런 식습관은 유해균의 증식을 돕기 때문이다. 몸의 주인이 향락식 따위를 선택하는 마당에 유해균도 그런 주인에 등을 돌리고 마는 것이 아닌가. 그 결과 배변량이 급격하게 감소한다는 게 문제가 돼버렸다. 실제로 우리는 빵을 자주 먹는다. 거기에는 소브산(Sorbic Acid)과 소브산칼슘(Calcium Sorbate)이란 식품보존료가 함유돼 있다. 이런 보존료는 간에 악영향을 미칠 수 있고, 중추신경을 마비시킬 수도 있으며 발암 가능성도 있다. 또 많은 사람이 좋아하는 치즈, 케이크, 케첩, 햄, 소시지, 어묵에도 이런 보존료가 함유돼 있다. 위에 보았던 실험에서 개구리는 조금씩 따뜻해지는 물에 만족하고 있다가 감당할 수 없는 온도가 되자 결국 뜨거운 물에 데어 죽었다. 우리 역시 향락식에 도취하여 서서히 나락에 빠져들다가 그 한계를 모른 채 생활습관병 환자가 될 수 있다는 것을 유념해야 한다. 특히 기름기가 자르르 흐르는 향락식에는 음식을 씹지 않고도 먹을 수 있는 살살 녹는 음식(살살 녹는 음식에는 섬유질이 있을 리 만무하다)이 대부분이다. 거기에는 섬유질도 없고 불량 기름에다가 서서히 나락에 빠져들게 하는 보존료 같은 식품첨가물도 함유돼 있기 마련이다. 씹어 먹지 않아 살살 녹는 향락식을 섭취하면 물론 단시간에 행복을 느낄 수 있지만, 씹지 않으면 치아가 퇴화하고 활성산소가 증가하며 치매에 걸릴 확률도 올라간다는 것을 잊지 말아야 한다.

6. 섭취 만류(挽留) 식품

• 가짜 탄수화물

우리는 평소 각종 빵, 라면, 과자, 튀김[여기서 동물성(탄수화물이 아니므로) 튀김은 제외], 부침개를 자주 먹을 수 있다. 밥의 대용식으로 생각하기 때문일 것이다. 하지만 상기한 제품들은 순수 탄수화물이 아닌 '가짜 탄수화물'임을 인식해야 한다. 그 속에는 탄수화물 외에 팜유, 오메가-6 등의 기름으로 가공한 성분은 물론 고온에서 튀기기도 한다. 그렇다 보니 그건 이미 탄수화물이 아닌 잡탕 식품이다. 이것은 순수한 탄수화물인 밥, 옥수수, 고구마, 감자 등과는 엄연히 다른 물질임이 틀림없다. 그러니 식사 대용이라 해서 상기한 식품을 섭취할 경우 탄수화물 외 기름, 각종 식품첨가물, 설탕, 트랜스지방, 과산화지질, 아크릴아마이드, 나트륨 등 수많은 물질도 같이 먹는 것이다. 그러니 부작용이 나타날 수밖에 없다. 우리는 이러한 '가짜 탄수화물'을 먹고 식사를 했다고 착각하면 안 된다.

사실 인체의 면역 물질의 통로인 혈관에는 산소와 영양소가 충만해 있어야 하지만 아래에 열거한 식품들만 해도 온갖 독성 물질로 오염될 수밖에 없다. 실제로 혈관은 50% 이상이 막히기 전까지는 아무런 증상을 보이지 않는다. 그렇다고 혈관이 반절이나 막힐 때까지 기다리고 있어야 하겠는가? 아래에 열거한 튀김, 라면, 부침개 등과 같이 오일을 가열(고온에서 조리하거나 튀기는 경우)하여 만든 식품을 먹으면 가열한 오일의 산패된 기름 때문에 세포가 제대로 호흡하지 못하며, 그렇게 되면 질병에 쉽게 노출될 수밖에 없다.

빵 종류

우리는 평소 엔도르핀을 갈구하면서 그냥 아무 생각 없이 빵을 먹는다. 빵은 수입 밀가루의 방부제와 살충제, 반죽 팽창을 위한 팽창제(여기에는 카드뮴과 납이 들어 있다.), 마가린, 쇼트닝 등이 함유돼 있다. 빵을 구울 때 탄

부분에는 최종당화산물이 들어 있으며 게다가 빵은 고GI 식품이므로 소장에서 혈액으로 포도당이 바로 흡수되어 혈관을 오염시킨다. 또 팽창제로 사용되고 있는 베이킹파우더는 오래전부터 알츠하이머치매의 발병 요인으로 지목되었으나, 최근 연구 결과 직접적인 관련은 없는 것으로 알려졌다. 하지만 이 물질이 혈중 타 물질과 반응하여 뇌에 악영향을 줄 수도 있다고 알려지므로 경계심을 늦춰서는 안 된다. 빵 종류는 다음과 같이 분류할 수 있다.

☆ **꿀빵**: 혈당 급증, 대사증후군 위험 등

　최종당화산물, 물엿, 설탕, 트랜스지방, 과산화지질, 아크릴아마이드

☆ **식빵**: 눈과 피부의 점막 자극, 중추신경 마비 가능성

　방부제, 젖산칼슘, 흰 밀가루(방부제와 살충제가 함유된 수입 밀가루)

☆ **크림빵**

　유화제, 보존료, pH조정제

　참고로, 생크림은 포화지방으로 가득 차 있어서 혈행을 급격히 악화시킬 수 있으며 플라크를 형성함으로써 혈관을 좁게 하여 심혈관 질환을 유발할 가능성이 크다.

☆ 케이크

　케이크를 제조할 때 우지, 돈지, 베이킹소다, 베이킹파우더, 마가린, 쇼트닝과 같은 첨가물 등은 인체에 반드시 필요한 미량미네랄들을 체외로 배출한다. 따라서 영양소 부족으로 영양실조가 되어 질병에 노출될 수도 있다.

☆ 초코파이

　초코파이 38g에 설탕 24.7g이 함유되어 있다. WHO의 1일 설탕 섭취 권장량은 25g임을 기억하자.

과자류

☆ 약과

수입 밀가루, 물엿, 대두식용유, 꿀, 설탕, 나트륨, 포화지방, 트랜스지방, 과산화지질, 고GI 식품, 최종당화산물

☆ 한과/유과

고GI 식품, 조청, 설탕, 튀김용 기름, 최종당화산물

☆ 강정

고GI 식품, 조청, 물엿, 설탕

☆ 팝콘(버터 팝콘/치즈 팝콘)

고GI 식품, 버터, 치즈, 소금

☆ 재래식 과자류

마가린, 쇼트닝, 설탕, 수입 밀가루, 고GI 식품, 최종당화산물, 과산화지질, 아크릴아마이드

☆ 초콜릿

초콜릿 25g에 설탕 13.3g이 함유되어 있다. WHO의 1일 설탕 섭취 권장량은 25g임을 기억하자.

참고로, 전문가들에 의하면 초콜릿을 선택할 때는 코코아 함량이 90% 이상인 것을 선택할 것을 권장하고 있다. 물론 10%의 차이는 있지만 순수한 코코아가루를 섭취하라는 것이다.

튀김류(가공 단백질 포함)

☆ 도넛

고GI 식품으로 혈당을 급격히 올린다. 고온에서 튀기다 보니 튀길 때 트랜스지방이 발생하고, 도넛 껍질의 암갈색은 최종당화산물이고, 탄 부분은 발암 물질인 아크릴아마이드가 발생한 것이고, 공기나 햇빛과

접촉하면 과산화지질이 발생한다. 이리저리 보아도 좋은 것은 아무것도 없다.

☆꽈배기

고GI 식품, 최종당화산물, 과산화지질, 아크릴아마이드, 사용한 후 재사용하여 갈색으로 변한 튀김용 기름

☆ 치킨

닭고기, 튀김옷, 베이킹파우더, 증점제, 유화제, 착색료, 팜유, pH조정제, 조미료, 소금, 설탕 등으로 생산

최종당화산물, 트랜스지방, 과산화지질, 아크릴아마이드 등의 피해를 입을 수도 있다.

☆ 감자튀김/감자 칩

감자는 혈당 지수가 고구마와 달리 최고도에 속하는 고GI 식품이다. 감자튀김/감자 칩의 탄 부분에는 최종당화산물이나 아크릴아마이드(Acrylamide)가 존재하고, 또 식혀서 보관하면 기름이 산패하면서 과산화지질이 발생하고, 튀기는 과정에서는 트랜스지방이 발생한다. 그러기에 이런 제품을 두고 탄수화물로 취급하면 안 되고 '가짜 탄수화물'이라고 생각해야 한다. 대체로 우리는 이 제품을 아무 생각 없이 먹고 있지만 상기한 엄청난 지방을 간과한다는 사실을 잊지 말아야 한다. 여기저기서 과량의 지방을 섭취한다는 것은 질병 발생의 지름길이다.

☆ 돈가스

육류, 최종당화산물, 과산화지질, 아크릴아마이드, 튀김용 기름

☆ 탕수육

튀김용 기름, 설탕, 육류, 밀가루, 트랜스지방, 과산화지질, 최종당화산물, 아크릴아마이드, 인공조미료

☆ 감자 크로켓

210g(780kcal), 고GI 식품, 최종당화산물, 아크릴아마이드, 과산화지질이드, 인공조미료

☆ 어묵

감칠맛을 내기 위해 L-글루타민산나트륨(MSG)을 첨가했으며, 방부제인 아질산나트륨(NaNO²)을 사용하는데, 이 물질은 나이트로사민(Nitrosamine)이라는 발암 물질로 전환된다.

과산화지질, 아크릴아마이드, 설탕, 산도조절제, D-소비톨, 최종당화산물, 튀김용 기름, 소금

★ 전문용어의 표준화가 시급하고, 음역(音譯, Transliteration)은 정확성이 부족한 부분이 많아 한국식품과학회가 발간한《식품과학사전》을 토대로 정리해 본다.

① Nitrosamine(니트로사민, 니트로소아민)→나이트로사민
② Oleic Acid(올레인산)→올레산
③ Sorbic Acid(솔빈산, 소르브산)→소브산
④ Sorbitol(솔비톨, 소르비톨)→소비톨
⑤ Corisol(코르티솔)→코티솔
⑥ Sauerkraut(사우어크라우트)→사워크라우트
⑦ Butyric acid(부티르산)→뷰티르산
⑧ Sorbate(솔빈산염)→소브산염
⑨ Calcium Sorbate(솔빈산 칼슘)→소브산칼슘

2부
향락식의 대안

1장 간헐적 단식의 중요성

　간헐적으로 단식을 하면 체내의 죽은 세포나 손상된 세포들이 제거되고, 그 자리에 새로운 면역세포가 자리 잡게 되어 자연치유력을 한층 더 높일 수 있다. 간헐적 단식은 췌장에 휴식을 줄 수 있어 인슐린 민감성이 고조되고, 인슐린 유사 성장인자(IGF-1)의 발현을 감소시킬 수 있다는 점에서 당뇨병의 예방에 도움이 된다. 또한, 비만을 예방할 수 있고 체중도 감량할 수 있으며 비알코올성지방간도 예방할 수 있다.

　간헐적 단식의 방법으로는 여러 가지가 있으나 질병을 예방하는 측면으로 1일 2식의 방법이 선호되고 있다, 즉, 아침과 점심까지만 먹고 저녁은 먹지 않는 방법으로 하루 중 6시간 동안만 식사하는 패턴이 되는데, 이런 경우 하루 중 마지막 식사와 다음 날 첫 식사와 간격이 18시간 정도 되는 것이다. 이 방법은 특히 낮에 뇌에 쌓인 베타아밀로이드 플라크를 밤 동안에 충분히 씻어낼 수 있다는 장점이 있다.
　한편 '니시(西醫學) 건강법'에서는 조식을 폐지하고 점심과 저녁을 먹는 1일 2식의 패턴을 취하기도 한다. 이 경우 전날 마지막 식사와 다음 날의 첫 식사의 간격이 약 18시간이 되는데, 이때 자가 포식(自家捕食) 현상이 촉진되면서 세포가 재활용되어 산 세포는 더욱 강한 세포로 거듭난다. 그러니까 하루 중 약 6시간 동안만 식사하는 것이다. 이렇게 함으로써 세포들의 벽은 더 건강해지고, 장누수증후군도 나타나지 않고, 낮 동안에 쌓였던 베타아밀로이드는 밤에 쌓일 틈도 없이 사라지게 되는 것이다. 간헐적 단식은 열량 섭취를 제한하여 뇌를 청소하고, 장의 누수를 막고, 장을 청소하여 유익균을 늘리는 등 여러 가지 인체에 유익한 효과를 가져온다.

일부 전문가들은 1일 2식을 할 경우, 1일 3식보다 더 많은 열량을 섭취할 수도 있다고 경고하기도 한다. 공복 시간이 길면 장시간 배고픈 것을 해소하기 위해 식욕이 높아져 과식하게 된다는 것이다.

그것도 틀린 말이 아닌 것 같은 느낌이 들지만, 어디 1일 2식(조식 및 중식 혹은 중식 및 석식)을 하는 자들에게 한번 물어보시라! 과연 그런가를!

1일 2식의 달인들은 절대 과식하지 않는다. 1일 2식을 하면서 배고팠던 시간을 참느라고 과식할 것 같지만, 그들은 1일 2식이 왜 필요한지를 잘 알고 있기에 과식하지 않는다. 그들은 이미 배를 70~80%만 채우는 경지에 도달한 자들이다. 즉, 먹을 것을 덜 먹어도 아쉬워하지 않는다. 그들은 음식을 머리로 먹는다. 1일 2식이지만 얼마든지 건강하게 맛있는 음식을 먹을 수 있고 또 불필요한 낭비도 하지 않는다는 철학이 몸에 밴 것이다.

자, 그렇다면 1일 2식이나 1주일에 1일 등의 간헐적 단식을 왜 해야 할까? 바로 소식으로 몸에 활성산소의 발생을 최소화하기 위해서다. 하지만 광고 방송을 보면 미식과 폭식을 조장하는 '먹방'이 국민의 건강에 부정적인 영향을 미치고 있지 않은가? 그런 것 아니면 방송으로 내보낼 게 없는 것인가 허탈한 생각이 든다.

소식의 적당량으로 보면 80% 정도를 말할 수 있고, 70% 정도면 실제로 병원 갈 일이 없어진다. 그런데 지금 병원의 실상은 어떤가? 환자들로 차고 넘친다. 거의 다 생활습관병으로 인한 환자들이다. 다시 한번 강조하지만 '식탐은 명 재촉의 지름길'이라는 사실을 유념했으면 한다.

실제로 간헐적 단식으로 열량을 제한하여 섭취할 경우, 자가 포식(自家捕食, Autophage) 과정이 이루어져 죽거나 손상된 세포들은 모두 퇴화하여 배출되고 활기차고 건강한 세포들은 더욱더 건강해진다. 이때 '복구 유전자(Repair Gene)'가 작동된다. 그리고 IGF-1도 분비되지 않아 인슐린 저항성도 없을 뿐 아니라 질병에 대한 저항력이 커져 건강한 체질, 즉 약알칼리성 체질이 강화된다.

참고로, 소식 또는 1일 2식으로 열량 섭취를 제한하면 세포 내에서 발전소 역할을 하는 미토콘드리아가 활성산소로부터 피해가 최소한으로 받으면서 에너지가 증가하여 그 기능이 향상된다. 그러면서 세포가 사멸하는 현상인 아폽토시스(Apoptosis, 세포 자살)가 감소하는 결과로 이어져 염증이 줄어들고, 기억력이 향상되고, 뇌졸중, 알츠하이머치매, 파킨슨병 등의 퇴행성 질환을 예방할 수 있다. 여기서 우리는 활성산소가 주는 피해를 유념하지 않으면 안 될 것이다. 또 단식할 경우 체내에 저장된 지방을 케톤(Ketone)으로 전환되는데, 이 케톤이 에너지로 이용되고, 만성 염증을 예방하면서 체내 대사를 정상적으로 유지하는 데 기여하기 때문에 비알코올성지방간, 비만, 당뇨 등을 예방할 수 있다.

≡ 마태복음 7장(13/14)

우리는 여기서 '성서'에 아래와 같은 가르침이 있음을 알 수 있다.

"좁은 문으로 들어가라. 멸망으로 인도하는 문은 크고 그 길이 넓어 거기로 들어가는 자가 많고, 생명으로 인도하는 문은 좁고 길이 협착하여 찾는 자가 적음이라."

상기한 진리는 2,000년이 지난 지금도 여전히 우리의 심금을 울리며 그 빛을 발하고 있다. 그리하여 이 성서의 가르침이 시사하는 깊은 뜻을 간직하면서 살아가면 분명히 운명이 트여 장수할 것이라고 확신한다.

≡ 간헐적 단식의 효과

(ㄱ) 암의 성장 요인인 인슐린 유사 성장인자(IGF-1)가 감소한다.

(ㄴ) 인슐린 저항성이 감소함과 동시에 인슐린 민감성이 증가함에 따라 당뇨,

치매, 뇌졸중, 비만, 우울증, 기억의 상실 등의 위험이 감소한다.

㈐ 세포에 일시적인 스트레스를 주게 되므로 낡은 세포는 사라져 배출되고 건강한 새 세포가 다시 성장한다.

㈑ 비알코올성지방간의 발병을 감소시킨다.

㈒ 체내의 죽은 세포나 손상된 세포를 먹어 치워 에너지원으로 삼는 자가 포식(Autophage)이 나타난다.

1. 제독(除毒)해야 장수한다

"체내에 쌓이는 독성 물질은 어떻게 발생하나?"란 문제부터 짚고 가야 할 것 같다.

① 효소의 사멸, 효소의 고갈, 대사 효소의 부족

열량이 높은 식품, 튀김류, 가공 식품, 식품첨가물, 육가공 식품 등은 그 식품이 갖는 특성으로 인해 엄청난 양의 효소를 소모해야 비로소 분해되어 소화, 흡수된 다음 배출된다. 그로 인해 효소는 점점 더 고갈 단계를 거칠 수밖에 없다.

② 조리식, 화식, 가공 식품, 설탕, 소금, 식품첨가물

상기한 식품들은 그 자체의 특성상 많은 독성 물질을 함유하고 있으며 체내에서 제대로 분해되지 않을 뿐 아니라 분해되는 과정에서 많은 독성 물질을 배출한다. 잘 분해되지 않아 결국 장내에 쌓여 독성 물질로 돌변하기도 한다. 이때 장내 유해균도 가세하면서 장내 환경은 극도로 열악해져 더 많은 유독 물질을 생산한다.

③ 고열량 식품 섭취로 인한 독성 물질 증가

열량이 높은 식품은 분해하는 데에 많은 효소가 소모된다. 이때 많은 독성 물질을 배출되며 분해 속도마저 완만해지면서 장시간 체내에 수많은

독성 물질이 체류하는 악순환이 지속된다.

④ 영양 불균형으로 인한 영양실조

화식이나 조리식 등은 그 자체에 효소는 전무하고, 영양소도 거의 파괴된 상태가 되기 때문에 실제로 열량만 남는 그야말로 영양소가 없는 음식이 되고 만다. 결국, 불충분한 음식 섭취로 인해서 영양실조가 되는 결과로 이어진다. 따라서 체내에 유독한 물질이 남게 되어 질병의 원인이 될 수 있다. 효소가 부족하면 각 세포에 영양분과 산소의 공급이 이루어지지 못하고 세포의 신진대사는 정체돼 '세포 울혈' 상태가 되면서 세포가 상처를 입거나 병들기 때문이다. 그렇게 되면 질병이 생길 수밖에 없고 노화도 촉진되어 조로(早老) 현상을 겪는다.

⑤ 활성산소

활성산소는 특히 과식할 때 인체에 가장 큰 피해를 주며 그러한 경우 미토콘드리아가 에너지를 효율적으로 생산하지 못한다. 세포의 발전소인 미토콘드리아는 과식, 포식, 폭식 때 가장 크게 손상을 입는다. 이때 과량의 그을음이 바로 활성산소라는 것이다. 이는 생활습관병의 90%에 영향을 미칠 만큼 그 위력이 막강하다. 우리가 활성산소의 발생을 피해야 하는 이유가 바로 여기에 있다.

⑥ 탄수화물의 과잉 섭취

여기서 하나 주의해야 할 점이 있다. 우리가 평소 탄수화물이라고 판단하는 튀김, 도넛, 부침개 등은 탄수화물로 평가하기보다는 '가짜 탄수화물'로 평가해야 한다는 점이다. 일례로 감자 칩의 경우 지방의 함량이 전체 양의 47%나 된다. 원재료에 기름을 붙여 고소한 맛을 더한 것으로 누구나 쉽게 식욕을 느낄 수 있다. 따라서 상기한 식품을 탄수화물로 평가하지 말아야 한다.

⑦ 단백질의 과잉 섭취

우리는 일반적으로 체력을 보강하기 위해 단백질 섭취를 강조한다. 그것도 생선을 제외한 동물성 육류에 치중하는 경향이 있다. 그 결과 고단백 식품을 과잉 섭취하면 혈관에 독성이 쌓여 심장병, 암, 두통, 정신적 혼란 등을 유발할 뿐 아니라 IGF-1이란 물질도 분비되어 노화의 촉진을 가속하고 암세포의 성장도 돕는다. IGF-1은 성장과 조숙을 촉진하기 때문에 노화로 이어져 결국 질병의 온상이 된다.

실제로 동물성 단백질은 섬유질이 전무한 데다 단백질이 대사될 때 요소 등 10가지가 넘는 부산물이 신장에 부담을 주며, 무(無) 섬유질은 게실과 폴립을 만들어 대장암의 발병률을 높인다. 최근 20~40대의 대장암 환자가 급증하는 것도 고단백 식사와 밀접한 관련이 있는 것으로 나타났다. 게다가 햄, 소시지, 베이컨 같은 육가공 식품의 소비도 급증하고 우유, 유가공 식품, 달걀('닭 공장'에서 생산된 것)의 소비도 급증하고 있다.

여기서 또 문제가 되는 것은 소위 '포도당 신합성(Gluconeogenesis)'이다. 실제로 우리는 언뜻 탄수화물만 최종적으로 포도당으로 분해된다고 착각할 수 있다. 하지만 탄수화물에 비해 속도는 다소 완만하지만, 단백질도 결국 최종 산물이 포도당이란 사실을 항상 염두에 둬야 한다. 단백질 역시 과량 섭취할 경우 일부는 포도당으로 혈액에 흡수되지만, 여분의 단백질은 중성지방이 되고 인슐린 저항성도 유발한다. 이런 현상은 비단 성인에게만 나타나는 게 아니고 어린아이들도 나타나고 있는데, 특히 여자아이들은 성조숙증이 찾아와 생리를 일찍 시작하는 현상까지 발견할 수 있다. 또 항생제나 성장촉진제, 배란촉진제를 먹여 키운 '닭 공장'에서 나온 달걀의 부작용도 심각한 상태다. 결국, 닭 사료용으로 사용된 항생제나 성장촉진제 등을 아이들이 먹게 되는 어처구니없는 현상이 벌어지게 된 것이다. 이런 아이들은 성장 속도가 빨라져 키도 과거의 아이들보다 훨씬 크다. 어른들은 외관상 체격이 커진 것을 보고 좋아할 수도 있지만, 이게 어찌 건강한 상태라고 말할 수 있다는 말인가? 현대 아이들은 어릴 때부터 잘못된 식습관으로 과거의 아이들보다 병치레를 자주 하고 질병에 걸리는 것도 많아지고 있으니 하는 말이다.

육류를 과식하면 장내 이상 발효 즉, 부패 현상이 나타나 프토마인 (Ptomaine)이라는 부패의 독소가 혈액 속에 유입되면 세포가 노쇠하여 노화를 촉진한다. 즉, 섬유질이 전무한 육류 섭취로 생기는 프토마인은 배출할 수 없기 때문에 인체에 치명상을 주기 일쑤다. 소고기, 돼지고기, 닭고기, 오리고기, 양고기 등과 같은 동물성 단백질이나 햄, 소시지, 베이컨 등과 같은 육가공 식품 역시 장내에서 부패하여 독성 물질인 프토마인을 혈액 속에 유입하게 된다. 육가공 식품에 사용되는 발색제인 아질산나트륨은 발암 물질인 나이트로사민을 생성하기에 더 유의해야 한다. 독소가 혈중에 유입되면 체질이 산성화되는 것에 가속도가 붙어 인체는 급속도로 병적 체질로 변한다. 그러니 보양이나 면역력 향상을 위해 찾는 육류를 과도하게 섭취하다 보면 보양은커녕 난치병으로 이어질지도 모를 일이니 반드시 경각심을 가지고 섭취량을 조절할 필요가 있지 않을까?

육식의 과식은 결국 염증을 유발하고, 중성지방을 증가시키고, 인슐린 저항성을 높이고, 유익균을 죽이면서 유해균을 늘리고, 섬유질이 없고, IGF-1의 분비를 촉진한다.

⑧ 지방의 과잉 섭취

지방 함량이 많은 식단은 혈행 장애, 소화 장애, 노화 촉진 등을 유발 하는데, 동물성 지방에는 콜레스테롤이나 포화지방이 많아 혈관에 산소 및 영양분의 이동을 차단함으로써 이상지질혈증이나 동맥경화를 유발하기도 한다.

그런데 여기서 오메가-3와 오메가-6의 비율이 문제가 될 수밖에 없다. 한국인들은 오메가-6의 섭취량이 너무 많은 것으로 확인되고 있어 경각심이 강조되고 있다. 오메가-6에는 참기름을 비롯해서 콩기름, 옥수수기름, 홍화씨유, 포도씨유, 카놀라유 등이 있는데 이들을 무분별하게 섭취하는 경향이 있어 항상 유념할 필요가 있다.

한편 전문가의 견해에 따르면 동물성 지방을 배제하고 견과류와 씨앗류로부터 지방을 섭취할 경우 불포화지방이 80% 그리고 포화지방이 20%의 비율로 구성돼 있어 이 비율이 영양 성분으로 인정되는 표준 비율이라는 것이다. 하지만 잊지 말아야 할 것은 동물성 지방에는 불포화지방이 20% 그리고 포화지방이 80%를 차지한다는 것이다. 따라서 우리가 평소 동물성 지방의 섭취를 자제하지 않고 지속할 경우 혈관의 오염으로 산소와 영양분의 차단은 명약관화할 것이다. 모세혈관이 서서히 사라지면서 혈관이 죽어가는 것이다. 이에 따라 노화 촉진과 수많은 퇴행성 질환이 우리를 위협하는 상황에 처하게 된다. 동맥경화증, 고혈압, 심근경색, 뇌경색, 색전증 등의 혈관병들이 모두 지방의 과다 섭취가 원인이다. 하지만 동물성 지방에 그치지 않고 식물성 지방을 비롯해 샐러드드레싱, 튀김류 등 수많은 지방도 우리의 입맛을 유혹하고 있다.

지방의 과다 섭취는 또한 지방을 소화시키기 위해 간에서 담즙산을 생성하는 원인이 된다. 이 물질은 대장암을 유발하는 원천이 되고 있다. 또 프로락틴(Prolactin, 뇌하수체에서 분비하는 호르몬으로서 젖 분비를 자극하는 호르몬)을 과다 분비시켜 유방암을 유발하는 요인이 된다. 지방을 과다 섭취하면 인슐린 저항성도 촉발할 뿐 아니라 식욕을 불러일으키는 그렐린(Ghrelin)의 분비도 왕성해진다.

사실 우리의 식단은 단백질은 물론 지방도 너무 많다. 우리는 일반적으로 고지방 육류라 해서 동물성 지방만 염두에 두는 경향이 있다. 하지만 지방에는 그 종류가 너무나 많다. 동물성 지방뿐 아니라 식물성 지방, 예컨대 올리브유, 아보카도오일, 호두, 아마인, 아마인유, 포도씨유, 참기름, 들기름 등등 수없이 많을 것이다. 또 생선은 어떤가? 거기에도 포화지방은 아니지만 불포화지방이 들어 있다. 따라서 평소 우리의 식생활에서 별 유념 없이 이것저것 기름이 식단에 유입되기 마련이다. 샐러드드레싱, 나물무침, 부침개, 튀김, 가공 식품, 라면, 빵 등 그 기름의 한계가 어디쯤일까 할 정도다. 이렇게 많은 기름을 섭취하고도 체내에 적신호가 안 나타난다면 그것이 오히려 이상하지 않을까?

여기서 가장 중요한 핵심은 상기한 기름이 혈관을 오염시킬 경우 면역세포가 가는 통로를 차단하게 된다는 점이다. 이것은 '과식 중노동'에만 그치는 것이 아니라, 인체의 항상성을 차단해 버리는 결과를 유발하는 것이 아닌가? 인체의 최전방에서 세균과 바이러스가 침투하는 초긴장 상태에서 그에 맞서 싸울 수 있는 정예부대인 면역세포가 쓰레기 따위를 치우느라 제 역할을 할 수 없는 꼴이 된 것이다.

한편 식물성 지방은 안심해도 되지 않을까 하는 여유가 있을 수도 있지만, 불포화지방이 대체로 많이 함유된 식물성 지방도 셀레늄이나 비타민 E가 함유돼 있어야 산화를 차단하는 항산화 작용을 할 수 있다. 하지만 가령 항산화 물질이 없어 산화할 경우 과산화지질이란 치명적인 독성 물질이 생성된다. 이 과산화지질은 부침개가 공기 중에 노출돼도 산화하고, 튀김류 또한 시간이 지나면서 서서히 과산화지질로 변성한다. 물론 드레싱을 벗기고 재료만 섭취하면 다소 안심할 수도 있지만 그래도 일단 고온에서 튀기면 그 재료조차도 영양소가 거의 다 소실되는 것이다. 결국, 엄청난 열량만 섭취할 수 있어 이때도 체내에 잔존된 효소는 그 튀김을 분해해서 소화시키느라 점점 고갈하게 되는 것이다. 물론 생산 즉시 먹는 경우는 과산화지질이 거의 발생하지 않는다 해도 대체로 과량으로 만들어 방치하거나, 또 일반 시중의 매장에 방치된 부침개나 튀김류는 물론, 공장에서 대량 생산되어 포장된 것들도 결코 안심할 수 없다. 우리는 이런 평범한 일상생활 속에서 별 경계 없이 그 치명적인 과산화지질을 흡입하고 있는 실정이다. 결국, 암과 치매를 비롯해서 각종 퇴행성 질환을 유발하는 인프라를 쌓아가고 있는 것이 아닌가?

또 췌장 주변에 기름이나 콜레스테롤이 들러붙어 있으면 췌장이 인슐린을 분비할 수 없을 뿐 아니라, 혹여 분비된다 하더라도 혈관 벽 등에 기름 성분이 있을 경우 인슐린 수용체가 닫혀버려 포도당이 세포 안으로 들어갈 수 없다. 특히 동물성 기름은 상온에서 고체 상태가 되므로 췌장 주변에 이런 고체 상태의 기름이 췌장이 인슐린을 순조롭게 분비하는 것을 차단하게 되는 것이다. 그러니까 육류의 기름이 인슐린 저항성을 유발하는 동력이 되는 것이다. 이와 같이 기름의 피해가 얼마나 치명적인가를 실감할 수 있는데, 그래도 그 맛 좋다는 마블링에만 홀딱 빠져서야 되겠는가? 또 우리의 일상생활에서 자주 접하는 참기름이나 들기름의 경우도 참깨나 들깨를 고온에서 볶는데, 이때부터 그 성분이 변질되기 시작하는 것이다. 그것이 곧 산화라는 것인데, 산화한 참기름과 들기름은 과산화지질이 된다. 오메가-6와 오메가-3를 섭취하려다가 오히려 과산화지질을 섭취하게 되어 염증도 유발하게 된다. 실제로 참깨나 들깨는 올리브열매와 같이 냉 압착 방식으로 식재료를 그냥 짜내서 기름을 얻는 것이 정답이지만, 특유의 고소한 풍미를 더 맛보기 위해 찌거나 볶는다.

또 기름의 피해는 인체에서도 정말 소중한 췌장뿐 아니라 담낭에도 피해를 입힌다. 동물성 지방뿐 아니라 식물성 지방조차 중요한 장기에 치명상을 주게 되는 것이다. 왜냐면 췌장액과 담즙산은 기름이 많을 경우 분해되지 않는 특성이 있기 때문이다.

또 채식주의자들은 마가린은 동물성기름이 아니라는 이유로 각종 음식에 마가린을 곁들이는 우(愚)를 범하고 있는 사실을 과연 어떻게 받아들여야 할까? 마가린! 절대 먹어서는 안 되는 최악의 불량 식품임을 상기하시라! 마가린은 체내에서 트랜스지방으로 변형되기 때문이다. 또 버터는 좋은가? 마가린의 대용품이라고? 버터 역시 좋지 않은데, 이는 동맥경화를 일으키는 원인이 될 수 있기 때문이다. 그렇다면 치즈는 어떠한가? 치즈는 성장기 아동이나 청소년에게는 필요하지만 성인에게는 불필요하다. 게다가 그 맛이 기가 막힌다는 마블링의 맛은 어떤가? 마블링은 동물성 지방의 극치가 아닌가? 배후에 가려진 함정도 눈 감고 있는 현실에 축산업자들은 맛을 미끼로 컴컴한 밤길을 걷고 있는 '당달봉사'를 유혹하지 않을까? 하지만 컴컴한 밤길을 걷지만 사탕을 입에 물려 주는데, 왜 마다하겠는가? 내 인생 내가 사는데 뭐라 하겠느냐마는, 필자는 그저 그 진실만을 알릴 뿐이며, 단지 그런 식재료의 섭취를 만류하고자 하는 것임을 이해하시기 바란다.

≡ 마이크로 바이옴(Microbiome, 체내 미생물 생태계)의 영원한 '구원 투수' 제6대 영양소인 섬유질 섭취의 중요성

세계 각국에서는 이미 오래전부터 섬유질이 부족한 식단에 대해 경종을 울리고 있다. 다시 말해 섬유질이 부족한 식단은 포도당이 많은 식단, 즉 탄수화물의 과잉 식단보다 더 위험하다는 것이다.

실제로 우리는 일상생활에서 상기한 사항에 대해서 직접 그러한 현상을 느끼면서 살아가고 있다. 하지만 먹기도 까다롭고, 맛도 없고, 의도적으로 챙겨 먹어야 하는 폐단 때문에 섬유질을 제대로 섭취하지 못하고 있다. 게다가 섬유질의 권장량이 1일에 약 30g 정도지만 잘 분해되지 않고 물도 많이 마셔야 하기에 섬유질 섭취를 행동으로 옮기기란 쉽지 않을 것이다. 가령 물 섭취가 부족한 상태에서 섬유질만 과량 섭취할 경우, 우리의 장 환경은 대체로 양호하지 않은 편이라 과량의 섬유질 찌꺼기가 장에 쌓이면서 분해도 되지 않는 현상이 생긴다. 그러다 보면 대량의 가스가 생성되고 사람들은 이를 꺼린다. 하지만 우리는 의도적으로 건강이라는 대명제를 내걸고 있지 않은가? 그러기에 하루하루의 건강한 생활을 위하여 물도 많이 마셔가면서 발효 식품 즉, 청국장이나 시큼하게 잘 익은 김치, 독일식 김치인 사워크라우트, 된장, 간장, 고추장 그리고 상황이 여의치 않다면 시판 중인 프로바이오틱스까지도 동원해 가면서 장 건강에 활력을 불어넣어야 한다. 장 건강이 곧 인체 전반의 건강이라는 것 때문이다. 다시 말해 장의 상태가 곧 인체의 바로미터인 셈이다.

섬유질에는 불용성과 수용성이 있는데, 섭취 비율은 불용성 3 그리고 수용성 1이 가장 이상적이란 것으로 알려진다. 게다가 섬유질은 제6대 영양소로 칭할 만큼 그 위력이 대단해서 각종 질병의 퇴치에도 초석이 되는 그야말로 인체를 살리는 '구원 투수'나 다름없다.

섬유질의 특성을 정리해 보면 장내 유익균을 늘리면서 유해균을 퇴치하고, 게실염과 폴립을 방지하고, 대장암을 예방하고, 당뇨를 예방하고, 변비를 막고, 포만감을 주기 때문에 과식도 막고, 혈중 콜레스테롤의 수치를 강하하고, 비만을 예방하고, 소장의 영양소 흡수를 지연하고, 소화되지 못한 잔재를 청소하는 등 그 역할이 가히 사람을 살린다고 해야 할 정도다. 우리가 섬유질을 반드시 식단에 올려야 하는 이유가 바로 여기에 있다.

결국, 섬유질이 풍부한 식단은 위장의 '팽창 수용기'에 영향을 미쳐 식욕을 저하한다. 섬유질이 부족한 식단은 과식을 촉진하는 호르몬인 그렐린을 증가시킨다는 사실 또한 중요한 포인트라고 할 수 있다.

참고로, 불용성 섬유질에는 우엉의 셀룰로오스/헤미셀룰로오스/ 리그닌, 곡류/콩류/채소의 셀룰로오스, 곡류/콩류/채소류/해조류의 헤미셀룰로오스, 덜 익은 과일의 펙틴, 게나 새우껍질의 키틴 등이 있고, 수용성 섬유질에는 우엉의 이눌린, 곤약의 글루코만난, 다시마나 미역의 알긴산, 과일과 채소의 펙틴 등이 있다. 따라서 우엉은 불용성과 수용성 섬유질이 다 함유돼 있으므로 건강에 아주 유익한 식재료라고 할 수 있다.

≡ 마이크로바이옴(Microbiome)

특히 최근에 크게 주목받고 있는 이 용어는 미생물(Microbe)과 생태계(Biome)를 합친 말이다. 마이크로바이옴은 식생활과 생활습관의 관리로 개선할 수 있으며 각종 생활습관병을 예방하고 건강한 삶을 유지할 수 있게 해준다. 우리의 인체의 각종 장기에는 39조 마리나 되는 박테리아가 생태계를 이루며 살고 있다. 이런 각종 장기의 미생물 생태계는 곧 우리 인간의 건강의 척도가 될 수 있으며 미생물 생태계의 건강이 인체 건강의 바로미터가 된다.

실제로 인간의 장은 건강의 바로미터나 다름없다고 보는데, 이것은 미생물 중 95% 정도가 장에 기생하면서 거대한 생태계를 이루기 때문이다. 장 건강이 바로 건강의 척도가 되는 것이다. 마이크로바이옴은 실제로 인간의 모든 질병을 좌우하고 있는데, 예컨대 장 질환인 대장암, 크론병, 과민성대장증후군을 비롯해 대사성 질환인 제2형 당뇨, 비만 또 심혈관 질환인 고혈압, 뇌졸중, 동맥경화, 심근경색 그리고 뇌 질환인 우울증, 파킨슨병, 치매 또 간 질환으로 비알코올성지방간, 간염, 간경화, 간암 등과 같이 질병 전반에 걸쳐 지대한 영향을 미친다는 점에 있어서 장내 미생물 생태계가 얼마나 중요한지 직감할 수 있을 것이다.

※ 주요 식품의 섬유질 함량 비교(g/100g), 소수점 이하는 생략

종류	함량
곤약	95
한천	80
톳	54
고사리	53
달래	45
도라지	39
파래	38
깻잎	34
다시마	11
풋고추	6
쑥	4

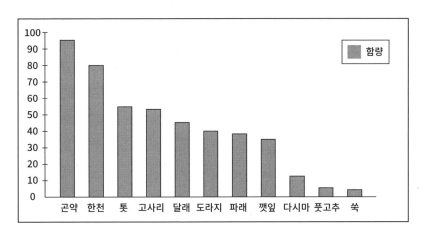

참고로, 섬유질의 작용에 대해서 정리하였으니 적극적으로 활용하시기 바란다.

≡ 섬유질의 작용

ⓐ 장(특히 소장)의 연동운동 촉진

ⓑ 혈당 급상승 방지

ⓒ 담즙산 배출

ⓓ 유익균의 먹이

ⓔ 나트륨 배출

ⓕ 콜레스테롤 배출

ⓖ 발암 물질 배출

ⓗ 유해균 배출

ⓘ 장 청소

ⓙ 효소 생산 증가

ⓚ 소화 촉진

ⓛ 짧은사슬지방산(Short Chain Fatty Acid, SCFA)의 먹이

※ 짧은사슬지방산(건강에 엄청나게 많은 역할을 함)
짧은사슬지방산이란 탄소 수가 여섯 개 미만인 지방산으로 면역력을 향상시키며, 세포의 발전소인 미토콘드리아를 활성화한다. 그 종류와 역할은 다음과 같다.

ⓐ 뷰티르산(Butyric Acid, Butyrate)

줄기세포 촉진, 항염증, 유익균의 먹이, 세포 자살 촉진, 항암, 미토콘드리아 증가, 장 누수 차단, 뇌 건강 성분, 장 건강의 핵심 성분

ⓑ 프로피온산(Propionic Acid)

콜레스테롤 강하, 염증 강하, 죽상동맥경화증 플라크 차단

ⓒ 아세트산(Acetic Acid)

식욕 억제 호르몬인 렙틴 분비 촉진, 식초의 주성분

≡ 소식의 중요성

우리는 탄수화물, 단백질, 지방이 그 분해 속도는 차이가 있어도 결국 포도당으로 분해된다는 사실을 잘 알고 있다. 그러니까 과잉 섭취하면 과잉의 포도당이, 그리고 소량 섭취하면 소량의 포도당이 인체에 생성되는 것이다. 게다가 소식할 경우 활성산소 또한 적게 발생하고, 체내의 독성 물질도 소량 발생하게 된다.

물론 소식 위주의 식단도 화식을 최소화하고 생식의 비율을 높여야 하며 '장의 수세미'라 불리는 섬유질을 적절하게 섭취함으로써 장내 환경을 극대화해야 한다. 그 결과 장 청소가 저절로 이루어짐으로써 게실이나 폴립 따위는 얼씬도 못 하게 되는 것이다. 또 불가피한 경우라 하더라도 조리식도 최소화하여 영양분의 불균형에서 오는 영양실조를 예방해야 한다.

소식은 또한 섭취하는 열량을 제한한다는 의미가 있다. 이것은 '자가 포식 현상' 또한 자극하여 상처받고 병든 세포를 제거하면서 살아남은 세포를 더 강하게 하고, 에너지를 더 효율적으로 사용함에 따라 미토콘드리아도 증가하게 한다. 미토콘드리아가 증가하면 세포가 그만큼 더 효율적으로 기능한다. 따라서 염증이 사라지고 질환도 발생하지 않게 되어 건강한 삶을 누릴 수 있게 되는 것이다.

여기서 소식의 중요성이 강조되는 옛 성현의 말씀을 알리고자 한다.

고대 그리스의 수학자이자 철학자였던 피타고라스는 "인간의 질병은 과식에서 온다. 가능한 한 소식하라. 그러면 네 몸이 건강해지고 정신도 바로 설 것이다."라고 했다. 이 성현의 말씀은 우리에게 시사하는 바가 실로 막중하다는 것을 알 수 있다.

결국, 소식하면 위장으로 가는 혈액이 뇌세포로 이동하기 때문에 치매도 예방한다. 1일 2식과 같은 형태로 소식하면 공복 상태가 최소 12시간에서 최대 18시간까지 유지되기 때문에 인체의 모든 장기가 휴식 상태에 돌입하게 되므로 신진대사에 필요한 에너지가 거의 소모되지 않는다.

여기서 소식의 중요성을 총괄적으로 요약하면, 소식을 통해 소화 기관의 소화 작용이 줄면 장기가 휴식을 취할 수 있어 나머지 에너지는 질병 관리 모드로 전환하게 되므로 인체가 건강 모드로 전환된다. 이것은 과식이, 많은 독소를 배출하는 데 많은 에너지가 소모되는 상황과는 상반된 개념으로 소화 기관이 쉬니까 남은 에너지가, 이상이 나타날 수도 있는 각 장기를 치료하는 것과 같은 이치라 하겠다.

실제로 체내에는 매일 상당량의 죽은 세포가 발생한다. 우리 몸은 매일같이 이를 청소하여야 한다. 그러나 '죽은 음식'을 섭취한다면 그것으로부터 유입되는 독소 또한 청소해야 하니 이중으로 청소하는 것이나 마찬가지다. 결국, 이 모든 것을 제대로 청소하지 못하여 독소가 쌓이면 암 등 각종 질병이 발생하는 것이다. 피부에 보이는 죽은 세포만 청소해서는 안 되는 것이다. 인체 내부에도 엄청난 독소가 매일 생산된다는 사실을 절대 간과하지 마시라. 그리고 조기 검진(병이 들 것으로 예상하여 검사하는 시스템) 같은 상업적인 의료 시스템에 휘둘리지 마시고 '원인 요법' 즉, 예방에 최선을 다하시기를 바란다. 만약 살기 바쁘거나 게을러서 예방을 못 하더라도 내 몸이 알려 주는 '경고음(경고 방송)'을 절대 간과하지 마시라. 그 경고음은 당신이 예방을 못 했기 때문에 마지막으로 게으른 주인에게 알려 주는 '착한 알림'이라고 진단하고 절대로 대증 요법에 기대면서 약국의 약 따위에 의지하지 마시기 바란다. 약국의 약은 하나의 위장술로서 우선 그 경고가 나타나지 않도록 숨기는 것이지 실제로 치유되는 것이 아니다.

우리는 그런 전망이 안 보이는 바람직하지 못한 치료에 기대지 말아야 한다. 하지만 현재의 의료 시스템은 '전망이 확실한 영양학'이 나타나서 의료 시스템이 붕괴되기를 바라지 않기에 현재의 시스템을 고수하고 있는 것이 아닌가!

2. 독성 물질 호모시스테인(Homocysteine)의 최소화

8개의 필수아미노산 중 메싸이오닌(Methionine)은 불완전하게 대사될 경우 동맥경화를 유발하는 호모시스테인이라는 독성 물질을 생성하게 된다. 붉은 육류와 가금류에는 비교적 많은 양의 메싸이오닌이 함유돼 있는데, 이때 비타민 B^6, 엽산(비타민 B⁹), 비타민 B^{12}와 같은 비타민류가 부족하면 혈중 호모시스테인의 수치를 낮출 수가 없다.

문제는, 과량의 메싸이오닌이 축적되면 혈관을 노화시켜 심혈관 질환을 유발할 수 있다. 또 혈관을 확장하는 산화질소(NO)를 비활성화하여 혈관을 수축시키면서 활성산소가 생성된다. 이에 따라 혈전이나 혈액 응고가 나타나고 동맥경화, 뇌졸중, 치매 등의 질환을 유도한다. 그러므로 평소 호모시스테인이 메싸이오닌으로 환원하거나 시스타싸이오닌(Cystathionin, 메싸이오닌에서 시스테인 생합성의 중간 산물)으로 전환할 수 있는 상기한 비타민류 3종을 항상 섭취하는 습관을 들이는 것이 중요하다. 결과적으로 심장병의 위험 인자인 호모시스테인은 메싸이오닌으로 재활용할 수 있게 되므로 심장병을 예방할 수 있다.

사실 우리의 일상생활에서는 고지방 육류의 섭취가 당연시 여겨지고 있다. 그런데 이때 인슐린 유사 성장인자(Insulin-like Growth Factor, IGF-1)라는 노화를 촉진하는 물질이 분비된다는 점이 문제다. 나락에 빠져드는 줄도 모르고 맛있어 계속 먹는 이 고지방 육류가 암을 유발한다는 점을 잊지 말자. 사실 IGF-1은 아동기에는 중요한 성장 촉진 물질이지만 성인에게는 노화 촉진 물질로 둔갑한다는 것을 잊어서는 안 된다.

한편 이 IGF-1은 식물성 단백질인 콩을 다량 섭취하는 경우에도 발생하는 것으로 알려지면서 그 섭취량이 한계를 넘지 않도록 해야 한다. 이때 우리는 과유불급이란 말을 또 상기할 필요가 있다. 아무리 좋은 것도 과하면 부족한 것보다 못하다는 사실을 간과하지 말자.

동맥경화를 유발하는 호모시스테인은 독성 대사 산물로서 인체에서 발생하는 부산물이다. 따라서 얼마나 빨리 이 독성 물질을 제거할 수 있는가가 관건이다. 가령 정상인은 붉은 육류 등에 함유된 아미노산인 메싸이오닌(Methionine)을 순조롭게 처리하여 호모시스테인을 해독하지만, 고령자라든지 붉은 육류 등을 과량 섭취할 경우 독성이 한계를 넘어 축적된다. 정상인은 7.5μmol/l 이하지만 수치가 정상을 넘으면 동맥 내벽에 균열이 생기고 죽상동맥경화증이 발생하며 나아가 심장 발작, 뇌졸중, 알츠하이머치매도 발생할 수 있다.

참고로, 메틸화 과정에는 비타민 B⁶, 엽산(비타민 B⁹), 비타민 B¹²가 필요한데, 비타민 B⁶에는 그린바나나, 생선, 견과류, 토마토 열탕, 토종닭 등에 많이 함유돼 있고, 엽산(비타민 B⁹)에는 양배추, 브로콜리, 시금치, 콩류, 아스파라거스, 해바라기씨, 검은콩, 오렌지, 두부 등에 함유돼 있으며 비타민 B¹²는 현미, 청국장, 연어, 달걀, 소고기, 돼지고기, 치즈 등에 함유돼 있다. 다시 말해 상기한 비타민의 세 종류가 메틸화 과정을 거치면서 메싸이오닌을 재활용할 수 있게 해주는 것이다.

3. 매일 간헐적 단식

음식을 섭취하고 나면 반드시 소화 효소가 필요하다. 하지만 한 끼나 단하루라도 단식을 하는 경우 소화 효소가 전혀 필요하지 않게 된다. 이렇게 되면 체내에 한정된 소화 효소의 고갈을 막고 아낄 수 있으며 단식을 통한 자가 분해(Autolysis)에 의해 체내에 남아 있는 찌꺼기가 청소된다. 우리는 평소 피부의 때는 쉽게 확인할 수 있어도 체내의 때, 즉 음식 잔재물인 찌꺼기는 있는지 없는지 별로 느끼지 못하고 살아간다. 그렇기에 체내의 때도 피부의 때를 없애는 빈도만큼 거의 매일 벗겨 내야 한다. 그래서 우리가 미처 인식하지 못하는 이 찌꺼기의 잔재가 바로 만병의 근원임을 인식하고 그 청소에 주력해야 한다. 실제로 장 청소를 하는 것과 같이 매일 실천해야 할 일이 바로 체내의 독소 제거가 아닌가 한다. 우리는 이때 대사 효소란 무기를 활용해야 한다. 이 대사 효소는 각종 질병에 대처하는 첨단 무기가 되는 것이다. 가령 간헐적 단식을 포함하여 기간별 단식을 하지 않고 1일 3식이나 과식, 포식 등을 이어 가면 소화 효소 외 대사 효소까지 동원되기 때문에 질병에 대처할 첨단 무기인 대사 효소는 자신이 가야 할 길을 잃고 우둔한 주인의 무분별한 섭생에 휘둘려 자신이 가진 무기를 제대로 쓰지 못한다.

실제로 하루 24시간 중 6시간 동안만 식사하고 나머지 18시간을 간헐적 단식에 활용할 경우 세포가 재활용되는 자가 포식 현상이 촉진되면서 죽거나 상처받은 세포는 사라지고 건강한 세포들은 더 건강해지면서 지방산이 분해돼 케톤(Ketone)이라는 대사 산물이 인슐린 민감성을 증가시킨다. 당연히 당뇨가 예방될 것이고, 아울러 더 건강한 세포는 장 내벽도 튼튼하게 만들면서 장누수증후군도 발생하지 않는다. 가령 조식과 중식을 먹고 석식을 생략할 경우 뇌에 쌓이는 악성 플라크인 베타아밀로이드 역시 축적되지 않는다.

그러니까 단식을 통해 일시적으로 열량을 제한하게 되면 세포는 일시적으로 스트레스를 받게 되면서 체내 세포는 간이나 근육에 저장된 포도당을 동력으로 삼는다. 또 혈관 구석구석에 산재해 있는 노폐물조차도 끌어내어 동력으로 삼으려고 안간힘을 다 쓴다. 다시 말해 종기, 미세한 종양, 단백질 찌꺼기, 뇌의 베타아밀로이드, 혈전, 콜레스테롤 등 이것저것 모든 것을 다 끌어다 동력으로 활용한다. 또 포도당이 없기 때문에 케톤을 연료로 사용하면서 지방도 분해된다. 그야말로 인체가 재생 단계로 재정비되는 것이 아니겠는가.

하지만 단식으로 질병의 원인을 제거할 수 있다 해도 사람들은 대체로 힘들고 귀찮다면서 단식을 마다한다. 이런 느긋하고 안이한 사고방식이 바로 우리들의 일상생활이다. 평안감사도 저 싫으면 그만이라는데 자기 인생 마음대로 산다는데 뭐라 할 수 있겠는가?

4. 월 1회 하루 단식

앞에서 소식은 장수의 비결이라고 했다. 하지만 단식 역시 장수의 비결일 수 있다. 이런 말을 역으로 설명해 보면, 대식은 단명하고 또 미식가와 포식(飽食)자 또한 단명하게 된다는 설명이 되겠다. 우리는 일상생활에서 이런 현상을 바로 목격할 수 있다. 대식, 미식, 포식을 할 경우 그 섭취한 음식이 소화, 흡수, 배설되는 과정에서 엄청난 중노동에 시달린 나머지 우리 체내에 상존하는 자연치유력(면역력)이 분산되어 버린다. 이 말은 맛있는 음식을 과식하여 그걸 소화하는 데 소화 효소를 무의미하게 소모해 버린다는 뜻이 되겠다. 하지만 그것도 모자라 질병 방어에 대비할 대사 효소마저 끌어다 써 질병에 쉽게 노출되기도 한다.

실제로 우리는 일상생활에서 과음, 술안주, 불고기, 라면, 과자, 패스트푸드, 야식, 간식, 회식, 파티 등으로 자유의 한계를 넘어 방종(?)에 가까운 '먹자 파티'에 열정(?)을 쏟고 있다. 이런 음식은 먹는 양도 문제지만,

거의 전부 조리식 내지 가공식이므로 효소가 전혀 없다는 점 때문에 소화 불량이 될 수밖에 없다. 소화 불량은 이상 발효의 원인이 되면서 병이 시작된다는 신호가 되는 것이다. 다시 말해 조리식의 효소 부재는 곧 체내의 잠재 효소(소화 효소와 대사 효소)를 고갈시켜 가면서 그 조리식을 소화해야만 하기 때문에 조리식을 먹을 때마다 잠재 효소는 점점 더 고갈될 수밖에 없다. 그러기에 결국 효소의 고갈은 생명체의 종식으로 끝나고 만다는 사실을 잊지 마시기를 바랄 뿐이다.

한편 단식 때 주의할 점이 있다면 단식을 하기 전후에 식사량을 조절하여 과식하지 않아야 한다는 점이다. 2주일에 1일 단식이 중요하지만 1개월마다 1일 단식을 하는 것도 좋은 결과를 얻을 수 있다. 그러니까 단식 전후로 평소 식사량의 70% 수준을 유지하면 단식 날에는 부담 없이 단식을 할 수 있다. 단식법으로는, 물만 마시는 단식이 힘이 든다면 과즙 단식과 녹즙 단식이 좋을 것 같다. 비록 대용 단식이지만 나름대로 효과를 볼 수 있을 것이다.

효소 단식일 경우 삼시 세끼에 각각 소량의 채소와 저당도 과일을 섭취하고, 과즙 단식일 경우 1회에 180~270ml로 하루 2~3회로 하며 과일은 배, 사과, 귤, 딸기 등이 있다. 또 녹즙 단식일 경우 1회에 200ml로 2회 하면 될 것이다. 이때 중요한 점은 단식 전과 후에 식사량을 줄여 단식하는 날에 무리가 가지 않도록 하는 동시에 좋은 물도 수시로 마셔 물로 몸을 깨끗이 청소해 줘야 한다.

한편 단식해서는 안 되는 질환으로는 백혈병, 만성 간염, 간경화증, 신경화증, 신부전증, 당뇨, 악성종양, 쇠약한 사람, 심장병, 위십이지장궤양, 내분비 질환, 폐결핵 등이 있다.

우리는 동물이 아플 경우 단식을 한다는 사실을 이미 잘 알고 있다.

하지만 왜 단식을 하는지는 잘 이해할 수 없을 수도 있을 것이다. 이런 원리는 먹이를 먹지 않음으로써(실제로 먹이를 소화하는 데 엄청난 에너지가 소모됨) 소화에 드는 에너지를 절약하여 그것을 회복하는 데에 쓰고자 함이다. 실제로 동물은 먹이 활동 외에 거의 다 잠을 자는 데 에너지를 사용한다. 사자는 18~20시간을 잔다고 한다. 인간과 같이 운동을 할 리가 없는데, 그 잠자는 시간은 먹이를 소화하느라 소모하는 것이다. 우리 인간도 동물과 다를 것 없다. 즉, 몸이 아프면 만사가 귀찮을 뿐 아니라 식욕도 없다. 식욕이 없다는 것은 신이 설계한 원리로, 소화하는 데 드는 에너지를 비축하여 건강을 회복하는 데에 에너지를 쓰라고 설계된 것이다. 그런데 어떤 사람들은 입맛이 없더라도 보양죽이라도 먹어서 기운을 차리라고 한다. 이렇게 잘못 전해진 말은 자칫 역효과가 나타나면서 낭패를 볼 수 있다. 아프면 먹지 않고 효소(소화 효소+대사 효소)를 비축하여 아픈 곳을 치유하라는 신의 계시를 듣는 것이 옳다는 것을 자각해야 한다. 우리에게는 소식도 중요하고 단식도 중요하다. 몸이 아파서도 단식을 하지만, 미리 단식을 하기도 한다. 단식을 해도 체내의 노폐물(유효기간이 만료된 죽은 세포와 아직 덜 빠져나온 음식 쓰레기)은 나오기 마련이다. 먹는 데 드는 에너지가 노폐물 제거에 이용되면서 몸 전체의 대청소가 이루어지는 것이다. 자연에서도 청소가 제대로 안 된 곳에는 벌레가 꼬이기 마련인데 하물며 인체도 그렇지 않겠는가. 몸속 곳곳까지 제대로 청소가 안 되면 구석구석 병소(病巢)가 도사릴 수밖에 없다. 따라서 우리는 소식을 통해서 그리고 단식을 통해서 몸을 청소하는 습관을 최우선 과제로 삼아야 할 것이다.

5. 장내 유익균 정착이 건강의 필수 조건

현대 의학의 창시자 히포크라테스는 "모든 병은 장에서 시작된다."라고
했다. 그 말을 증명이라도 하듯이 사실 건강이 안 좋은 사람들은 거의
장이 안 좋다. 장이 안 좋은 이면에는 분명 뭔가를 잘못 먹어 소화가 안
되었거나, 식중독을 일으켰거나, 게실증이 생겼거나, 폴립(Polyp)이 생겼거나
한 상태일 것이다. 그렇다면 과연 어떻게 대처해야 현명할까? 대부분
사람은 내과 등에 가서 대증 요법 따위에 매달릴 것이다. 하지만 그것이
옳다고 판단해 본 적이 있느냐는 것이다. 왜 그 대증 요법이 전망이 안
보이는 바람직하지 못한 치료라는 것을 판단하지 못하느냐는 것이다.
자신의 건강 관리 방식이 미숙하여 나타난 질병에 대하여 과연 그 원인이
뭔가를 곰곰이 생각이나 해본 적이 있느냐 하는 것이다. 그러니까 그
원인을 찾아야 한다는 것이다. 그래서 '원인 요법'을 해야 한다는 논리다.

다시 말해 섬유질이 없는 식품만을 먹었는지, 육류만을 먹었는지, 채식을
안 했는지, 당분을 먹었는지 하는 것과 같이 문제의 배경을 찾는 것이
급선무일 것이다. 결국, 불량한 식습관으로 인해 '과민대장증후군'이나
'장누수증후군'이나 혹은 '암'이 발생했을 수도 있다는 것이다.

그러므로 무엇보다도 '원인 요법(原因療法)'이 급선무임을 자각하고 대증
요법 따위는 과감하게 버리는 습관을 들이는 동시에 어떻게 하면 대장을
건강하게 유지할 수 있을까를 진지하게 고민하는 습관을 들여야 한다.
여기서 '원인 요법'이라 함은 대증 요법과는 정반대의 요법을 말하는
것으로 대증 요법이 질병의 증세에 대응하여 적절히(?) 조치를 취하는
것이라면 '원인 요법'은 질병의 원인을 차단하는 즉, 질병의 원인을
발본색원(拔本塞源)하는 것을 두고 하는 말이니, 이로써 치료는 끝났다는
것을 의미한다.

대장을 건강하게 하는 제1 조건은 장내에 유익균을 늘리는 것이다. 다시 말해 장이 안 좋았던 당시에는 유해균이 장내 환경을 점령하여 그 환경이 열악했기 때문이라는 것을 알아야 한다. 그렇게 되면 소위 현대에 판치고 있는 이물질인 약 따위는 저 멀리 던져 버리는 날이 분명 올 것이라 확신한다. 우리는 몸 상태가 조금만 안 좋아도 곧장 우리 몸과는 어울리지 못하는 현대적 약물에 의존하는 습성이 있다. 바로 이게 문제다. 우리의 몸은 아파도 저절로 낫는 자연양능의 기능이 80%나 된다. 자연양능이란 바로 면역력을 말한다. 그래서 항상 면역력의 중요성을 강조하지 않는가!

그렇다면 어떻게 하면 유익균들이 완전히 정착하는 체질을 만들 수 있을까? 결론부터 말하면 유익균의 완전 정착이 확실히 가능하다고 장담할 수 있다. 우선 산성 식품인 고지방 육류를 멀리해야 한다. 실제로 유아기나 청소년기에는 성장에 필요한 단백질이 채소에는 전혀 없고 오직 동물성 단백질에만 있기 때문에 동물성 육류가 반드시 필요하다. 그러나 성인이 된 후에는 동물성 단백질을 배제하는 것이 노화도 막고, 암도 막고, 염증도 막고, IGF-1의 분비도 막을 수 있다. 그러니까 성인이 된 이후에는 채식만 하고도 잘 버틸 수 있다. 채식의 중요성이 또 강조되지만, 채소에는 불용성 섬유질이 많아 장내 유익균이 지내기 좋은 환경을 만든다. 또 평소 프로바이오틱스를 상식하는 것이 좋지만 그것을 먹일 수 있는 환경을 만드는 데는 프리바이오틱스와 같은 것이 절대적으로 필요하다. 이렇게 되면 장내 환경은 항상 평온을 유지하게 되고 유해균들이 감히 서식할 수 없는 생태계가 될 것이므로 현대 의학에서 항상 대처하는 대증 요법 따위는 얼씬도 못 할 것이 아닌가. 그렇게 되면 의사에 매달리는 현상도 사라질 테니, 이걸 두고 '누이 좋고 매부 좋고'라고 해야 할까?

장내에는 100조 마리나 되는 세균이 살고 있는데 첫째, 섬유질을 적게 섭취하는 유형의 사람은 주로 고지방 육류를 많이 섭취하면서 쉽게 살이 찌는 비만균(루미노코쿠스 유형)이 서식하면서 당분을 많이 흡수하므로 면역력이 낮아지는 동시에 쉽게 비만해진다. 그리고 이러한 유해균은 당뇨, 암과 같은 질병을 유발하기 때문에 이러한 유해균들이 서식하지 못하도록 장내 환경을 바꾸어 주어야 한다. 즉, 고섬유질 식품(프리바이오틱스)과 같이 평소 채식 위주로 소식하는 습관을 들이면 체질이 산성에서 약알칼리성으로 변하게 되므로 인체는 병적 체질의 모태인 산성 체질에서 건강한 체질의 모태인 약알칼리성 체질로 탈바꿈한다. 이처럼 평소 체질이 약알칼리성이 되도록 하기 위해서는 프리바이오틱스의 상식은 물론 프로바이오틱스[청국장, 김치(발효가 잘된 시큼한 것), 된장 등]를 상식하면 유익균이 장내에 정착하여 항상 건강한 체질을 형성할 수 있다.

여기서 중요한 문제는 유해균이 특히 단당류(설탕, 액상과당, 사탕, 청량음료 등)를 가장 좋아한다는 것인데, 유익균을 위해서는 이러한 단당류를 철저히 배제해 유해균이 서식하지 못하도록 해야 한다.

참고로, 평소 섬유질을 충분히 섭취하는 데 치중하고 저GI 식품, 저당도 과일, 녹황색 채소, 저항성 탄수화물, 발효 식품 등을 충분히 섭취해야 한다. 행복 호르몬인 세로토닌이 장에서 80~90%가 만들어진다고 알려지므로 위의 사항을 지킨다면 충분한 세로토닌이 멜라토닌을 생성할 것이다. 멜라토닌이 잘 생성되면 불면증이 없어지고, 그 결과 베타아밀로이드가 뇌에 쌓이지 않는다. 또 섬유질은 혈당을 조절하고 장벽을 잘 유지하게 할 뿐 아니라 염증 유발 가능성도 낮춘다.

6. 음식 섭취의 핵심

우리 호모 사피엔스는 태초부터 자연 그대로의 날것을 그것도 동물이 아닌 식물을 먹도록 진화하였다. 그러니까 신은 우리 호모 사피엔스를 화식, 가공식, 육식을 먹도록 설계하지 않았다는 얘기다. 하지만 문제는 날 음식이 맛이 없다는 점이다. 그래서 점차 잔꾀를 부리기 시작하게 되었는데 그 잔꾀의 끝은 한계가 없어 보인다. 그래서 지구상에 존재하는 것이라면 무엇이든지 먹어도 된다고 생각하기 시작한다. 그리하여 드디어 자연을 이탈하기 시작한다. 화식을 시작으로 육식, 가공 식품 그리고 더 잔꾀를 부려 온갖 첨가물을 투하하면서까지 오로지 맛에만 초점을 맞추기 시작한다. 전국 방방곡곡에 잔꾀를 부려 혀를 유혹하는 별의별 식품이 등장하면서 우리를 끌어당긴다. 우리는 이에 맞장구를 치면서 뛰어들어 환상에 젖은 생활을 하기에 바쁘지만 그런 음식 속에는 우리를 나락으로 떨어뜨리는 독소가 들어 있는지는 모른다.

우리는 실제로 해마다 수많은 환자가 새로 나타나는 사실을 알 수 있을 것이다. 병원에 한 번이라도 가보시라. 환자들이 병실마다 넘쳐나는 게 보이지 않는가? 왜 그럴까? 우리는 이제 "You are what you eat."이라는 말이 있는 것쯤은 잘 알고 있다. 하지만 그 뜻은 알면서도 정작 그 의미가 시사하는 깊은 뜻은 간과하고 살아가는 것은 아닐까 하는 의문이 생긴다. 그 의미를 다른 차원에서 생각해 보면, 입력한 것이 곧 출력되는 것과 같다는 뜻이 아닐까? 즉, 화식과 가공 식품 따위로 영양가는 없고 열량만 높은 죽은 음식을 먹은 결과가 아니냐는 것이다. 그 죽은 음식은 결국 몸 안에서 쓰레기만 될 것이 아닌가? 그 빼내지 못한 쓰레기가 결국 질병이란 큰 짐을 던지고 만 것은 아닐까.

쓰레기가 배출되지 않고 체류해 있다는 것은 어떤 일부 음식 섭취에 치중한 결과 인체의 구석구석에 그 배출되지 못한 잔재가 쌓여 있다는 뜻인데, 이 역시 영양소 부족임을 알 수 있다. 우리는 섬유질을 제6대 영양소라 부르고 있다. 가령 단백질과 같은 영양소에 치중하여 다른 영양소를 등한시했을 때 영양 결핍이란 문제에 봉착한다. 그것은 제6대 영양소인 섬유질이 부족했다는 것을 알 수 있다. 즉, 섬유질이 인체에 없어서는 안 되는 귀중한 영양소란 의미이다. 경시하지 말아야 할 중요한 영양소이기에 제6대 영양소란 칭호를 부여한 것이 아닐까. 인체는 어느 특정 영양소만을 필요로 하지 않는다. 모든 필수 영양소가 상호 유기적으로 작용하도록 설계되었지 특정 영양소만 필요하도록 설계되지 않았다는 점이 아주 중요한 포인트이다. 다시 말해 인체란 유기체는 각종 영양소가 상호 작용하도록 고안되었다는 점이다. 그러니 보양식에 특히 강조되는 단백질에만 치중하지 말아야 한다. 과잉의 단백질에 함유된 질소, 염소, 인, 유황 등의 산성 성분은 결국 치아나 골격에 있는 칼슘을 매개로 중화 작용을 하게 한다. 그 결과 칼슘의 소모를 불러 골다공증을 비롯해 치아 부실 등이 발생할 수 있으며 그러한 중화 작용을 거치는 데 실로 엄청난 에너지를 요구한다. 그렇게 되면 체내의 노폐물이 쉬이 배출되지 못하고 쌓인다.

우리는 좋은 연료를 투입해야 한다. 여기서 좋은 연료는 물론 신이 설계한 자연식을 말한다. 그 자연식들은 모두 식물이지 동물은 아니다.

그렇다면 과연 우리가 선택할 자연식은 무엇일까? 그것은 바로 알록달록한 총천연색의 식물 영양소일 것이다. 그 속에는 아프지도 않고 단명하지도 않는 지상 최대의 지혜가 숨겨져 있다. 그것들은 오로지 현명한 주인만을 애타게 기다리고 있을 뿐이다. 이 책의 2부 3장에 그 목록이 상세하게 열거돼 있으니 참조하시기 바란다. 그 속에는 인체의 면역력을 극대화할 수 있는 온갖 영양소가 다 들어 있을 뿐 아니라, 우리가 아는 듯하면서도 쉽게 간과해 버리는 생명체의 참 일꾼이며 '천연 소화제'인 효소까지도 듬뿍 들어 있으니 왜 마다해야 할까?

자, 어떠한가? 온갖 영양소와 효소라니, 어디 한번 빠져볼 만하지 않은가?

필자는 채식 30~60일이면 단맛을 뱉을 수 있다고 이 책에서 피력하고 있다. 설탕, 소금, 기름, 식품첨가물로 범벅이 된 그 잡탕을 왜 가까이해야 하는가? 암 그리고 심장병이 그저 우연히 발병되는 게 아니지 않은가? 영양가는 텅 비었지, 열량은 높지, 배가 부르는 데도 또 끌어당기는 것도 모두 우리의 식욕조절중추(Appestat)가 '당달봉사'이기 때문일 것이다. 그러니까 지능 지수가 높은 엘리트조차도 시상하부에 있는 식욕조절중추를 조절하는 능력이 없다는 얘기다. 우리의 혀의 미뢰(味蕾, 약 1만 개의 맛 봉오리)는 그만큼 변별력이 없어 짧게 끝나는 엔도르핀을 마구 수용하고 만다. 그렇게 되는 그 끝이 어디쯤 될까? 뭔가 인체에 적신호가 켜지고 나서가 아니겠는가? 이쯤 되면 미지근한 물에 행복을 느끼며 만족하여 결국 데어 죽는 '개구리 신세'가 아닐까?

자, 그럼 여기서 효소에 관한 이야기로 넘어갈까 한다. 우리의 인체에는 소화 효소와 대사 효소가 있는데, 현재와 같이 특정 바이러스로 인한 전염병 시대에 보양한답시고 각종 육류 및 해산물을 적정량을 넘기며 섭취하는 경향이 허다할 것이다. 그런데 이런 보양식들은 우선 식품 자체가 섬유질이 전무할 뿐 아니라, 전부 산성 식품이라는 데에 문제가 있다. 보양식이란 것만 생각하고 먹은 것이 결국 산성 체질로 기우는 초석을 쌓을 뿐 아니라, 소화 과정 중 대장에서 오래 정체한다. 실제로 보양식으로 자주 섭취하는 육류 등은 대체로 가열 과정을 거치는 조리식이다. 그런데 육류의 단백질은 가열할 경우 아미노산이 응고하거나 파괴되어 인체는 그것을 이용할 수 없는 찌꺼기로 변해 버린다. 결국, 그것들은 독소 즉, 쓰레기로 변하게 되면서 인체에 체류하게 되는데 그것은 육류에는 섬유질이 전무하기 때문이다. 보통 사람들은 그 연유도 모른 채 약국 문만 두드리고 있지만, 문제는 이것이 하루 이틀에 끝나지 않고 반복되면서 악순환이 계속된다는 데 그 심각성이 있다. 하지만 그보다 더 큰 문제가 도사리고 있다. 필자는 이 책의 1부에서 혈당 과잉의 염려 때문에 단백질 위주의 식사에 관한 부작용을 설명했다. 단백질 과잉 섭취는 만병의 지름길일 수 있다. 그 이유는 우선, 단백질은 자칫 포도당과는 무관하다고 생각하기 쉽다. 그러나 이 역시 분해 속도는 탄수화물에 비해 다소 느리긴 하지만 최종 산물은 포도당이라는 점이다. 일부 전문가는 당뇨가 탄수화물의 과잉 섭취 때문에 발생하는 것이 아니라 단백질의 과잉 섭취 때문이라고 주장한다. 그런 주장의 배경에는 이런 결과를 두고 하는 말이다. 즉, 단백질도 결국 포도당으로 분해한 후 여분의 포도당은 지방이 되는데, 포도당이 부족할 경우 그 지방은 포도당으로 다시 합성되는 소위 '포도당 신합성[당신생(糖新生), Gluconeogenesis]'을 형성한다. 또한, IGF-1이 노화를 재촉하며, 요단백이 발생할 우려도 있고, 퓨린(Purine)은 통풍(Gout)의 원인이 된다. 현재와 같이 특정 바이러스로 전염병이 창궐하는 미증유의 이 풍진 세상에서 보양식 단백질 섭취에 각별히 유념할 사항이 아닌가 한다. 상기한 '포도당 신합성'은 '당신생'이란 용어로도 번역되고 있다.

실제로 보양식 판매업자들은 소비자들이 면역력을 높여야 한다고 주장하고는 있지만, 사실 상기한 부작용에 대해서는 나 몰라라 할 것이다. 그러나 우리 소비자들 역시 단백질 보양식으로 면역력을 높여야 한다는 데만 초점을 맞추고 있으며 섭취 후의 문제에 대해서는 판매자와 똑같이 나 몰라라 하고 있다. 단백질 과잉 섭취가 과연 좋을까? 물론 적정량만 섭취할 수만 있다면 좋겠지만, 끝이 안 보이는 혼돈의 세상에 단백질 보양식의 열망도 그 끝이 안 보인다. 그래서 하는 말이지만 이때도 역시 과유불급이란 말을 강조하고 싶다. 부디 단백질 섭취에 부작용이 없기 바라는 마음이다. 또 과량 섭취할 때 소화시키는 소화 효소는 절대 부족할 것이다. 실제로 60대 이후에는 체내 효소의 양이 20대의 60% 선에서 곤두박질하여 20% 수준밖에 안 된다. 그러니까 양껏 먹은 보양식은 제대로 소화가 안 되어 소화 효소 외 질병의 예방에 대처해야 하는 대사 효소까지 끌어다 소화 효소를 보충하는 양상이 전개되는 것이다. 그러니 질병은 이때다 싶어 더 날뛸 것이다. 또 보양식 따위는 다 화식(火食)이기 때문에 보양식 자체에는 효소가 없다. 다시 말해 죽은 음식을 먹는 것이다. 효소는 섭씨 48도 정도까지는 활성화 반응을 보이지만 섭씨 55도 이상이 되면 촉매 능력을 상실하고 만다. 그러니까 효소가 모두 사멸한다는 것이다. 보양식으로 만든 화식은 섭씨 100도 정도가 될 터이니 그 자체에 효소가 살아 있을 리 만무하다. 그러니까 보양식을 할 때 체내에 잔존하는 효소마저 고갈시키는 형국이 되는 것이다. 현재 우리의 식탁 통계로 볼 때, 식탁 음식의 90%가 효소가 없다. 화식, 가공식 등으로 효소가 사라졌기 때문이다.

실제로 '천연 소화제'인 효소는 우리의 인체에서 그 역할이 대단하다. 하지만 우리는 이 사실을 간과해 버린다. 효소는 기계로 보면 윤활유와 같은 역할을 한다고 볼 수 있다. 기계에 윤활유가 없어서는 안 되는 것과 같이 효소는 체내의 낡은 세포를 제거하고 다시 새로운 세포를 만드는 데 일조하며, 소화, 해독, 살균, 노폐물 제거 등 그 역할이 무수하다. 이런 역할이 잘 나타나듯이 체내에 효소의 양이 많으면 우선 소화가 잘된다. 우리가 평소 실제로 느끼는 상황이지만, 60대가 20대 청년들과 똑같은 방식으로 음식을 먹다가는 소화에 상당한 지장을 초래하고 말 것이다. 바로 효소의 양 때문이 아니겠는가? 한창때는 돌도 씹어 먹는다는 표현을 쓰곤 한다. 한창때란 10대에서 20대를 두고 하는 말이다. 그런데 그 돌은 실제 돌이 아니라 풍부한 효소 덕택에 금방 먹은 후 금방 소화한다는 뜻이 아니겠는가. 그러니까 우리는 나이가 들수록 점점 줄어드는 효소의 양을 어떻게 해서라도 보충해야 한다. 실제로 젊을수록 그리고 건강한 체력의 소유자일수록 소화 효소의 양은 적고(소화력이 왕성하므로 그만큼 소화 효소가 소량 소모된다는 의미) 그 대신 대사 효소의 양이 많다. 그리하여 대사 효소가 전방을 지키는 막강한 군대가 되어 인체 전반의 이상 유무를 점검한다. 소화 효소가 적어도 된다는 말은 적은 양으로도 섭취한 음식을 충분히 소화할 수 있다는 말이다. 그러니 소식도 좋은 방법일 것이다. 효소는 만병통치약은 아니지만, 그 위력의 대단함을 우리 모두 인정하면서 절대 간과해서는 안 된다. 따라서 우리는 효소가 인체에 쌓이도록 체외에서 효소가 풍부한 자연 그대로의 음식 즉, 식물 영양소와 같은 영양식을 매일 섭취하여 자칫 부족해지기 쉬운 미량 원소를 보충해 주어야 한다. 보양식이라 해서 흔히 먹는 육식이나 어패류에만 초점을 맞추기보다는 식물 영양소에 특히 초점을 맞추며 살아가는 것이 세포를 재생하는 데 도움이 되는 식습관일 것이다.

우리는 매일 단위로 삶을 살아가면서 음식의 섭취를 통해 그것을 분해, 흡수, 각 기관에 영양분의 분배, 쓰레기 배출과 같은 소화 과정을 거칠 때 엄청난 에너지가 소모된다는 사실을 알아야 한다. 소식을 한다 해도 상당한 힘이 드는데 과식을 한다면 그야말로 '과식 중노동'이 되는 것이다. 이런 중노동을 하면 당장 지쳐 대체로 더러 눕는 경우가 허다할 것이다. 이렇게 되면 그만큼 각 장기가 중노동에 시달린다. 장기가 중노동을 하면 할수록 장기는 힘이 빠져 지치고 만다. 다시 말해 장기가 '골병이 든다'고 할 수 있다. 장기가 질병에 노출되는 것이다. 이 말은 역으로 풀이해 보면 소식이야말로 소화 기관에 일을 덜 시키게 되므로 질병에 노출되지 않는다는 것과 일맥상통한다. 실제로 보통 사람들은 식사 때 무분별하게 이것저것 맛있는 것 위주로 먹고 있지만, 나중에 음식물쓰레기를 치우는 것에 여간 골머리를 앓고 있다.

음식을 무분별하게 섭취하여 소화가 거의 안 되는 상태에서 위장에서 무려 6시간 이상이나 정체할 경우 체내에 잔존한 소화 효소가 조금이나마 작용을 하기는 하지만 별 진전이 없는 상태가 된다. 이것은 소화가 힘든 음식을 먹었거나(예컨대 가공 식품, 튀긴 음식, 고열량 식품 등) 아니면 이것저것(예컨대 탄수화물 식품군+단백질 식품군)을 동시에 먹어 상호 소화 효소가 상쇄되는 중화 과정을 거치다 보니 소화가 거의 안 되거나 되더라도 오랜 시간이 지나야 겨우 위장을 벗어난다. 그렇기에 어떻게 해서라도 위장에서 음식물이 소화되어 빨리 통과해야 하기에 음식을 섭취할 때 무엇을 먹어야 하는지가 얼마나 중요한지 알 수 있다. 우리의 속담에 '고인 물은 썩는다'고 했다. 결국, 장기적으로 음식물이 소화가 되는 둥 마는 둥 그냥 무덤덤하게 여겨서는 안 될 것이다. 실제로 시간이 지나면 나중에 소화될 것이라고 생각하지 말아야 한다는 뜻이다. 왜냐면 음식의 잔여물이 위장에서부터 발효와 부패하여 그것이 인체 전반에 지대한 영향을 미치기 때문이다.

이것은 결국 자기 자신을 사랑하지 않고 학대한 '과식 중노동'의 결과로 나타난 것이다. 이때 과식은 포식(飽食)도 해당하고 '엠프티 칼로리'도 해당한다. 실제로 우리는 평소 '천연 소화제'인 효소가 전혀 없는 '엠프티 칼로리'뿐 아니라 중화 과정을 겪는 음식도 무분별하게 섭취하고 있다. 우리는 남들을 따라 하는 악순환의 관행을 과감하게 던져야 건강과 평화를 얻을 수 있다는 발상을 가져야 할 것이다. 왜 자신을 학대하는 쓰레기를 껴안고 살려 하는가.

대체로 그 쓰레기는 신진대사를 정상적으로 한다면 24시간에 처리되지만, 비정상적인 상태일 경우 빨라야 48시간 후에, 더 늦어지면 72시간(3일) 후에나 처리되고는 한다. 음식을 섭취한 후 남은 쓰레기가 계속 남아 있다는 것은 몸이 보내는 강력한 경고라는 사실을 알아야 한다. 그런 엄청난 경고를 무시한다면 결국 체내의 어떤 전조 증상이 막다른 골목까지

왔다는 증거가 아니겠는가. 약국의 '쓰레기 청소 약'이 잘 팔리는 이유가 바로 여기에 있다. 게다가 탄수화물 식품군(밥, 라면, 국수, 빵, 떡 등)과 단백질 식품군(소고기, 돼지고기, 닭고기, 우유, 치즈, 유제품, 달걀 등)을 함께 섭취한다면 이런 부류를 상호 중화시켜야 하기 때문에 중노동에 가까운 에너지가 동원될 수밖에 없다. 그러므로 예컨대 밥과 소고기를 같이 섭취하는 방식은 옳지 않다. 한 끼에 단백질 식품군이나 탄수화물 식품군을 따로 먹어도 많은 에너지가 드는데 같이 섭취할 경우 중화(산성 소화액과 알칼리 소화액이 함께 뒤섞이는)에 드는 에너지 때문에 소화가 차단돼 위장에 평균 6시간(정상적인 식사인 경우 3시간) 이상 오래 체류하다 보니 소화가 덜 된 음식은 탄수화물인 경우 '이상 발효'하고 단백질인 경우 부패하며 지방인 경우 산패하기 일쑤다. 그래서 소화 불량으로 인한 복통까지 겪게 된다.

우리가 음식을 섭취할 때 배[위장]만 조용히 순조롭게 유지하면서 '구라파전쟁(배탈의 전조 증상인 배가 부글부글 끓는 현상)'만 없어도 병 없이 살 수 있다는 사실 또한 얼마나 중요한가를 새삼 실감할 수 있다. 실제로 인간의 질병 발생의 근원이 바로 소화 불량 때문이다. 이때 그 소화 불량으로 인해 소화 효소가 엄청나게 고갈되기 때문이다. 효소가 고갈되는 순간 그 생명체의 수명도 종지부를 찍고 만다. 우리는 이 효소의 중요성을 다시 한번 인식하면서 불필요하게 효소가 낭비되지 않도록 반드시 막아야 한다. 우리는 음식을 섭취하여 소화, 흡수, 동화, 배출하는 데 엄청난 에너지가 소모됨을 자각할 필요가 있다. 이런 과정을 겪으면 몸이 축 늘어지기 마련이다. 그러니 음식 섭취로부터 쓰레기 배출까지 거치는 신진대사 과정을 소식을 통해서 무난하게 보내야 한다. 그래야만 비축된 에너지로 다른 일에 사용할 수 있을 것이다.

따라서 평소 소식도 중요하지만, 탄수화물 식품군과 단백질 식품군을 함께 먹지 않는 것도 상당히 중요하다는 사실을 유념해야 한다. 탄수화물 식품군과 단백질 식품군이 서로 엉키면 소화가 제대로 안 되고, 중화되어 소화 작용이 멈춘다. 이때 유해균이, 뒤섞인 음식을 '이상 발효'와 부패를 촉진하여 노화와 질병을 유발하는 유독 가스를 발생하게 한다. 예컨대 '불고기백반'을 보면 불고기는 단백질 그리고 백반은 탄수화물이다. 그렇기에 맛이 기가 막히지만, 실제로 소화는 안 되고 유해균이 들끓는 장내 환경만 만들 뿐이다. 그러니까 가령 조식을 탄수화물+채소와 채소 샐러드 위주로 한다면 중식은 단백질+채소와 채소 샐러드 위주로 그리고 석식은 채소 샐러드나 유동식으로 하는 것이 최적의 선택이 될 수도 있다. 그러니까 채식은 어디에다 붙여도 무난하다는 논리다. 이런 식단을 구성하려는 의도는 중화로 인한 위장에서의 소화 과정 지연 때문인데, 상기 식단을 따르기가 못마땅하다거나 불가피한 경우에는 탄수화물 식품군에 최소한의 단백질을 섞어서 먹는다거나 또 단백질 식품군에 최소한의 탄수화물을 같은 식단에 올려도 소화는 조금 더디더라도 큰 문제는 없을 것이다. 또 단백질의 경우 소고기 등의 육식과 생선과 같은 어류를 함께 먹지 말아야 열량을 제한할 수 있을 뿐 아니라 소화에 많은 에너지와 효소를 낭비하지 않게 된다. 한 끼의 식단이 탄수화물이고 또 다른 한 끼의 식단이 단백질로 구성되어 있다면 샐러드나 채소를 곁들이는 것도 좋은 선택이 될 수 있다.

상기 내용을 요약해서 정리하면 첫째, 탄수화물과 단백질을 함께 먹어 중화되는 현상이 나타나면 위장에서 대체로 6시간 이상 정체하여 탄수화물은 발효되고 단백질은 부패하는 현상이 나타난다. 이것은 마치 고인 물은 썩는다는 뜻과 일맥상통하는 것이다. 둘째, 섭취한 음식물이 적정량의 섬유질이 없다면 6~7m나 되는 소장과 1.5m에 이르는 대장을 쉽사리 통과하지 못하는 악순환이 반복된다. 그렇기에 조합이 좋지 않은 음식에다가 섬유질도 풍부하지 못한 음식은 결국 체내에 48시간에서 최대

72시간까지 정체한다. 여기서 문제가 되는 것은 유명 배우들이 매스컴을 통해 현란하게 선전하는 '쓰레기 청소 약'일 것이다. 절대 그런 상업적인 술수에 휘둘리면 안 된다. 따라서 이럴 때 내 몸이 왜 이런 현상(쓰레기를 치우는 자연양능이 부족해 '쓰레기 청소 약'에 의존하는 악순환)이 나타나는지를 곰곰이 분석해 봐야 한다. 결론적으로 투입이 잘못되었기 때문에 배출 역시 잘못되는 것이므로 무엇을 먹지 말아야 하는가를 먼저 계산한 다음, 내 몸에 좋은 음식을 찾아 먹어야 한다는 결론이다.

또 배가 고프다 해서 무엇을 많이 먹고 싶다면 수분이 많은 채소 샐러드를 선택하면 좋다. 포만감이 있을 뿐만 아니라 위장에도 부담이 없고, 생채소에 효소가 풍부해 소화 효소도 소모하지 않고 소화 에너지도 적게 들기 때문이다. 따라서 평소에 채소 샐러드에 애착을 갖는 습관을 들이는 것이 좋다. 하지만 오메가-6 따위로 만든 드레싱을 뿌리지 말고,

① 저당도 과일을 갈아서 드레싱으로 하거나
② 강황가루를 생수와 적절히 혼합하거나
③ 양파를 갈아서 들깻가루와 적당히 혼합하거나
④ 익힌 토마토 3, 생아몬드 1의 비율로 갈아서 토핑하거나
⑤ 발사믹 식초와 생아몬드가루로 드레싱 하는 등의 방식이 건강에 도움이 될 것이다. 한편 시중에 판매되는 드레싱은 그 맛이 환상적이라 엔도르핀을 치솟게 하여 모든 시름을 잊게 할 수도 있지만 당분, 소금, 마요네즈, 오메가-6, 각종 식품첨가물 등으로 범벅이 되어 있어 자주 섭취하면 지방과 콜레스테롤 수치를 올려 인체를 멍들게 할 수도 있다는 점을 잊어서는 안 된다. 그러니 부디 이 책은 보신 분들이라면 시중에서 파는 드레싱은 섭취를 삼가길 바란다.

또 과일은 공복에 먹는 것이 가장 합리적인데, 만일 육류를 먹을 때 과일도 먹을 경우 과일 먼저 먹어 위장을 바로 통과(약 20분 후)하여 소장까지

가게 한 다음에 육류를 섭취해야 트림이나 소화 장애가 없다. 누군가 그랬다. "무엇이든 먹어 놓으면 소화된다."라고. 또 어떤 전문가는 이렇게 말했다. "골고루 먹어라."라고. 아무 조합이나 섞는 것이 골고루 먹는 것인즉 그 후유증은 누가 감당하라고 그런 말을 하는가?

음식, 정말 잘 먹으면 천수의 문으로 들어갈 수도 있지만, 잘못 먹다간 요절하고 만다는 사실 또한 너무나 중요하다.

※ **음식 섭취 시 그 종류와 비중 및 방법**(하나의 권장 사례이므로 참고만 하시라.)

종류	비중	방법
채소 (해조류)	50% (10%)	• 생채소 60%(생식 및 샐러드) •찌거나 데친 것 40%(나물 및 샐러드) •(채소 외 해조류를 보충할 수도 있음)
통곡물	20%	잡곡밥
콩 종류 (버섯류)	10~15% (5%)	콩자반 및 잡곡밥 (양파, 당근 등과 함께 조리식을 하면 영양소의 흡수가 용이함)
생과일, 생견과류, 생씨앗류	10%	생식(가열하지 않아야 효소와 영양소 파괴 안 됨), 통조림 과일은 영양가가 거의 없는 산성 식품이며 과일을 익힌다는 발상도 과일의 영양소를 파괴하는 행위이므로 만류함
소형 생선, 어패류, 연체류	4~5%	회, 조림, 쪄 먹기, (구이용)
기타 육류, 달걀, 오일류	(1~5%)	조리식

2장 건강한 삶

1. 건강한 삶은 입단속(향락식 피하기)과 장 건강에 달려 있다

　건강한 삶이란 어떤 삶일까? 새삼스러운 말일 수 있다. 건강한 삶이란 바로 병이 없는 삶이 아닌가? 그렇다면 병에 걸리지 않으려면 어떻게 해야 하나로 그 초점이 모일 것이다.

　이 명제를 풀어 보면 우선, 열량 섭취를 줄이는 저열량 식단을 꼽을 수 있다. 실제로 건강인들은 배가 꽉 찰 때까지 음식을 먹지 않는 습관이 있다. 다시 말해 배가 꽉 찬 상태는 100%보다 20% 초과해서 120%를 먹는 상태를 말한다. 이런 상태가 지속되면 위장부터 서서히 늘어나게 되므로 어느 일정 시점부터는 120%도 초과할 수 있다. 과식을 넘어 포식(飽食)의 한계조차 뛰어넘는 것이다. 이런 습관은 장수자들의 습관화된 80% 수준과는 엄청난 차이가 나는 비율이다. 포식자(飽食子)들의 식생활은 대체로 고지방, 고열량 그리고 식후 디저트까지 식사에 곁들인다. 비만하지 않을 수가 없는 것이다. 이런 좋지 못한 식습관에는 맛이 좋아 먹기도 좋은, 열량은 높은데 영양소는 거의 없는 설탕, 지방, 소금, 식품첨가물로 범벅이 된 음식이 거의 전부다. 열량 섭취를 줄여야 하는 명백한 이유가 있는 데도 맛의 탐닉을 멈출 수가 없게 된다.

　둘째, 저열량 식단 외에 최적의 영양소가 가득 찬 식단을 들 수 있다. 실제로 가열하여 조리식을 만들면 원재료가 가진 영양소를 85%나 잃는다. 탄수화물은 당화 반응을 일으켜 찌꺼기가 되기 일쑤고, 단백질은 응고되어 아미노산으로 분해되거나 흡수되지 못하고, 지방은 부패되어 세포의 호흡을 방해하고, 비타민과 미네랄은 산화되어 파괴되고, 섬유질조차도 변질되어 제 역할을 다하지 못한다. 심지어 조리식은 섭씨 55도 이상에서 조리하므로 효소가 전멸하고 만다. 음식에 효소가 전무하면 인체의 면역체계는 비상 상태로 돌입한다. 소화 효소도 대사 효소도 없어 인체의 잔존 효소에 의존하다 보니 최전방 부대인 백혈구가 동원돼 제대로 소화하지 못하고 체내에 정체된 쓰레기 청소에 정신없이 날뛴다. 결국, 고열량에 영양소 없는 식단이 쓰레기로 둔갑하면서 인체는 고열량에 신음하고 영양소를 제대로 못 채워 영양실조가 찾아온다. 그러다 보니 노화도 촉진되고 질병도 나타나고 어쩌면 생명까지도 위기에 처할 수도 있는 상태로 돌변할 수 있다. 쓰레기로 둔갑한 잔재물은 장에서 또 한 번 큰 함정에 직면하게 된다. 고열량과 영양소가 없는 식단은 섬유질 또한 거의 함유돼 있지 않기 마련이다. 장에서는 유해균들이 난장판을 벌이면서 그 잔재물이 장에 오래 체류하는 악순환을 반복하는 것이다. 이때 각종 염증을 비롯해 질병이 서서히 나타날 조짐을 보이기 시작한다. '장 건강이 인체의 바로미터'란 말이 있다. 장이 최악의 상황으로 치닫고 있는데 인체가 건강할 수 있을까? 섬유질이 없는 고열량 식품이 남긴 쓰레기는 장에 오래 체류하면서 인체에 엄청난 후유증을 남긴 후 빨라야 48시간(2일), 늦으면 72시간(3일) 만에 겨우 체외로 빠져나올 수 있음을 간과하지 말아야 한다. 이런 결과로 약국에 의존하여 '쓰레기 청소 약'에 기대면 문제는 안 풀리고 악순환만 계속된다는 사실을 간과하지 마시라. 그러니까 애초부터 섭생의 진로를 수정하여 인생을 멍들게 하는 악순환에서 과감히 빠져나와야 할 것이다. 이제 그런 처참할 결과가 나타나지 않아야 하지 않을까?

의성 히포크라테스는 "모든 병은 장에서 시작된다."라고 했다. 이 말은 곧 건강 또한 장에서 시작된다고 말할 수 있다. 다시 말해 장에서 시작되는 병의 원인을 차단함으로써 애초부터 장이 건강할 수 있는 요인을 만들게 하는 것을 두고 하는 말이 아닌가. 현재 우리는 마이크로바이옴(Microbiome, 장내 미생물 생태계)에 대해 주목하고 있다. 그야말로 마이크로바이옴의 전성시대가 도래했다고 말할 수 있다. 이것은 95% 이상의 미생물이 장에 살고 있기 때문에 그만큼 마이크로바이옴에 관심이 갈 수밖에 없다. 실로 장내 세균이 인체의 건강을 지배하면서 각종 암을 비롯해 비만, 심장병, 당뇨, 치매 등을 좌우함은 물론 제독, 염증, 비타민의 생성, 영양소의 흡수, 면역력 등에 관여함을 알 수 있다. 이렇듯 장내 미생물은 우리의 심신 건강 전반에 영향을 미친다.

따라서 우리는 평소 항상 특단의 식이요법으로 프리바이오틱스(저항성 녹말과 같은 프럭토올리고당), 프로바이오틱스(청국장, 숙성된 김치, 사워크라우트, 된장 등), 저GI 식품, 생채소, 생과일, 생견과, 오메가-3를 포함한 건강한 오일, 천연 발효 식초 등을 식단에 올려야 한다. 물론 건강으로 가는 요인에는 이 외에 운동, 숙면, 스트레스 관리 등이 있지만 여기에서는 생략한다.

결론적으로 정리해 보면, 건강하지 못한 식단으로는 섬유질이 없는 탄수화물, 고지방 육류, 포화지방이 많은 식단, 콜레스테롤이 많은 식단, 설탕, 흰 밀가루 위주의 식단과 효소가 없고 영양소가 거의 없는 조리식 위주의 식단, 식품첨가물이 다량 첨가된 식단 등을 꼽을 수 있다. 반면에 건강한 식단으로는 섬유질이 다량 함유된 탄수화물, 신선한 채소와 과일, 발효 식품, 특히 청국장을 비롯하여 시큼하게 잘 익은 김치(사워크라우트 포함), 콩류, 통곡류, 오메가-3가 풍부한 식단, 올리브유와 아보카도오일, 견과류, 씨앗류, 천연 발효 식초, 베리류, 해조류, 소형 생선류, 어패류, 허브류, 향신료 등이라고 보면 되겠다.

따라서 전자를 배제하고 후자를 택한다면 반드시 건강한 삶이 보장될 것임을 확신하며, 후자에서도 그토록 염원하는, 시상하부에서 분출하는 쾌감 호르몬인 엔도르핀을 충분히 느낄 수 있을 것이다.

2. 채식의 장점

보디빌더 'ㅊㅅㅁ' 씨는 채식만 하는 보디빌더로 널리 알려져 있다. 잡곡밥과 나물 반찬만으로 대회에서 1등을 했다고 한다. 그런데 세인들은 이 보디빌더에게 과연 '현명한 보디빌더'란 칭호를 부여해 줄까? 이런 사례만 보더라도 단백질을 굳이 보충할 필요가 있을까 하는 의문이 들 수밖에 없다.

사실 단백질은 영유아기에 가장 필요로 한다. 모유에는 단 5~6%의 단백질 뿐이기에 성장에 한계가 오지 않을까 하는 의문도 가질 수 있다.

우리는 평소 단백질은 육류나 생선 등으로부터 별도로 섭취해야 한다고 생각하기 일쑤다. 물론 아동기나 청소년기에는 인체가 아직 성장 단계에 있으므로 반드시 단백질이 필요할 것이다. 그리하여 에너지도 얻고, 근육도 키우고, 상처 난 세포를 건강한 세포로 대체하는 데도 이 단백질이 꼭 필요하다. 하지만 성인이 되면, 또 심지어 보디빌더의 경우에도 식물성 식품인 채소와 과일만 먹고도 단백질을 충분히 보충할 수 있기에 별도의 단백질을 보충할 필요가 없다는 것이다. 실제로 채소 100g당 함유된 단백질의 양을 보면 시금치 3g, 아스파라거스 1.9g, 브로콜리 5.9g, 케일 4g, 연근 2.0g, 죽순 3.4g, 토란 2.5g, 달래 3.3g, 아욱 4.8g, 부추 4.3g, 두릅 5.6g, 우엉 2.9g, 취나물 2.3g, 콩나물 3.4g, 딸기 0.8g, 토마토 2.0g, 파슬리 5.7g, 호박 2.0g 등이다. 그 외 표고버섯 2.0g, 녹두 22.3g, 팥 21.1g, 율무 15.1g, 메주콩 36.2g, 서리태 35.2g, 서목태 38.9g, 청국장 16.5g,

완두콩 9.2g, 김 3.3g, 다시마 1.1g, 파래 3.1g, 미역 2.1g, 흑호마 20.3g, 참깨 18.4g, 아몬드 18.6g, 호박씨 27g 그리고 클로렐라 45.3g, 북어 61.7g, 스피룰리나 69.5g, 노가리 76.1g, 황태 80.3g이나 함유돼 있기 때문에 우리가 평소 채식 위주로 섭생을 하면서 상기한 채소 외의 식품류를 섭취할 경우 상당한 단백질을 보충할 수 있을 것이라 확신한다. 이어서 생선류 100g당 단백질의 함유량을 보면 문어 15.5g, 고등어 20g, 연어 20g, 전어 24.4g, 광어 20.4g, 꽁치 20.2g, 갑오징어 15g, 오징어 18.2g, 가리비 20.8g, 새우 18.9g과 같이 간혹 생선도 섭취하면 굳이 육류는 섭취할 필요가 있겠느냐 하는 것이다. 물론 이 외에도 단백질의 함유량은 다소 차이는 있지만 모든 채소에는 단백질이 들어 있다. 그러므로 채식만 하고도 충분히 단백질을 보충할 수 있기에 굳이 인체에 독성이나 노폐물만 축적하게 만드는 고지방 육식 단백질이 불필요하다.

　한편 육류 100g당 단백질의 함유량은 소고기 21.0g, 돼지고기 21.1g, 닭가슴살 23~28g, 오리고기 18g, 달걀흰자 10.8g, 달걀노른자 15.5g이라고 알려진다. 이와 같이 우리는 맛도 좋은 단백질을 보충하기 위해 평소 동물성 식품을 꼭 먹어야 한다고 생각한다. 하지만 동물성 단백질에는 제6대 영양소인 섬유질과 제7대 영양소인 식물 영양소(피토케미컬)가 전무하다는 사실을 반드시 짚고 가야 한다. 이러한 두 가지 영양소가 전무한 동물성 식품은 자칫 영양 결핍이 생겨 영양실조로 이어질 수 있다는 문제도 결코 간과해서는 안 된다.

주요한 단백질의 100g당 함량을 표로 표시하면 다음과 같다.

주요 단백질	100g당 g수
서목태[약콩]	38.9

아몬드	18.6
클로렐라	45.3
황태	80.3
브로콜리	5.9
고등어	20
파슬리	5.7
오징어	18.2
새우	18.9
팥	21.1
청국장	16.5
시금치	3
참깨	18.4
김	3.3

한편 세계적인 전문가들의 주장에 따르면, 우리 인체는 체내에 남아 있는 기존의 단백질의 노폐물을 분해함으로써 매일 상당량을 재활용한다는 것이다. 따라서 과량의 고단백 육류 및 그 외의 보양식을 굳이 섭취 안 하고도 평소 식단의 식물성 단백질로 충분히 인체의 영양 균형을 조율할 수 있다.

3. 100조 개의 세포는 살아 있는 생명체를 원한다

우리는 TV 등 여러 매체에서 각종 요리에 관한 프로그램을 볼 수 있다. 그 매체에 등장하는 유명인들은 대체로 요리 전문가나 유명 셰프도 있다. 그런데 그들이 만드는 요리를 보면 거의 다 화식(火食)이다. 화식이 아니면 요리가 안 되는 것이다. 맛을 내려면 불 맛이 들어가야 한다는 논리다. "날 것더러 어떻게 요리라고 하겠는가?"라는 논리가 나온다. 그러니 맛없는 날

것에 요술을 부리듯 온갖 재료와 불 맛으로 기가 막히는 맛있는 음식을 만들면 그것이 바로 최고급(?) 요리라 칭하게 되는 것이 아닐까.

실제로 권위 있는 요리사가 만드는 음식은 뭔가 다르기 마련이다. 물론 그 요리 속에는 온갖 재료가 투입되겠지만, 문제는 불로 익혀야만 기가 막힌다는 새로운 맛으로 둔갑하게 되는 것이다. 그래서 사람들은 그런 요리사가 만든 음식에 탄복하여 맞장구를 치면서 자신들도 그런 메뉴대로 따라 만들면서 그 맛에서 전파되는 엔도르핀을 찾고자 한다.

하지만 어떤 음식이든 화식으로 만들면 그 음식 속의 영양가는 거의 전부 파괴되고 비타민, 미네랄, 효소, 식물 영양소 등이 원래의 재료에서 사라진다는 것을 알 수 있다. 열처리 과정에서 소멸되었기 때문이다. 그런데 실제로 상기한 영양소들이 없다면 그 요리는 영양소가 없이 열량만 남는 음식이 되고 만다. 게다가 조리 과정에는 과량의 기름이 투하되기도 하고 설탕, 소금 그리고 심지어 식품첨가물도 투입된다. 오로지 미뢰가 원하는 맛 위주로 만들어 '맛있다'란 평을 받으면 그만인 것이다. 특히 그 맛에 현혹된 사람들은 그 음식 속에 인체에 유해한 독소가 함유된 상황은 안중에도 없다. 이것이 바로 '살맛 나는 맛의 천국(?)'에서 우리가 겪고 있는 현실이 아니겠는가? 굽고 튀기는 과정에서 발생하는, 흑갈색으로 변질된 요리의 껍질인 최종당화산물, 검게 탄 부분의 발암 물질인 아크릴아마이드, 조리 과정에서 섭씨 120도 이상의 고온에서 발생하는 트랜스지방, 그리고 이 트랜스지방이 시간이 지나면서 변질된 과산화지질 등 그 맛 뒤에 우리가 미처 느끼지 못하는 수없이 많은 독성 물질들이 있다. 그렇다면 우리는 이런 독성 물질들을 피할 수는 없을까? 물론 그런 요리를 안 먹으면 되지만, 현실은 다르기 마련이다. 그 맛 좋은 환상적인 요리를 왜 안 먹겠는가? 서로 먹으려고 안달이 난 상황이니 더 무엇을 바라겠는가?

실제로 식탁 통계를 보면 식탁에 오른 음식 중 90%에는 효소가 없다. 효소가 없다는 것은 생명이 없는 죽은 음식이 아니겠는가? 왜 그런 가짜 음식에 초점을 맞춰야 할까? 무슨 대안이 없을까? 가열하고, 토치로 또 지지고 거기에다 기름에 튀기고 또 첨가물도 넣고, 그야말로 만신창이(?)가 된 죽은 음식에 왜 그렇게 열광할까?

우리 인체의 100조 개의 세포는 죽은 음식을 원하지 않는다. 그 죽은 음식이 우리의 세포를 만든다면 과연 온전할 수 있을까? 죽은 음식으로 인해 병들고 손상된 세포들은 결국 만신창이가 된 육신만을 남기게 되지 않을까?

이것이야말로 바로 질병이 도사리는 체질의 토대가 되는 것이다. 우리는 평소 편안한 삶을 원한다. 하지만 편안한 삶은 대충 살아가는 방식이기 때문에 미래를 내다보면서 생동감이 넘치는 생활은 바라지 못하게 되는 것이다.

그렇게 생각하는 이유는 이렇다.

실제로 음식은 조리 과정에서 영양분이 85%나 파괴된다는 연구 결과가 있다. 그러니까 상기한 비타민, 미네랄, 식물 영양소 등이 그런 비율로 파괴되는 것이다. 우리는 쌀밥에 영양가가 5%밖에 없다는 사실쯤은 이미 잘 알고 있다. 하지만 재료에 불을 더해 원재료가 가진 영양소를 죽이고 있는 것에는 눈 하나 깜짝하지 않는다. 더더욱 큰 문제는 열기로 지지고 볶은 조리 식품이 바로 암세포의 성장 동력이 된다는 것이다.

자, 그렇다면 죽은 음식 대신 살아 있는 음식이야말로 신이 설계한 자연 그대로의 상태가 아니겠는가! 가능한 한 항상 이런 살아 있는 식재료를 구해서 먹는 습관이 중요하다. 100% 전부 그럴 필요는 물론 없지만, 간혹 손수 하여 조리한 예컨대 익히지 않으면 안 되는 것이라면 삶거나 찌는 방식이면 그만이다. 물론 환상적인 맛은 아닐지라도 뭐 그런대로 죽은 음식에 대한 차선책은 될 것이다. 우리의 100조 개의 세포는 바로 이런 음식을 원한다. 거기에는 비타민, 미네랄, 효소, 식물 영양소 등이 모두 살아 있다. 세포가 손상될 이유가 없고, 낡은 세포로 만들어질 이유조차도 없다. 인체에 성능 좋은 연료가 투입되는데 왜 세포가 그에 화답하지 않겠는가? 반드시 물심양면으로 청신호가 켜질 것이다. 이쯤 되면 솔깃한 느낌이 들지 않을까? 특히 요즘같이 바이러스가 창궐하는 이 풍진 세상에서는 면역력 향상이 절체절명의 과제가 되고 있다. 모두 면역력 향상에 총력을 기울이고 있는 느낌이다. 이때도 우리 인체는 전염병에 쉽게 노출되지 않는 지혜가 필요하다. 그렇게 되려면 산성 체질에서 벗어나야 하고, 화식이나 가공식 같은 죽은 음식을 피해야 하며, 비타민, 미네랄, 효소, 식물 영양소, 섬유질 등이 꽉 찬 식재료를 선별할 수 있어야 한다. 그러기에 필자는 이 책의 2부 3장에서 상기한 질병을 대처할 수 있는 요인들이 듬뿍 수록된 '식물 영양소'에 관해 상세하게 기술하고 있다. 참 지혜가 담긴 내용을 부디 간과하지 마시라. 자세하게 읽으면 반드시 좋은 결과가 있을 것이다.

보양한답시고 조리 과정을 거친 고단백식이 자칫 암세포의 먹잇감이 되지는 않는지 하고 유념해볼 필요가 있지 않을까? 신은 과유불급을 허용하지 않았다. 또한, 조리한 것이나 가공한 것도 허용하지 않았다. 오로지 살아 있는 자연 그대로의 산 음식만을 허용하였다. 세계적인 선각자들은 "인간은 자연으로부터 멀어질수록 질병에 가까워진다. 인간이여, 자연으로 돌아가라."라고 설파하지 않았던가? 그러니 보양식이라 해서 정신을 쏟을 것도 없이(물론 간혹 보양식을 먹어도 뭐 안 될 것도 없지만.) 인체의 면역력 보유량부터 점검한 다음, 면역력이 떨어질 수 있는 요인부터 제거하는 방법이 더 나을 수도 있다.

사실 화식, 조리식으로 영양소가 거의 파괴(85% 파괴)되면 실제로는 겨우 15% 정도의 영양소만 섭취하게 되므로 빈약한 영양 섭취 즉, 영양실조에 봉착하고 만다. 인체는 매일 적정량의 영양소가 있어야 생체 대사 기능이 순조롭게 영위할 수 있다. 화식이나 조리식 등이 습관화되면 결국 불패신화적인 영양실조가 나타난다. 따라서 영양실조의 결과로 만성 질병에 걸리는 것이다. 바로 이것이 우리가 맛 위주의 식생활에 탐닉하지 않아야 하는 이유다.

자, 그럼 이제 화식의 결과 죽은 음식이 된 조리식을 만류하면서 살아 있는 참 음식인 생식과 효소에 대해 다시 한번 더 고찰하고자 한다.

≡ 생식의 중요성에 대한 소고(小考)

우리는 평소 생식의 역할이 얼마나 중요한지는 실감하지 못한 채 그저 맛있는 음식 찾기에만 동분서주한다. 물론 끓이거나 삶아 조리하지 않으면 안 되는 것과, 데쳐야만 흡수가 잘 되는 식재료도 있다. 상기한 조리 과정으로 조리할 경우 비록 효소는 소멸하더라도 식재료의 세포막이 터져 흡수가 용이하다.

하지만 생식을 해야 하는 것은 분명 맛은 형편없거나 다소 떨어지더라도 이것이 죽은 음식이 아니라는 점이 그 첫 번째의 요점이다. 그 생식 속에는 그야말로 온갖 영양소가 살아 있다. 효소도, 엽록소도, 씨눈도, 비타민도, 미네랄도 그리고 섬유질과 식물 영양소 등 모든 것이 온전하게 살아 있다. 세계적인 영양학자인 하비 다이아몬드 박사의 한국어 번역본인《자연치유 불변의 법칙》에서도 가령 화식 등으로 열을 가하면 이런 영양소들이 85%가 소멸되어 겨우 15% 정도의 영양소만 섭취한다고 말하고 있다. 이때 가열하여 조리한 단백질은 단백질의 변성으로 아미노산으로 분해되지 못하고 인체에 흡수되지 않는다. 더군다나 그 단백질에는 효소와 섬유질이 전무하므로 소화가 안 된 채 고스란히 남아 악취와 가스만 발생시키게 된다. 그리하여 결국 소화가 안 된 단백질은 대장에서 게실염, 폴립, 과민성대장염, 대장암, 장누수증후군, 알레르기 등을 유발한다. 또 탄수화물은 고열로 인해 당 분자가 녹아 인체에 고혈당 반응을 유발하고, 암갈색이 된 음식에는 발암 물질을 생성한다. 튀긴 음식일 경우 발연점을 넘으면 트랜스지방이, 발연점이 넘지 않아도 시간이 지남에 따라 과산화지질이 발생하며, 그 튀김이 검게 그을릴 경우 아크릴아마이드란 발암 물질이, 그리고 튀기지 않았지만 구울 때 탄 부분에는 벤조피렌이란 악명 높은 발암 물질이 발생한다. 우리가 조리 음식을 섭취할 때 상기한 사항을 기억하면서 먹는 경우는 희박하기에 영양가는 떨어질 것이라는 것쯤은 알면서도 떨어져 나가고 남은 영양 성분을 15%만이라도 건지는 것이다. 그리고 '맛있게 조리하여 살맛 나는 세상을 만드는 데 왜 요리 연구가들이 나서지 않겠는가?'라고 생각할 수 있다. 이들은 85%의 영양소 소멸에는 안중에도 없다. 서로 경쟁하듯 맛 나는 요리만 만들면 된다. 조리 과정에서 나타나는 최종당화산물, 트랜스지방, 발암 물질, 인슐린 저항성, 과산화지질 따위는 관심 밖이다.

요리 전문가의 음식에 동조라도 하듯 우리 소비자들 역시 조리식의 부작용에 관심을 두지 않는다. 그저 생활습관병의 발병을 우려하면서도 우선 조리식이 맛이 좋아 엔도르핀을 짧게나마 제공해 주므로 살맛을 느끼면서 행복에 젖어 살아간다. 그렇게 되면 결국 효소의 100% 사멸로 인한 소화 불량, 영양소의 85%의 파괴로 인한 영양 불균형에서 오는 영양실조가 나타난다. 다시 말해 이런 불량한 연료로 기관이라는 인체에 시동을 걸게 되는 꼴이니 그 결과가 온전할까? 그러니 이런 상황이 지속되면 질병에 노출될 확률이 급등한다.

또 다이아몬드 박사는 《자기 자신의 의사가 되라(Be Your Own

Doctor)》에서 앤 위그모 박사가 "암세포는 죽은 음식에서 성장 동력을 얻는 반면 에 산 음식(생식)에서는 생존하지 못한다."라고 해명했다고 적고 있다.

실제로 우리는 아프게 된다면 다 그에 따른 이유가 있고, 또 건강하다면 다 그럴 만한 이유가 있기 마련이다. 질병은 예고도 없이 찾아오는 불청객이 아니라는 데 큰 의미를 두어야 한다. 그러니까 자연의 섭리를 거역한 대가가 바로 질병이다. 우리가 삶을 살아가는 데 있어 가장 기초가 되는 것이 바로 식생활이 아닌가 한다. 그런데 상기한 바와 같이 기초가 허술할 경우 질병에 노출되는 일이 명약관화할 것임이 확실하지 않을까? 예컨대 화식이 암의 성장 동력이 된다는 사실만 보더라도 잘 알 수 있지만, 그 배경은 암은 살아 있는 생식으로는 성장 동력을 얻을 수 없다는 데 그 명확한 답이 있다. 이것을 과연 우리가 그냥 간과해야 할 문제이겠는가? 물론 암은 화식, 가공식, 고지방 육류, 설탕, 저체온 등 그 성장 동력이 너무나도 많을 것이다. 이런 많은 요인을 잘 피해 갈 지혜가 반드시 필요하지만 현실은 그렇지 못하다. 필자는 이렇게 복잡하고 상관적으로 얽힌 문제를 쉽게 해결하는 방법도 생식에 있다고 확신하고 있다. 그러니 맛 좋은 고기나 가공식, 화식을 만류하는 것이다. 그리하여 꼭 조리해야만 하는 불가피한 경우를 제외하고 가능한 한 생식을 많이 드시기를 바라는 바이다. 물론 생식은 생채소와 생과일(저당도 과일 위주가 더 안전함)을 의미한다.

그런데 여기서 생식의 효능을 총괄적으로 정리해 보면

① 효소가 온전히 살아 있고

② 섬유질도 온전하고

③ 식물 영양소도, 엽록소[클로로필]도 그리고 비타민과 미네랄도 다 살아 있다.

그리하여

① 혈액이 정화되고

② 독성 물질을 잘 배출하고

③ 항노화 기능을 하고

④ 체질이 약알칼리성으로 변하고

⑤ 면역력이 향상되고

⑥ 만성 피로도 사라지고

⑦ 두뇌 활동도 활발해지고

⑧ 스트레스도 해소되고

⑨ 피부도 깨끗해진다.

하지만 화식에는 상기한 효능이 거의 없다. 우리가 화식을 피해야 할 이유가 바로 여기에 있다.

≡ 효소의 중요성에 대한 소고(小考)

당신은 혹시 우리 인간이 섭취하지 않으면 안 되는 세상에서 효소가 '가장 중요한 영양소'란 사실을 아시는가? 평소 섭취하는 음식에 대한 느낌은 그 음식의 맛에서 직감할 수 있지만, 효소에 대한 생각은 오로지 두뇌를 응용해야만 인식할 수 있다. 효소는 맛도 없고 형체도 알 수 없기에 그에 대한 느낌 또한 외면당하기 일쑤다. 그러나 효소는 우리 몸에서 가장 중요한 영양소이다. 가령 똑같은 음식을 20대와 60대가 똑같이 섭취한다고 가정해 보자. 60대의 음식 소화율은 20대에 비해 1/3 수준밖에 안 된다. 다시 말해 인체에 보유된 효소의 양의 차이가 소화력의 차이로 나타나는 것이다. 이런 현상에서 우리는 음식의 소화는 약국에서 판매하는 소화제로 해결할 수 있는 것이 아니라, 효소가 해준다는 사실을 명확히 알 수 있을 것이다. 평소 우리가 간과하고 있는 효소가 바로 '천연 소화제'이기 때문이다. 또 70대의 체내 효소 보유량의 수준은 10대의 1/7 수준밖에 안 된다. 이와 같이 나이가 들수록 효소의 보유량은 인체에 지대한 영향을 미친다. 실제로 우리 인체 내 효소량은 한정돼 있다. 그렇기에 그 한정된 효소의 양은 시간이 지나며 점점 감소하여 70대가 되면 그 잔존량이 10%밖에 안 된다. 그래서 인체의 300만 개나 되는 각종 생화학 반응을 이 10%로 처리할 수밖에 없기 때문에 가장 기본적인 소화 불량을 위시하여 노화 촉진, 체형 변화, 질병 유발 등 인체 전반에 심각한 영향을 미칠 수밖에 없다. 체내 효소를 아끼고 인체 외부에서 효소를 보충해야 할 이유가 바로 여기에 있다. 우리의 몸은 효소 없이는 단 한시도 제대로 생화학 반응에 기여하지 못한다. 효소는 300만 개나 되는 생화학 반응에 관여하여 인체의 모든 세포를 관리하고 있다. 즉, 소화, 흡수, 분해, 배출, 항염증, 항균, 해독, 살균, 세포 부활 등에서 촉매 역할을 한다.

그런데 건강한 체질을 유지하면서 효소가 풍부한 사람도 인체의 수많은 기능을 수행하기에는 역부족이다. 따라서 소화 효소와 대사 효소 외에 외부에서 채소, 과일, 발효 식품 등을 통해서 외부 효소를 듬뿍 흡수해야 한다. 특히 생식을 멀리하고 가공식이나 화식 등의 맛있는 것들만 섭취한다면 수많은 생화학 반응을 담당해야 할 효소가 절대적으로 부족해진다. 결국, 이렇게 되면 노화 촉진, 산성 체질(병적 체질), 수명 단축, 생활습관병의 발병, 혈관 오염, 발암 촉진, 활성산소 증가 등 그야말로 인체를 황폐화시키고 만다. 우리는 평소 안락한 생활에 젖어 생활하면서도 언제쯤 나락에 빠질지 그리고 나락의 경계가 어디쯤인지는 가늠할 수 없다. 그러니 어느 날 갑자기 어떤 위험한 돌발 상황에 처한다. 왜 우리가 이 제일 중요한 효소를 간과해야 하겠는가?

다시 한번 강조하지만, 화식의 경우 영양소는 15% 정도는 건질 수 있을지라도 효소는 섭씨 55도 이상에서 전부 사멸하기 때문에 화식에서는 효소를 전혀 얻을 수 없다는 점을 유념할 필요가 있다.

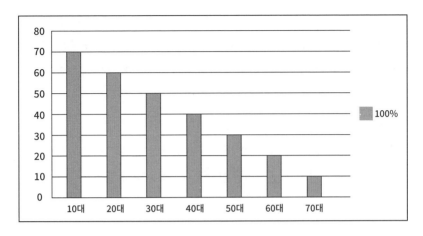

도표에서 확인할 수 있듯이 70대 이상으로 고령화하면 효소가 거의 고갈 상태에 이른다. 다시 말해 효소의 양이 줄어들기 때문에 체형에 엄청난 변화가 나타나는 것이다. 따라서 거의 고갈 상태에 이른 체내의 효소를 보충하기 위해 효소가 풍부한 채소나 과일을 매일 적극적으로 섭취해야 인체의 노화를 지연시킬 수 있다.

현재 우리는 그 어느 때보다도 보양식에 치중하는 경향이 있다. 바로 바이러스에 대항하기 위해 면역력을 키워야 한다는 전제 조건 때문일 것이다. 그런데 그 보양식은 대체로 고단백 식품의 열탕인 조리식이 대세를 이루고 있다. 하지만 효소가 전무한 조리식을 체내에서 분해하려면 한정된 잠재 효소가 소진될 수밖에 없다. 문제는 그 좋은 보양식도 효소가 없으면 소화되지 못한다는 치명적인 단점이 있다. 그러니 오히려 한정된 잠재 효소 중 소화 효소도 부족해지므로 질병 관리에 전담해야 할 대사 효소까지 동원되는 상황이 도래한다. 실제로 건강인일 경우 소화 효소와 대사 효소의 비중은 1:3인데, 조리식으로 가열한 음식을 과량 섭취할 경우 많은 소화 효소가 필요해지며 부족한 효소를 대사 효소가 보충해야만 하는 상황이 온다. 즉, 소화 효소는 1+2(대사 효소에서 가져온 양): 1(3-2, 소화 효소로 보낸 양)로 대사 효소가 절대 부족하게 됨에 따라 인체의 이상 유무를 제대로 관리할 수 없다. 그러므로 우리는 상기한 내용을 토대로 볼 때, 보양식 등의 화식을 과량 섭취해서는 안 된다는 것을 알 수 있다. 이 책은 보양식이 아니라도 얼마든지 건강한 체력을 유지할 방법을 설명하고 있다. 우리는 맛이 좋아 먹고 싶고, 보양식 상인들은 판매량을 올리려고 엄청난 광고를 쏟아붓고 있으니 소비자들은 마음이 들뜰 수밖에 없지 않겠는가?

다시 한번 강조하지만, 효소는 우리 인간이 섭취하지 않으면 안 되는 세상에서 '가장 중요한 영양소'란 사실을 절대 간과해서는 안 된다. 효소가 고갈되는 순간 그 생명체는 삶에 종지부를 찍고 말기 때문이다.

※ 생식과 조리식의 영양소 잔류 비교

영양 성분＼섭취 방식	생식	조리식
효소	완전 유지	100% 사멸
탄수화물	보존	변형→찌꺼기
단백질	보존	응고→아미노산으로 분해되는 것을 차단
지방	보존	부패→세포 호흡 방해→암 유발
비타민	보존	활력 상실 및 파괴
미네랄	보존	분해 및 산화→파괴

≡ 면역력 정복은 체내 효소량에 달려 있다

체내 효소량의 중요성을 논하기 전에 우선 백혈구의 역할부터 알아본다.

백혈구에는 단구, 림프구, 과립구로 나눌 수 있는데, 이 중 림프구를 분류해 보면 B세포, T세포, NK세포로 나눈다. 이 중 T세포는 다시 헬퍼T세포와 킬러T세포로 세분된다.

여기서 백혈구가 세균 및 바이러스(이하 바이러스)의 침투 상황에 대해 퇴치하는 과정을 보면 대식세포(마이크로파지) 및 호중구가 바이러스를 식별하여 살균하고, NK세포는 바이러스에 감염된 세포를 살상한다.

우리는 평소 음식을 섭취하여 소화하려면 반드시 소화 효소를 필요로 한다. 하지만 음식을 섭취할 때 소화 불량이 찾아올 수도 있다. 바로 화식 및 조리식 등으로 본래의 음식 재료를 변형시켜 입맛에 적합하게 조리했을 때 그 음식에는 효소가 전혀 없기 때문에 소화 효소 외 대사 효소까지 동원하기 때문이다. 하지만 이마저도 부족하여 최전방 군대인 백혈구까지 투입된다. 조리식에서 발생한 독성 물질을 정화하는 데 군대까지 동원된 것이다. 그러니까 백혈구가 청소부 역할을 하게 되는데, 이렇게 되면 백혈구는 본래의 사명인 바이러스의 소탕 작전에서 이탈하여 청소부로 돌변한다. 하지만 최전방에는 적군 즉, 세균과 바이러스가 호시탐탐 우리의 허점만 노리는 판국에 상황에서 극도로 악화하여 비상 상태로 돌변할 수밖에 없다.

가령 우리가 항상 조리식을 탐하다 보면 인체는 항상 비상사태로 초긴장 상태에 놓이게 된다.

여기서 대사 효소에 관해 한 번 짚고 가겠다. 전문가에 따르면 대체로 건강인은 소화 효소와 대사 효소의 비율이 1:3 혹은 3:7 정도가 된다고 한다. 그러니까 대사 효소가 많을수록 건강체가 되는 것이다. 대사 효소는 소화 효소에 의해 소화한 영양분을 분해한 다음 합성함으로써 상처와 질병을 치유하는 자연치유력을 향상시키고, 부산물이나 노폐물을 배출하는 역할을 한다. 그러니까 해독을 통해 건강을 유지하면서 면역력을 높여 손상된 세포를 치유하는 것이다. 하지만 가령 대사 효소가 부족하거나 그 기능을 수행하지 못하면 그 생명체는 생명을 잃고 만다.

그런데 우리가 섭생할 때 항상 생식만을 할 수 없다는 문제가 발생한다. 결국, 그런 이유 때문에 화식이 발달했지만 전문가들은 불가피한 경우를 제외하고 대체로 생식을 권장한다. 생식과 조리식의 비율은 6:4 혹은 7:3의 비율이 적합하다. 물론 이때도 어쩔 수 없이 조리식의 폐단을 전부 수용하지 않으면 안 된다. 즉, 조리식은 효소가 없기에 소화가 잘 이뤄지지 않는다. 자연이 하사한 '천연 소화제'가 없는데 어떻게 소화될 수 있겠는가? 실제로 생식이 전무한 조리식만 먹게 된다면 소화가 안 되어 장애를 일으키는 일이 다반사일 것이다. 결국, 음식물이 제대로 소화되지 않아 '이상 발효'와 부패가 나타나면서 끙끙댄다. 이러다 보니 결국 '원인 요법'이 안 됐기 때문에 울며 겨자 먹기 식으로 대증 요법에 기대는 악순환이 초래되고 만다. 어쩔 수 없는 노릇이 아니겠는가? 하지만 이런 방식의 치료는 어떤 면에서 현대 의학의 치명적 실수임이 틀림없다. 왜냐면 통증, 발열, 두통, 고열, 복통, 가스, 변비, 설사, 피로, 가려움증, 불면, 생리불순, 과민현상 등과 같은 '경고음'을 환자는 고통으로 생각하기 때문에 제거해야 할 대상으로 판단한 나머지 약으로 다스리려 의사에 기대게 하기 때문이다. 이러한 현상을 보며 치료가 잘 되었다고 착각하면 다시 또 약을 찾아 헤매는 악순환만 계속되는 것이다. 다시 말해 환자는 상기한 '고통(경고음)'은 몸이 나을 때 나타나는 '치유 반응'이라고 생각해야 한다는 말이다. 살기 바빠서 혹은 게을러서 미리 예방을 못 했기 때문에 나타난 최후의 '경고음'을 슬기롭게 제어해야 한다는 점을 절대 간과해서는 안 된다. 과연 어떻게 현명하게 대처해야 하는가에 대해서 이 책은 누누이 설명하고 있다는 사실을 잊지 마시라.

참고로, 필자는 얼마 전에 졸저인 《면역력, 식생활로 정복하라》란 책을 출간한 적이 있다. 면역력의 정복이라는 불가능하고도 어눌한 표현은 어쩌면 부당한 표현이라는 느낌마저 들 것이다. 하지만 필자는 면역력은 정복할 수 있다고 믿고 있다. 그것은 결코 멀리 있는 것이 아니라 우리 가까이에 있다. 오늘 하루의 정복은 그 반복에 따라 1개월이 될 것이고 1개월이 반복되면 1년이 될 것이다. 그리하여 마침내 삶의 전 과정을 면역력으로 무장할 수 있지 않을까 하는 고찰을 한 것이다.

3장 최고의 장수 식품, 제7대 영양소 식물 영양소 (피토케미컬)

우리의 인체에는 생체의 영위를 위해 꼭 필요한 5대 영양소가 있다. 그런데 섬유질이란 물질의 중요성이 대두되면서 이를 제6대 영양소로 명명하기에 이르렀다. 섬유질에 뒤를 이어 최근 식물 영양소가 크게 부각되면서 이 물질을 제7대 영양소라고 부르고 있다. 그만큼 인체에 필수적으로 중요하다는 사실이 인정되기에 그런 결과가 나온 것이 아니겠는가. 이 물질의 명칭이 대변해 주듯이 식물 영양소는 90%가 채소류, 과일류, 해조류에 집결돼 있다.

사실 이 식물 영양소를 두고 최고의 장수 식품으로 불리고 있는 것에는 이유가 있다. 거기에는 알록달록한 다양한 색소로 각종 영양소를 무장하고 있을 뿐 아니라 이런 색소가 스트레스는 물론 질병 발생의 90%가 원인인 활성산소까지 무력화할 수 있기 때문이다.

우리는 평소 식생활에서 짧게 끝나는 엔도르핀을 찾기 위해 소문난 맛집을 찾고 있지만, 제7대 영양소에도 엔도르핀을 향상해 주는 성분들이 차고 넘친다는 사실을 간과하지 말아야 한다. 따라서 필자는 1부에서 섭취 만류(挽留) 식품을 소개한 바 있다. 그래서 이제부터라도 만병의 온상이 되는 그런 불량 식품을 멀리하고 제7대 영양소에 함유된 각종 색소와 식품류를 마음껏 즐겨 보자는 것이다. 물론 제7대 영양소는 동물적 쾌감과는 다소 거리가 있지만 이런 물질들은 인위적인 물질이 아니라는 점이 특히 부각된다는 점을 강조하고 싶다.

즉, 설탕, 소금, 불량 기름(오메가-6 등이 주류를 이루는 정제 기름), 각종 식품첨가물 따위가 전혀 혼입되지 않은 천연 그대로의 재료라는 점이 바로 건강의 핵심이 아닐까 한다. 그래서 노화도 방지하고 생활습관병도 얼씬도 못 하게 될 것이므로 최고의 장수 식품이라고 해야 하지 않을까? 그러므로 한번 먹어서 습관을 들여 보시라! 습관의 재탄생은 빠르면 1주일, 늦어도 60일이면 형성되므로 실천해 보면 어떨까 한다.

식물에 함유된 빨강, 노랑, 보라, 초록, 흰색과 같은 천연의 색소는 해충이나 동물, 자외선과 같은 공격과 물리적인 스트레스를 방어하기 위해 식물 자체가 만들어내는 생리 활성 물질이다. 그 종류만 해도 무려 12,000여 종이 되는 것으로 알려지며 항산화, 항노화, 항염증 등 다양한 역할을 하는 것으로 나타났다.

한편, 1990년대에 '미국 국립암연구소(NCI)'에서는 '파이브 어 데이(5 A DAY)'라는 캠페인을 벌여 암 예방을 위해 하루에 5가지의 채소와 과일을 먹기를 대대적으로 선전하기도 했다. 이것은 다양한 식물 영양소를, 예컨대 빨강, 노랑, 초록, 보라, 흰색과 같이 매일 5가지 정도의 색깔 채소와 과일을 같이 먹으면 시너지 효과를 얻을 수 있어 면역력의 상승 효과가 극대화되는 것으로 보고 있다.

참고로, 우리는 일반적으로 식물 영양소를 두고 부를 때 폴리페놀이라는 말을 주로 사용한다. 실제로 식물 영양소가 곧 폴리페놀은 아니지만 자연계의 12,000여 종 중 약 5,000여 종이 폴리페놀인 점을 감안하면 그렇게 불러도 크게 이상하지는 않다. 폴리페놀은 플라보노이드 계열에 속하는 식물 영양소이기 때문이다. 실제로 식물 영양소를 분류하면 페놀화합물 계열에 모노페놀, 플라보노이드(폴리페놀), 페놀산, 하이드록시시남산, 리그난이 있고, 테르페노이드화합물 계열에는 테르페노이드, 카로티노이드, 사포닌, 지질, 트리테르페노이드가 있으며, 기타 유기황화합물 계열, 알카로이드 계열이 있다. 여기서 페놀화합물 중에

플라보노이드를 폴리페놀이라고 부르고 있다.

하지만 우리가 주요 표적으로 삼는 것은 계열이 아니고 그 휘황찬란한 형형색색의 색깔일 것이다. 그렇기에 필자는 주요 대표적 색깔 위주로 분류하고 그에 따른 식물 영양소의 명칭, 종류, 맛, 효능 그리고 식물 영양소가 함유된 식품별로 분류하고 있으니 참고하시기 바란다.

그럼 최고의 장수 식품인 식물 영양소의 약리 작용을 정리해 보면 항암(신생혈관 억제 및 세포자살 유도), 항염증, 항산화, 해독, 항균, 활성산소 제거, 혈행 촉진, 소화 효소(체외 섭취 효소) 등이 있다, 그러기에 식물 영양소가 바로 최고의 장수 식품의 이유가 되는 것이다. 따라서 우리는 매일 장수 식품을 식단에 반드시 올릴 필요가 있다. 매일 먹지 않을 이유가 없는 것이다.

1. 식물 영양소의 종류

다음은 식물 영양소의 대표적인 색소에 대해 분류하여 그 색소에 함유된 식품의 종류와 작용에 대해 알아본다.

★ 전문용어의 표준화가 시급하고, 음역(音譯, transliteration)은 정확성이 부족한 부분이 많아 한국식품과학회의 《식품과학사전》을 토대로 정리해본다.
따라서 하기한 용어에서 독일어 음역을 지양하고 영어 음역으로 표기하였음을 양지하시기 바란다.

① Isothiocyanate(이소티오시아네이트)→아이소싸이오사이안산염
② Zeaxanthin(지아산틴, 지아잔틴)→제아잔틴
③ Curcumin(커큐민, 쿠르쿠민)→쿠쿠민
④ Quercetin(케르세틴)→쿼세틴
⑤ Lycopene(리코펜)→라이코펜
⑥ Anthocyanin(안토시아닌)→안토사이아닌
⑦ Gingerol(진저롤)→진저올
⑧ Caffeic Acid(카페인산)→카페산

⑨ Betalain(베탈린)→베타레인

⑩ Beta-Cryptoxanthin(베타크립토크산틴, 베타크립토산틴)→베타크립토잔틴

⑪ Alpha-Lipoic Acid(알파리포익산)→알파리포산

⑫ Phenolic Acid(페놀릭산)→페놀산

⑬ Hydroxycinnamic Acid(하이드록시시나믹산)→하이드록시시남산

⑭ Sulforaphane(설포라페인)→설포라판

⑮ Ergocalciferol(에르고칼시페롤)→에고칼시페롤

⑯ Ergosterol(에르고스테롤)→에고스테롤

⑰ Vanillic Acid(바닐린산)→바닐산

⑱ Phytochemical(파이토케미컬)→피토케미컬

(1) 붉은색

	종류	질병 예방	함유 식품	맛	작용
붉은색	라이코펜 (Lycopene)	심장병, 전립선암, 자궁경부암, 대장암, 위암	토마토, 수박, 레드자몽, 구아바	단맛	전립선 건강, 항암, 항산화, 항 스트레스, 시력 강화
	엘라그산 (Ellagic acid)	암	딸기, 석류, 라즈베리(산딸기), 크랜베리, 블랙베리(복분자)	단맛, 신맛	항노화, 항산화, 항돌연변이, 간 해독
	안토사이아닌 (Anthocyanin)		피자두, 산딸기, 오미자, 팥, 크랜베리	단맛, 신맛, 쓴맛, 매운맛, 짠맛	항 스트레스, 피부 미용, 혈압 안정, 항암, 항산화, 항당뇨, 항치매, 호흡기 건강, 기관지 건강, 항 피로
	캅산틴 (Capsanthin)	동맥경화, 고혈압, 암	붉은 고추, 붉은 피망, 적색 파프리카	매운맛, 단맛	항암, 항산화, 동맥경화 예방

(2) 노란색

	종류	질병 예방	함유 식품	맛	작용
노란색 (주황색 포함)	알파카로틴 (Alpha- carotene)	암	파인애플, 레몬, 옥수수, 당근, 호박, 만다린, 오렌지	단맛, 신맛	피부 건강, 눈 건강, 면역력, 비타민 A
	베타카로틴 (Beta- carotene)	암	오렌지, 당근, 호박, 녹황색 채소, 고구마, 브로콜리, 케일, 시금치	단맛, 신맛	비타민 A, 눈 건강, 면역력
	베타크립토잔틴 (Beta- Cryptoxanthin)	전립선암, 대장암, 피부암, 유방암, 자궁암, 골다공증	파파야, 호박, 귤, 망고, 당근, 오렌지, 만다린, 키위, 복숭아, 아보카도	단맛, 신맛	비타민 A, 호흡기 건강, 코 점막 보호, 항암
	헤스페리딘 (Hesperidin)	위암, 구강암, 식도암, 동맥경화	살구, 당근, 귤, 오렌지, 자몽, 레몬, 진피(귤피)	신맛, 단맛, 쓴맛	심혈관 건강, 발암 물질 억제, 항염증
	쿠쿠민 (Curcumin)	암, 치매, 관절염, 위염, 대장염	강황, 생강	쓴맛	항산화, 항염증
	제아잔틴 (Zeaxanthin)	백내장, 녹내장, 황반변성, 암	옥수수, 파파야, 망고, 브로콜리, 시금치	단맛, 구수한 맛,	눈 건강
	에리오시트린 (Eriositrin)	암	레몬, 라임	신맛	항산화

(3) 초록색

	종류	질병 예방	함유 식품	맛	작용
초록색	에피갈로 카테킨 갈레이트 [EGCG (Epigallocatechin Gallate)]	치매, 암	녹차, 상추	떫은맛	노화 방지, 폐암세포 증식 억제
	루테인 (Lutein)	황반변성	시금치, 케일, 녹색 고추, 무청 로메인, 브로콜리, 케일		눈 건강, 항노화
	제아잔틴 (Zeaxanthin)	황반변성, 백내장, 녹내장	시금치, 케일, 무청	단맛, 구수한 맛	눈 건강, 항노화
	아이소싸이오 사이안산염 (Isothiocyanate)	위암	브로콜리		세포 건강, 헬리코박터 파일로리 억제
	베타카로틴 (Beta-Carotene)	암	브로콜리, 케일, 시금치 등 녹황색 채소	단맛, 신맛	비타민 A, 눈 건강, 면역력, 손상된 DNA 복구
	클로로필 (Chlorophyll)	암	시금치, 녹색 피망, 보리 새싹, 몰로키야 (Molokhiya) , 브로콜리	단맛, 무미건조한 맛, 쓴맛	콜레스테롤 수치 억제, 간 해독, 항산화, 살균

(4) 보라색

	종류	질병 예방	함유 식품	맛	작용
보라색	안토사이아닌 (Anthocyanin)	암, 신경통, 두통, 심장병, 뇌졸중	자색고구마, 라즈베리, 적채, 적양파, 체리, 적포도, 가지, 보라옥수수, 블루베리 엘더베리, 자두, 검은콩, 자색감자	단맛, 신맛,	항노화, 동맥 건강, 시력 개선, 항산화, 심장 건강, 신경 안정, 면역력 증진
	레스베라트롤 (Resveratrol)	암, 심장병, 염증,	블루베리, 적포도, 석류, 머루	단맛, 신맛, 쓴맛	항산화, 심장 건강, 동맥 건강, 항암 작용, 인지 기능 향상, 항염증, 항노화

(5) 흰색

	종류	질병 예방	함유 식품	맛	작용
흰색	알리신 (Allicin)	심혈관 질환, 고혈압, 암, 동맥경화	양파, 마늘, 버섯, 순무, 쪽파, 파, 부추, 염교	매운맛	면역력, 심장 건강, 항 스트레스, 항균
	퀘세틴 (Quercetin)	심혈관 질환, 암, 고혈압, 동맥경화	사과, 양파, 녹차	떫은맛, 단맛, 매운맛	면역력 강화, 심장 건강, 항노화, 항암, 천연 항생제

(6) 검은색

	종류	질병 예방	함유 식품	맛	작용
검은색	안토사이아닌 (Anthocyanin)	암, 심장병, 뇌졸중	흑미, 검은콩, 흑호마, 미역, 다시마, 김, 블랙베리, 검정옥수수, 메밀	단맛, 고소한 맛	항노화, 면역력 강화, 활성산소 중화, 항 궤양

(7) 남색

	종류	질병 예방	함유 식품	맛	작용
남색	클로로젠산 (Chlorogenic acid)	대장암	커피, 프룬 (서양 자두), 블루베리, 자두, 건 자두, 가지, 죽순	쓴맛, 단맛	항고혈압, 항 피부 노화, 항당뇨, 발암 물질 제거

　　우리는 여기서 상기한 식물 영양소를 보면서 지금부터라도 먹으면 먹을수록 체내에 독만 쌓이는 '향락식'에 대한 인식을 전환해야 한다고 다짐해야 할 것이다.

　　'향락식'이 설탕, 소금, 기름, 각종 식품첨가물 등으로 위장하여 추파를 던지면서 혹세무민(惑世誣民)한다면, 식물 영양소는 무위자연(無爲自然)의 철학대로 인위적이지 않은 그대로의 자연과 같이 순수함 그 자체로 오직 현명한 주인만을 향해 손짓하고 있다. 우리는 '맛있다'란 말에 대한 인식을 전환해야 한다. 동물적 쾌감만을 바라면서 하염없이 가다가 낭떠러지 앞에 도달하느냐, 아니면 가벼운 마음으로 낭떠러지 없는 인생의 긴 여정을 가느냐는 오직 당신 자신의 선택에 달렸다.

여기서 한 마디!

"You are what you eat."이라는 문구를 다시 한번 기억하시기를 바라면서.......

2. 스트레스를 날리고 활성산소를 제압하는 식물 영양소

식물 영양소와 같이 색깔 있는 음식은 항산화 작용, 항염증 작용, 해독 작용, 항균 작용, 항암 작용 등의 작용을 하는데 이 중 항산화 작용은 식물 영양소에 함유된 항산화 물질이 혈중 활성산소를 중화하는 것으로 나타났다. 즉, 활성산소를 제거하는 방법을 택하면 스트레스도 해소된다는 것이다. 실제로 우리는 일상생활에서 엄청난 스트레스를 받으면서 생활하고 있다. 그러다 보니 어떻게든 스트레스를 완화하거나 확 날려 버리면서 살아야 하는데, 막상 그 방법을 찾기가 쉽지 않을 것이다. 그래서 특히 종교인들은 기도하면서 스트레스를 해소할 것이고 일반인들은 술, 음악 감상, 여행, 산행, 잠 등으로 풀려고 할 것이다. 하지만 스트레스를 날리는 방법은 그리 멀리 있지 않으며 바로 우리 가까이에 있다는 사실은 미처 짐작하지 못할 것이다. 그러니까 종교인들의 기도나 일반인들의 방법은 모두 스트레스가 풀리기를 바라는 '희망 사항'일 수도 있다. 그저 위로나 된다고나 할까? 그러니까 실제로는 스트레스가 해소되지 않을 수 있다. 다시 말해 형형색색의 알록달록한 식물 영양소(피토케미컬)가 스트레스를 해소하는 진짜의 원동력이란 사실을 말하고 싶다. 여러 정보로 확인할 수 있지만, 알록달록한 채소류가 그 문제의 해답이란 것이다. 최고의 장수 식품임은 두말할 필요도 없지만, 건강으로 가는 길에 한 가지 걸림돌이 되는 스트레스를 풀 수 있는 것이 바로 식물 영양소이다. 자,

이제부터라도 각종 영양소로 무장한 호화찬란한 색소로 스트레스를 날려 보시기 바란다.

≡ 스트레스가 인체에 미치는 영향

우리는 삶을 살아가면서 스트레스를 받지 않고 살 수는 없다. 이 스트레스가 인체에 미치는 영향력은 실로 중차대하기에 이것을 어떻게 하든 원만하게 해소할 수 있을까에 총력을 기울여야 한다. 스트레스에는 삶의 원동력과 활력소가 되는 유스트레스(Eustress)도 있지만, 여기서는 인체의 면역력을 저하시켜 온갖 질병의 온상이 되는 불쾌한 스트레스 즉, 디스트레스(Distress)도 있다. 이제부터 디스트레스에 대해 논하고자 한다. 우리는 평소 건강의 3요소로 식(食), 심(心), 동(動)에 대해 자주 이야기한다. 여기서 심에 해당하는 마음의 평화를 다스리는 것이 바로 스트레스를 슬기롭게 대처하는 방법이다. 기도와 명상을 비롯하여 요가, 여행, 음악 감상, 독서 등과 같은 방법이 바로 그것이다. 그리고 매사 감사하는 마음의 자세가 필요한데, 이때 행복 호르몬인 세로토닌이 장(腸)에서 80~90% 생산되므로 이 세로토닌의 생산을 활성화하기 위해 장의 건강도 아울러 대단히 중요하다.

상기한 스트레스 대처 방안 중 명상을 평소 생활화하는 것이 중요한데, 이때 명상을 할 때 마음을 다스리는 최면을 거는 것이 중요하다. 즉, '나는 모든 것을 극복하고 행복한 인생을 살 수 있다'고 말이다.

하지만 우리가 과도한 심리적 스트레스를 받는 경우 우리의 뇌는 곧바로 임전태세(臨戰態勢)에 돌입한다. 이렇게 되면 뇌의 에너지원인 포도당이 마치 혈당이 높은 음식을 먹는 것처럼 높은 수준을 유지하면서 혈당이 치솟는다. 심할 경우 인슐린 저항성이 나타나 인체의 저항력은 최저 수준이 된다. 이때는 백혈구의 활동이 떨어져 질병에 노출되고,

스트레스 호르몬인 아드레날린(에피네프린)도 급속하게 증가하면서 혈관마저 수축한다. 산소와 영양분이 이동할 수 없으므로 혈행에 장애가 나타나면서 혈류가 저항을 받아 혈관 내피세포는 상처를 받는다. 이에 따라 혈소판은 물론 콜레스테롤도 축적되어 동맥경화, 이상지질혈증 등이 유발된다. 콜레스테롤은 스트레스 호르몬인 코티솔(Cortisol)을 생산하기 위해 불가피하게 만들어지며, 염증 물질인 인터류킨-6의 수치가 증가하여 각종 생활습관병도 나타난다. 교감신경이 긴장하여 아드레날린이 분비되면서 부교감신경이 급속하게 저하하여 자율신경 실조증도 나타난다. 이렇게 되면 가슴의 두근거림, 발한, 두통, 편두통, 현기증, 탈진 상태도 나타날 수 있다. 따라서 우리는 상기와 같은 최악의 상황이 나타나지 않도록 위기 상황에서 어떻게 이를 극복할 수 있는가를 곰곰이 생각하여 대처할 방법을 찾아야 한다. 그렇기에 그러한 악조건에서 탈출하는 방법으로 우선 식물 영양소를 충분히 섭취해야 한다. 특히 보라색 채소에 신경과민을 조율하는 성분이 많다는 게 영양학계의 정평이다. 식물 영양소는 두뇌의 신경계에 스트레스와 같이 민감한 상황이 발생하였을 때 이를 완화해 준다. 따라서 자색고구마, 자색감자, 가지, 블루베리, 프룬 등과 같은 채소와 과일을 섭취하면 도움이 된다.

어패류 특히 연체류에는 타우린이라는 아미노산이 교감신경을 자극하는 아드레날린 호르몬을 억제하는 성분이 있어서 적당량 섭취하면 식물 영양소처럼 도움이 될 것이다. 하지만 연체류에는 콜레스테롤도 많이 함유돼 있으므로 이때도 과유불급이 적용된다. 물론 타우린 성분이 콜레스테롤을 억제해 주기도 하지만 과량의 콜레스테롤은 인체에 또 다른 문제를 제기할 수 있다는 사실을 유념해야 한다.

4장 건강 식품과 건강 기능 식품 활용법

이번 주제에서는 평소 일반인들이 자주 겪는 질환을 토대로 건강 식품과 건강 기능 식품을 최대한 활용하여 질환별로 그 예방과 치유의 길을 찾아 보고자 함을 목적으로 하였다. 여기에는 국내의 명의는 물론, 세계 최고의 영양학자, 세계 최고의 심장 전문의들 등과 같은 최고 석학의 이론을 참고하였으며, 특히 이 책의 필자인 본인이 지난 37여 년간 실제로 체험하여 그 효능을 인정한 것도 포함했다. 그렇기에 예방이나 치유의 효과를 보고자 한다면 상당히 좋은 결과를 기대할 수도 있을 것이다. 하지만 불량한 식습관과 생활습관을 고수하면서도 여기에 수록한 자료를 이용하여 효과를 보겠다는 망상 따위는 아예 접는 것이 현명할 것이다. 우리는 여기서 하나 꼭 짚고 넘어가야 할 관점이 있다. 그것은 평소의 식생활에서 뭘 먹을까보다는 절대 먹지 말아야 할 종류를 먼저 인식해야 한다는 점이다. 이러한 관점이 바로 식습관의 핵심임을 유념해야 한다. 음식점에 가보면 사실 먹지 말아야 할 종류가 널려 있기 마련이다. 옥석을 가려야 시점이 된 듯하다. 옥석을 가려야 하는지도 모르고 무덤덤하게 살아가는 사람이 대부분인 지금도 건강에 크게 관심을 안 두고 살다가 어느 날 갑자기 비명횡사하는 돌발 상황이 발생해서는 안 된다는 말이다. 이미 되돌릴 수 없는 나락에 떨어져 버렸으니 누가 도움을 줄 수 있겠는가! 우리 모두 반드시 명심할 점이 있다. 그 누구도 나를 대신해서 내 몸을 건강하게 해줄 사람이 없다는 사실 말이다.

우리는 여기서 불량 식품의 유혹, 불량 식품의 맛, 질병의 발현과 같은

'3합 세트'를 아랑곳하지 않고 짧은 순간의 엔도르핀을 얻어 '작은 행복'에 취하려고 맛집을 찾는 경향이 있다. 설탕과 지방과 소금 그리고 각종 식품첨가물로 범벅이 된 불량 식품의 맛은 중독성이 강한 엔도르핀이 모르핀, 헤로인과 같은 효과가 있고 마음을 진정시켜 고통이나 스트레스를 날려 주는 보상 효과도 준다. 하지만 그런 물질이 혀에 남아 있는 순간이 짧기 때문에, 혀에서 사라지는 즉시 또 엔도르핀을 찾기 위해 또 맛집을 찾아 헤매는 악습에 젖어 버리게 된다. 따라서 범인(凡人)은 삶의 종말이 서서히 다가오는 줄도 모른 채 중단할 수 없는 나락에 떨어지고 만다. 사실 이러한 불량한 것들을 먹을 때 살살 녹는 그 맛에 더욱 취하게 된다. 맛도 없고 귀찮기만 한 섬유질을 씹지 않기 때문에 모든 시름을 잊으며 편하게 쾌락을 느끼지만, 음식을 씹지 않는 경우 그 음식을 소화하는 데 위장에 엄청난 노동을 시키는 것(향락식을 과식할 경우 그런 행위는 실제로 중노동이나 다름없음)뿐 아니라 치매로 이어질 확률 또한 높아진다는 사실을 간과하고 있는 것이다. 우리가 음식을 잘 씹어 먹으면 전전두엽(前前頭葉)과 해마(海馬)가 활성화되고, 기억력이 상승하고, 활성산소도 감소하면서 면역력이 상승하지만, 불량 기름이 들어가면 노화가 빨라진다는 것을 잊지 말아야 할 것이다. 그래서 제대로 인격을 수양하지 않는 한 절대 빠져나올 수 없다. 그럴 경우, 종말이 어떤 것인지 가히 상상도 할 수 없는 것이 바로 오늘날 보통 사람들의 삶이다. 이 책을 읽는 분 중 병원에 가본 적이 없는 사람은 거의 없을 것이다. 불량한 식습관으로 인한 생활습관병으로 치명상을 입고 신음하는 환자가 병원마다 넘치고 있다는 사실을 강조하고자 하는 말이다. 우리는 깨어야 한다. 그리고 범인의 매너리즘에서 과감하게 탈출해야 한다.

그러니까 우리는 질병의 예방이 얼마나 중요한지 다시 한번 곰곰이 생각해야 한다. 현대는 예방에 대한 인식이 과거보다 한층 높아졌다.

과거가 치료의 시대였다면 이제는 예방의 시대가 되어야 할 것이다.

그리고 특히 개그맨이나 배우들이 매스컴을 통해 현란하게 광고하는 '먹방'에 휘둘리지 않는 것이 중요하다. 왜냐면 갈 길을 잃고 방황하게 하는 먹방은 결국 시청자들의 건강에 부정적인 영향을 미치기 때문이다. 보통 사람들은 일시적으로 행복한 보상을 주는 그 향락식의 이면에 설탕, 소금, 기름(주로 오메가-6), 각종 식품첨가물 등으로 범벅되어 인체에 치명상을 주는 아찔한 유혹은 미처 모르고 있으니 하는 말이다.

여기서 현대 의학에 관한 이야기를 해야 할 것 같다. 현대 의학은 인간에게 필요한, 적절한 영양의 섭취나 예방 의학의 중요성에 대해서는 간과하기 일쑤다. 실제로 의대생들은 영양에 대해서 배우지도 않았을 뿐 아니라 중요하게 생각하지도 않으며, 질병을 예방한다는 자체에 대해서는 아주 무관심하며 불가능하다고 과소평가해 버린다. 게다가 그들은 영양에 관한 최신 연구 성과를 모르고 있다. 그렇기에 의사들은 자연의학에 대해서 대체로 배타적이다. 영양학도 배우지 않았고 자연의학에 대해서도 배우지 않았으니 어쩌면 당연한 결과가 아니겠는가. 입증할 만한 자료나 데이터가 부족한 민간요법 따위는 부정적이거나 보수적인 자세를 취하기 마련이다.

우리는 비타민 C의 탄생에 관한 일화를 이미 잘 알고 있다. 18세기 중반 괴혈병으로 죽어가는 선원을 구했던 감귤류가 바로 비타민 C의 모태가 된 것이 아닌가. 영국의 의사가 대조 실험을 한 결과, 감귤류가 괴혈병을 치료할 수 있다는 민간요법을 토대로 진단한 것이었다. 이를 계기로 20세기는 그야말로 비타민 전성시대가 전개되었다. 비타민이 바로 약이었기 때문이다. 질병을 예방하여 환자가 생기지 않는다면 현대 의학은 무용지물에 불과할 것이다. 즉, 건강한 먹거리가 건강에 지대한 영향을 준다는 사실을 간과하며 오로지 우자가 만들어낸 질병의 결과만을 보면서 약 처방에만 급급한 실정이다. 현대 의학은 자연의학에 배타적이다. 왜냐면 현대 의학에 종사하는 의료인들이 보기에 민간요법이나 자연의학에는 입증할 만한 자료가 없거나 부족하다고 판단하는 것이다. 하지만 그런 견해는 자연의학의 최신의 연구 결과를 모르거나 간과하고, 예방에 대해서는 이제 겨우 눈뜬 게 사실이며, 식품으로 병을 치료한다는 것 자체를 부정하고 있는 것이라고나 할까. 하지만 우리는 여기서 의성 히포크라테스가 설파한 "음식은 약이 되게, 약은 음식이 되게 하라."라는 명언을 다시 한번 음미해 봐야 하지 않을까.

각설하고, 지금부터는 건강 식품이나 건강 기능 식품이 얼마나 중요한지 그리고 그 역할이 예방에 도움이 되는지 고찰해 보고자 한다.

사실 '식약처'에서 그 기능을 인정받은 것에 건강 기능 식품이란 칭호를 부여하고 있으며, 그것도 1등급, 2등급, 3등급과 같은 식으로 등급을 매겨 그 효능을 판별하도록 정하고 있지만, 건강 식품과 같이 식약처에서 인정하지 않은 것도 실제 인체에 막강한 영향력을 발휘하는 경우가 수두룩하다. 그러기에 우리는 평소 건강 식품을 효과적으로 활용하는 습성을 들이는 것이 좋으며 또 어떤 것은 상식하는 것이 면역력 향상에 탁월한 효과가 있을 수도 있기 때문에 식단에 건강 식품을 보약으로 올려서 활용하면 좋을 것이다. 보약 말이 나왔으니까 하는 말인데, 보약의 효과를 생각한다면 나라별로 생각하는 차원이 다르다는 사실을 알 수 있다. 우리나라는 보약으로 약효가 있다는 동물을 잡아 고아 먹는다거나, 한약을 고아 먹는다거나 홍삼을 먹지만, 이웃 나라인 일본은 소식이 보약이라고 생각한다. 또 미국의 경우는 조깅(Jogging)을 보약처럼 생각한다.

하지만 미국인들도 최근에 하버드 의대의 달리기냐 걷기냐의 결론으로 현재는 달리기를 하는 부류가 줄어드는 경향이 있기도 하다. 그렇다면 보약의 정답은 과연 뭘까? 아마 짐작할 수 있겠지만 역시 일본인의 원칙인 소식이 정답이 될 것이다. 소식을 통해 저열량을 섭취하는 것이 장수라는 문으로 들어서는 관문이라는 것이다. 매일 단위에서 좋은 습관을 반복하고 이러한 탁월한 습관이 생활화되면 천수의 문을 반쯤 열어 놓은 것과 다름없다. 그와 아울러 아래에 상세하게 전개할 건강 식품이나 건강 기능 식품을 필요에 따라 상식하면 천수의 문이 활짝 열릴 수도 있다는 점을 강조하고자 한다.

여기서 다시 한번 강조하지만 항상 지혜로운 건강 관리가 중요하다는 사실을 인정해야 한다. 다시 말해 우리 모두 중국 당나라의 의학자였던 손사막의 말대로 상의(上醫, 병이 생기기 전에 미리 예방하는 사람)가 되어 생활습관 병 따위는 모르고 살아가는 지혜를 가졌으면 한다.

참고로, 주자(朱子)의 치가격언(治家格言)에는 '갈증을 느낀 후에 우물을 파는 행위(무임갈이굴정, 毋臨渴而掘井)'라는 말이 있다. 이런 행위는 질병에 걸린 후에 치료하는 것과 같은 이치가 될 수도 있다. 이런 방법이 곧 현대 의학의 대증 요법으로 병든 후의 결과만 가지고 '어떻게' 하자는 방식이다. 그 요법은 병의 '원인 요법'에는 전혀 상관하지 않는다.

자, 그럼 이제부터 건강 식품과 건강 기능 식품의 종류를 열거한 다음 그런 식품들이 인체의 질병 예방과 치유에 어떻게 작용하는지 알아보자.

1. 건강 식품의 종류

(1) 채소류(끼니마다 교대로 5가지 정도를 선별)

오크라, 차조기, 미나리, 파슬리, 두릅, 머위, 달래, 냉이, 양배추, 적채, 브로콜리, 케일, 콜리플라워, 청경채, 깻잎, 쑥갓, 쑥, 비트그린, 비트루트, 고구마, 자색고구마, 홍영, 자영, 아스파라거스, 셀러리, 호박, 가지, 고추,

시금치, 양파, 적양파, 참마, 토란, 당근, 히카마, 토마토, 오이, 취나물, 연근, 여주, 부추, 루꼴라(로켓), 아티초크, 대파, 쪽파, 수세미, 상추, 쪽파, 소리쟁이, 로메인 상추 등

(2) 과일류(저당도 과일만 선별)

딸기, 아보카도, 그린바나나, 그린파파야, 그린망고, 자두, 키위, 사과, 매실, 석류, 귤, 오렌지, 레몬, 라임, 구아바, 살구, 복숭아, 체리, 자몽, 유자, 그린커피빈, 무화과 등

(3) 견과류

호두, 아몬드, 은행, 밤, 잣, 브라질너트, 페칸, 헤이즐넛 등

(4) 씨앗류

호박씨, 흑호마, 참깨, 들깨, 아마인, 차아씨, 해바라기씨 등

(5) 오일류[오메가-6 계열은 대체로 배제하였으며, 포화지방 덩어리인 코코넛오일(포화지방 82~92% 함유)은 찬반양론이 팽팽했다. 필자도 코코넛 오일을 배제하는 쪽을 선택함]

올리브유, 아보카도오일, 참기름, 들기름, 호두기름, 감마리놀렌산(달맞이꽃 종자유, 보리지유, 블랙커런트유에 많이 함유됨) 등

(6) 향신료

생강, 강황, 계피, 후추, 마늘, 정향, 고수, 후추, 초피, 육두구, 회향 등

(7) 버섯류

표고버섯, 차가버섯, 영지버섯, 상황버섯, 송이버섯, 싸리버섯, 목이버섯, 석이버섯 등

(8) 콩류

렌틸콩, 팥, 서리태, 서목태, 황대두, 녹두, 강낭콩, 완두콩 등

(9) 해조류

미역, 다시마, 톳, 김, 우뭇가사리, 청각, 함초 등

⑩ 베리류

아로니아, 아사이베리, 블루베리, 크랜베리, 블랙베리, 빌베리, 라즈베리, 초코베리, 체리 등

⑪ 차류

감잎차, 녹차, 커피, 홍차, 결명자차, 오미자차, 구기자차, 마테차, 뽕잎차, 캐모마일차, 라벤더차, 보이차, 코코아차, 올리브잎차, 율무차, 대추차, 계피차, 생강차, 로즈마리차, 타임차, 페퍼민트차, 오레가노차, 유자차, 모과차, 둥굴레차, 메밀차 등

⑫ 통곡류

수수, 기장, 조, 율무, 팥, 메밀, 콩류, 퀴노아, 아마란스, 테프 등

⑬ 어패류

멍게, 굴, 낙지, 전복, 소라, 문어, 오징어, 바지락, 해삼, 가리비, 꽃게, 새우, 랍스터 등

⑭ 등 푸른 생선류(소형 어류를 권장한다. 대형 어류는 수은 오염이 있으므로 배제하는 것이 좋으며, 최근 소형어류 위주의 등 푸른 생선도 수은 오염이 심각해지고 있다고 하므로 가끔 섭취하기를 추천함)

연어, 고등어, 청어, 정어리, 전갱이, 방어, 멸치 등

⑮ 약재류

도라지, 더덕, 오미자, 구기자, 오가피, 가시오가피, 유근피(느릅나무 뿌리 껍질), 땅두릅(독활), 두충, 우슬, 황기, 당귀, 맥문동, 천문동, 모과, 두충, 산사, 육계, 홍화, 박하, 살구씨, 하수오, 백작약, 토사자, 칡, 산조인, 차전자피, 숙지황, 백출, 겨우살이 등

⑯ 허브류

로즈마리, 세이지, 타임, 라벤더, 민트, 히비스커스, 시나몬, 파슬리, 오레가노, 딜, 캐모마일, 버가모트, 아티초크, 사프란, 재스민, 레몬밤, 바질,

차이브, 몰로키야, 루꼴라 등

⒄ 발효 식품

청국장, 김치, 사워크라우트, 된장, 고추장, 간장

⒅ 천연 발효 식초

2. 건강 기능 식품의 종류

감마리놀렌산, 깅코, 각종 비타민, 각종 미네랄, 베타시토스테롤, 베타카로틴, 셀레늄, 스피룰리나, 밀크시슬, 아르지닌, 알파리포산, 오메가-3, 쿼세틴, 코큐텐, 프로폴리스, 클로렐라, 길초근, 레스베라트롤, 글루코사민, 브로멜라인, 콘드로이틴(황산), 루테인, 제아잔틴, 아스타잔틴, 프로바이오틱스, 쏘팔메토, 은행잎 추출물, 키토산, 저마늄, 3가 크롬, 짐네마 실베스터, 호손, 보스웰리아, 보이차 추출물, 그라비올라, 가르니시아캄보지아, 글루코만난, 구연산, 멜라토닌, 레시틴, 타우린, 데오닌, 5-히드록시트립토판(5-HTP), 후코이단, 라이코펜, DHEA(Dehydroepiandrosterone, 남녀 호르몬을 만들어내는 호르몬의 모체) 등

3. 각종 질병에 대처하는 자연의학

질환은 '가나다순'으로 열거하였으며, 각 질환별로는 다시 '@ **섭취 만류(挽留) 식품** ⓑ **섭취 권장 건강 식품** ⓒ **섭취 권장 건강 기능 식품** ⓓ **식이요법** ⓔ **섭취 권장 이유 및 질병의 특이성**'을 각각 열거하였다. 특히 ⓑ 섭취 권장 건강 식품 목록에는 줄기세포를 강화해서 노화를 늦추고, 근육도 키우는 식품들을 대거 수록하였다. @ 섭취 만류(挽留) 식품 목록에는 암과 같이 암의 줄기세포를 키우는 식품들도 수록하였으니 과연

어찌하면 좋을지는 오직 당신의 선택에 달려 있다.

★ 참고사항

여기서 **산성 체질, 스트레스, 장내 유해균, 제독**(해독)**, 활성산소** 등은 국가에서 지정한 정식 질병의 명칭은 아니지만, 필자가 보기에 일반 질병과 같이 인체에 치명적인 영향을 미치기 때문에 도입한 것이니 참고하시기 바란다.

| 간병변

ⓐ 생선회, 튀김류, 라면, 알코올, 흡연, 단당류, 고지방 육류, 가공 식품, 육가공 식품, 흰 밀가루, 포화지방

ⓑ 두유, 흑마늘, 해조류, 프리바이오틱스(마늘, 양파, 대파, 야콘, 돼지감자, 치커리, 히카마, 참마, 우엉 등), 청국장, 콩류, 두부, 된장국, 다슬기, 케일, 브로콜리, 파슬리, 미나리, 오이, 연어, 대구, 가자미, 아티초크, 천연 발효 식초, 비트, 바지락, 조개류

ⓒ 스피룰리나, 키토산

ⓓ 우리는 평소 육류의 포화지방을 피하느라 생선회를 자주 섭취한다. 하지만 생선회는 싱싱한 경우에도 세균이 즉시 무수히 번식하므로 간경화를 악화시킬 수도 있다. 또 장내 환경이 악화될 경우 간 기능 또한 악화되기 마련인데, 이때 섬유질을 적절히 섭취하면 장내 유익균이 급증하면서 장을 청소해 주기 때문에 간의 기능도 좋아진다.

ⓔ 간경화의 원인은 간세포의 영양 공급이 원활하지 못한 데에 있는데, 이는 간에 혈전이 발생했기 때문이다. 따라서 간에 양양을 충분하게 공급하는 것이 급선무다. 다슬기는 간의 효능에 중요하므로 이를 상식할 필요가 있고, 또 간세포의 재생도 중요하다. 이를 위해서는 채소, 과일,

통곡물을 비롯해 섬유질의 충분한 섭취가 필요하다.

여기서 간의 기능을 살펴보면 해독 및 살균, 영양분의 저장, 담즙 분비, 영양소의 분해, 혈류 조정, 호르몬의 분해와 조정, 독성 물질과 노폐물의 분해와 처리 등인 것으로 알려져 있다.

┃ 감기

ⓐ 우유, 유제품, 가공 식품, 설탕, 액상과당, 꿀, 과일 주스

ⓑ 연근, 레몬, 라임, 귤, 오렌지, 생강, 파 뿌리, 진피, 무차, 유자, 감잎차, 오미자, 모과, 계피, 흑마늘, 참마, 올리브유, 차조기, 버섯류, 콩류, 라벤더차, 캐모마일차, 레몬밤차, 청국장, 오크라, 몰로키야, 토란, 수세미, 은행, 쪽파

ⓒ 알티지 오메가-3, 감마-리놀렌산, 셀레늄, 프로폴리스, 비타민 C·D·E

※ **알티지(rTG) 오메가-3란?**

이 제품은 3세대 오메가-3로 포화지방을 제거하고, 순도 높은 불포화지방을 함유해 체내 흡수율이 높은 것으로 알려진다.

ⓓ 평소 따뜻한 물을 자주 마시면 기관지가 건조해지는 것을 막을 수 있다. 또 찬 음식을 배제하고 따뜻한 음식을 섭취하면 코 점막이 정상화된다.

ⓔ 급격한 온도의 변화, 스트레스, 과로 등이 공기 중에 떠도는 바이러스가 침범할 수 있는 조건이 되면 감기에 걸린다. 따라서 체온이 떨어지지 않도록 평소 면역력 향상에 최선을 다하여야 한다. 체온을 높이면 바이러스는 침범하지 못한다. 또 숙면할 수 있도록 라벤더차, 캐모마일차, 레몬밤차 등을 따뜻하게 하여 취침 1시간 전에 마시는 것도 좋은 방법이다.

┃ (여성) 갱년기 증후군

ⓐ 설탕, 액상과당 등 단당류, 고지방 육류, 가공 식품, 육가공 식품(햄, 소시지, 베이컨 등), 최종당화산물, 튀김류

ⓑ 콩류, 콩비지, 청국장, 프리바이오틱스, 고섬유질 식품(고구마 줄기, 무말랭이 등), 해조류, 저당도 과일(딸기, 아보카도, 그린바나나, 그린파파야, 그린망고 등), 식물 영양소(피토케미컬), 등 푸른 생선, 허브류, 아마인가루, 들깻가루, 레몬밤, 라벤더차, 캐모마일차, 차전자피가루, 결명자차

ⓒ 프로바이오틱스, 알티지 오메가-3, 보이차 추출물, 감태 추출물, 은행잎 추출물(Ginko Biloba), 감마리놀렌산, 감마오리자놀, 석류 추출물, 비타민 A, 비타민 B^1, B^5, B^6, B^{12}, 비타민 C, 비타민 E, 칼슘, 마그네슘, 비타민 D, 승마 추출물, 백수오 추출물, 아이소플라본(Isoflavone)

ⓓ 단 음식, 짠 음식, 지방이 많은 음식, 청량음료, 탄산음료, 알코올, 카페인 등을 배제하고 견과류, 식물 영양소(피토케미컬), 십자화과 채소(양배추, 케일, 브로콜리, 콜리플라워 등), 저당도 과일(딸기, 아보카도, 그린바나나, 그린망고, 그린파파야, 자몽, 오렌지, 키위, 사과 등), 고섬유질 식품(고구마 줄기, 무말랭이, 한천을 비롯한 각종 해조류, 곤약 등) 등을 상식한다.

ⓔ 일반적으로 의학계는 갱년기 질환에 나타나는 증상이 자율신경 실조증 중 교감신경의 과흥분 상태와 비슷한 양상인 것으로 내다보고 있다. 따라서 자율신경을 조절하는 데 초점을 맞추면 갱년기 장애를 예방하고 치료할 수 있겠다.

　예컨대 두통은 감기, 축농증, 뇌종양 등이 원인이고, 편두통은 교감신경의 과도한 흥분이 원인이고, 어깨 결림은 자율신경 실조증, 뼈, 관절, 근육의 변화 등이 원인이 된다. 현기증은 머리가 어질어질하고, 몸이 빙빙 돌고, 눈앞이 캄캄해져 정신이 아찔한 느낌이 든다. 과로, 피로, 고혈압,

저혈압, 빈혈 그리고 그 외 우울증은 신체적 변화기를 맞아 정신적 갈등에 부딪히면서 절망에 빠질 수도 있으므로 불면증, 식욕 감퇴, 과식, 흥미 상실, 죄책감 등을 극복해야 한다. 스트레스를 적절히 해소하지 못해 불안과 초조가 나타날 수 있으므로 등산, 낚시, 여행, 에어로빅, 음악 감상 등으로 스트레스를 날려야 할 것이다. 따라서 자율신경 실조증이 발생하지 않도록 교감신경과 부교감신경의 적절한 조화가 중요할 것이므로 의지와 강한 신념으로 제2의 인생을 살아야겠다는 자세가 무엇보다도 중요하다.

상기 사항을 종합적으로 정리해 보면 다음 표와 같다.

제 증상	원인/ 치유
요실금	방광 조절 능력 감소/ 케겔 운동, 스쿼트
골다공증	에스트로겐 생산 감소/ 골다공증 항목 참조
심혈관 질환	에스트로겐 생산 감소, HDL의 감소와 LDL 증가 / 유제품, 육류, 달걀, 튀김류 등을 식단에서 제거하여 동맥경화증과 죽상동맥경화증을 차단
근육 감소	갱년기 여성/ 파워 워킹, 등산, 요가, 스텝퍼 등
건망증, 우울증	갱년기로 인해 신경세포의 상호 정보 교환 약화/ 자율신경 실조증이 안 나타나도록 적절히 대처
치매	에스트로겐 부족이 일부 원인이 될 수도 있음/ 치매 항목 참조
시력 감퇴	에스트로겐 부족/ 백내장, 녹내장, 황반변성 항목 참조

| 고혈압

ⓐ 섬유질 함량이 낮은 식품, 라면, 젓갈류, 찌개류, 김치, 커피, 흡연, 고지방 육류, 밑반찬류, 단무지, 겨자, 향신료, 치즈, 아이스크림, 케이크, 마요네즈,

버터, 알코올, 마가린, 정제 탄수화물, 삼겹살, 육류의 내장, 가공 식품, 설탕

ⓑ 셀러리, 흑마늘, 귤, 브로콜리, 버섯류, 녹황색 채소, 아보카도, 당근, 시금치, 솔잎가루, 케일, 팥, 토마토, 자색고구마, 그린바나나, 콜리플라워, 사과, 복숭아, 키위, 깻잎, 씨앗류, 고춧잎, 물미역, 밤, 달래, 순두부, 율무, 꽃게, 해삼, 냉이, 메밀, 호박, 파슬리, 양파, 쑥갓, 감잎, 녹차, 도토리묵, 메밀묵, 프리바이오틱스, 쑥떡, 쑥버무리, 쑥 된장국, 미역, 바질, 콩비지, 청국장, 양파, 검은콩, 밤, 은행, 오이, 늙은 호박, 아마인가루, 송화가루, 바질, 고수, 그린비트, 비트루트, 결명자차, 상엽차, 식물 영양소, 옥수수수염, 칡, 진피가루, 헛개나무씨[지구자(枳具子)], 파파야, 양하, 천연 발효 식초, 코코아분말

ⓒ 칼슘, 마그네슘, 코큐텐, 호손(Hawthorne, 산사나무), 칼륨, 깅코, 아르지닌, 히비스커스 차, 비타민 C·E, 알티지 오메가-3

ⓓ 항상 해조류, 통곡류, 저항성 녹말(자색고구마, 야콘, 돼지감자, 우엉, 참마 등) 등과 같은 프리바이오틱스를 섭취하여 장내 환경을 좋게 유지한다.

ⓔ 혈관에 콜레스테롤이 쌓이지 않도록 하기 위해 고지방 육류, 육가공 식품, 식품첨가물 함유 식품, 고GI 식품 등을 배제하고 섬유질이 다량 함유된 프리바이오틱스 식품을 상식하여 장을 청소하면 혈관이 맑아져 고혈압을 예방할 수 있다. 또 다시마를 상식하면 알긴산(Alginic Acid)이란 끈끈한 물질이 염분을 흡수해 배출해 주기도 한다. 하지만 염분 외 당분, 각종 노폐물도 모두 끌어들여 배출하므로 장내 환경이 최적화되어 각종 질병의 온상이 사라진다.

| 골다공증

ⓐ 육류, 우유(동물성 단백질로 질소, 염소, 유황, 인이 함유돼 칼슘을 소모), 알코올, 흡연,

커피, 설탕, 액상과당, 청량음료, 짠 음식, 멸치(멸치의 살은 질소와 인이 함유된 산성 식품이므로 칼슘을 소모), 백미, 흰 밀가루, 가공 식품

※ 자외선차단제는 칼슘의 흡수를 촉진하는 비타민 D의 흡수를 차단하므로 신중하게 사용해야 한다.

ⓑ 참깨, 무청, 등 푸른 생선, 견과류, 씨앗류, 콩류, 통곡류, 당도 낮은 과일(딸기, 아보카도, 그린바나나, 그린망고, 그린파파야, 자몽 등), 채소, 아몬드, 김, 미역, 다시마 등의 해조류, 양배추, 케일, 브로콜리, 아스파라거스, 시금치, 귀리(압력솥 조리), 오렌지, 자몽, 녹차, 블루베리, 토마토, 자두, 녹색 채소, 홍화씨

ⓒ 비타민 D^3, 마그네슘, 칼슘, 알티지 오메가-3, 비타민 C, 비타민 B^6, 엽산(B^9), B^{12}

ⓓ 과잉의 단백질 섭취 제한

ⓔ 우리는 현재 특정 바이러스의 창궐로 인해 고단백 보양식에 온갖 열정(?)을 쏟고 있다. 하지만 그 보양식인 생선류, 어패류, 연체류, 달걀, 소고기 등의 육류를 과잉 섭취할 경우 그 단백질이 소화, 흡수, 배설되는 과정에서 인체의 골격과 치아에 함유된 칼슘을 필요로 한다. 이때 골격 등에서 칼슘이 소모되면서 골다공증이 발생한다. 따라서 골다공증을 예방하려면 칼슘 함유 식품이나 칼슘 보충제의 섭취보다는 제일 먼저 단백질을 과다하게 섭취하지 않아야 한다. 산성 식품인 단백질에는 질소, 인, 유황, 염소 등이 있으며 이 같은 산성 원소를 중화하기 위해서는 칼슘이 필요하다. 그러므로 산성 식품을 많이 섭취할수록 체내의 칼슘 소모량 또한 많아진다. 따라서 소량이나 최소한의 단백질 섭취가 골다공증 예방의 전제 조건이다.

실제로 골다공증은 여성이 남성보다 4배나 많이 발생한다는 통계가 있다. 이로 인해 부족해진 칼슘은 인체의 모든 뼈에 영향을 미치게 되는데,

특히 여성은 생리적인 특성으로 인해 남성보다 더 많은 칼슘이 필요하다. 골다공증이 발생하는 원인을 보면 폐경기 이후 에스트로겐 분비의 감소, 운동 부족(운동 안 하는 여성이 상당히 많다.), 칼슘 섭취 부족 등이다. 특히 폐경기 이후에는 에스트로겐의 분비가 줄어들면서 신장에서 칼슘을 재활용하는 과정이 원활하게 진행되지 못한다. 체내의 골격에서 칼슘이 빠져나가 골다공증을 유발하게 되는데, 이때 토마토 특히 가열한 토마토를 섭취하면 칼슘의 재활용에 도움이 된다.

결론적으로 말해서, 골다공증을 예방하기 위해 칼슘을 보충하기보다 현재 골격이나 치아에 존재하는 칼슘의 소모를 차단하는 것이 급선무다. 즉, 보양을 한다는 이유로 고단백 육류, 어패류, 생선, 달걀 등으로부터 엄청난 단백질을 섭취해도 이게 그대로 인체에 흡수되지 않는다는 사실을 유념해야 한다. 이러한 음식에 함유된 질소, 염소, 인, 유황 등이 배설되려면 인체에 기존하는 칼슘을 소모해야 한다는 사실을 간과하지 마시라. 따라서 이런 음식을 많이 먹을수록 칼슘은 더 많이 신장으로 배출된다. 보양하겠다고 많이 먹는 것은 '과유불급'과 같은 논리다. 따라서 골다공증을 예방하려면 단백질의 과잉 섭취부터 중단하고, 체내의 칼슘을 보존해야 한다. 그다음 식물성 식재료들(ⓑ항목과 ⓒ항목 참조) 위주로 칼슘을 섭취하는 걸 추천한다.

≡ 칼슘

마그네슘과 함께 심장, 혈관의 근육세포를 조정한다. 칼슘은 혈관세포를 수축하여 혈압을 상승시키고 마그네슘은 혈관을 완화하여 혈압을 강하하는 역할을 한다. 이처럼 두 원소의 균형(칼슘2, 마그네슘1)이 좋아야 혈압이 정상으로 유지된다. 이것은 비타민 D와 같이 섭취하면 흡수가 좋아진다. 말린 새우 20g에는 칼슘이 1,420mg 정도 함유되어 있다. 칼슘은 견과류에도 많이 들어 있는데, 특히 아몬드에는 100g당 234mg이나 들어 있고, 뱅어포에는 100g당 1,000mg이나 들어 있다. 그 외 참깨, 치즈(염소나 양의 젖으로 만든 것을 권장), 무청, 두부, 해조류 등에 들어 있다. 물론 멸치에도 칼슘이 들어 있지만, 건조 과정에서 일기가 불순할 경우 과량의 소금을 사용하여 나트륨도 많으므로 주의할 필요가 있다.

≡ **마그네슘**

  '천연 진정제' 또는 '항스트레스 미네랄' 등으로 불리는 마그네슘은 탄수화물 대사는 물론 신경을 안정시키는 등의 역할을 하는데, 이 미네랄은 칼슘과 밀접한 관계를 가지고 있는 것이 특징이다. 다시 말해 칼슘이 많아도 마그네슘이 칼슘의 1/2 정도의 양이 있어야 칼슘의 흡수가 이루어진다는 것이다. 마그네슘은 인체에서 300종 이상의 효소 작용을 활성화하는 역할을 하며, 불면증을 예방하고, 우울증은 물론 불안감과 스트레스를 예방해 주고, 피로감도 예방하며, 골다공증도 예방하는 데 일조하며, 당뇨도 예방하는 데 일조하는 등 그 역할이 막강함을 알 수 있다. 마그네슘이 많이 함유된 식품으로는 과일, 채소, 통곡물, 두부, 옥수수, 대두, 아몬드, 바나나, 청국장, 시금치 등이 있다.

≡ **칼슘의 기능**

  칼슘은 인체의 구성 성분으로서 약 2% 정도를 차지하고 있는데, 99%에 해당하는 체내 칼슘의 대부분은 골격과 치아에 존재하고 극히 일부에 해당하는 1%가 세포와 세포 내외의 체액에 존재하면서 신체의 생리 조절 기능을 담당한다.

≡ 비타민 D 소고(小考)

이 비타민은 비타민이라기보다는 '지용성 스테로이드 호르몬'이라는 명칭으로도 잘 알려져 있다. 여기서 비타민 D에 관해 약간의 설명을 곁들이면 이 비타민이 칼슘과 밀접한 관계가 있기 때문이다. 다시 말해 2일에 한 번 정도 약 30분만 선크림을 바르지 않은 상태로 자외선을 받으면 피부의 피하 층의 체액인 에고스테롤(Ergosterol, 비타민 D^2)이 칼시트리올(Calcitriol, 비타민 D^3)로 전환되어 혈류에 흡수되는 것으로 알려진다. 그 결과 칼슘의 흡수가 촉진되어 혈중 칼슘 농도가 일정하게 유지된다. 우리는 현재 특정 바이러스로 인해 집에만 머물러 있어서 자외선을 받을 기회가 희박할 수밖에 없다. 설령 유리창으로 햇볕이 들어온다 해도 자외선은 유리창을 통과할 수 없기에 문제가 된다. 또 지하 등에서 일하거나 햇볕이 없는 곳에서 근무하는 경우 역시 비타민 D^3를 통해 칼슘의 흡수 촉진을 기대할 수도 없다. 실제로 위도가 높은 지역의 주민들은 일조량이 적어 비타민 D가 부족해 대장암, 유방암, 전립선암(대조군보다 30~50% 높은 것으로 알려짐) 등의 암에 걸릴 확률이 크다는 통계가 있다. 우리가 이 비타민을 햇빛 비타민, 항암 비타민, 면역 비타민이라고 부르는 이유도 이 때문이다. 따라서 우리는 활성 비타민인 비타민 D^3를 보충할 방안을 강구해야 한다. 비타민 D가 든 식품에는 버섯(표고버섯보다 목이버섯에 비타민 D^3가 더 많은 것으로 알려짐), 난황, 정어리, 청어, 참치 등이 있다.

결국, 비타민 D가 골다공증을 예방해 주는 것이다.

≡ 한국인은 대체로 칼슘 부족 상태에 있다

현대인은 대체로 영양 과잉 상태에 놓여 있는 상태이지만, 꼭 필요한 미네랄인 칼슘은 권장량에 비해 매우 부족하다. 2011년 현재 통계에 따르면 국민의 칼슘 섭취량은 권장량의 72% 수준에 그치고 있다고 한다. 어린이나 청소년은 남아가 510mg, 여아가 431mg으로 상당히 부족한 실정이다.

아이들의 칼슘 섭취는 우유 등의 유제품이 35% 수준인데, 한국인은 '유당 불내증' 체질이 많아 우유를 적게 마시고 있는 것으로 나타났다. '유당 불내증'이란 한국인의 장이 우유 속의 탄수화물인 유당을 제대로 소화해내지 못하는 현상으로 우유를 마실 경우 가스를 동반한 복통, 설사가 나타나는 현상을 말한다. 이와 같은 '유당 불내증'은 대체로 10회 정도 우유를 소량씩 자주 마셔 훈련하거나 요구르트나 치즈 등의 유제품으로 대체하면 쉽게 극복할 수 있다. 그러나 우유에 칼슘 함량이 많은 것은 확실하지만 이 칼슘의 흡수를 돕는 마그네슘이 일정량 들어 있지 않으면 우유의 칼슘도 무용지물이 되고 만다. 즉, 뼈의 밀도를 높여 주는 칼슘과 뼈의 강도를 높여 주는 마그네슘이 2:1의 비율이 돼야 하는데, 우유 중의 칼슘과 마그네슘의 함량 비율은 10:1 정도이다. 그러므로 마그네슘이 부족하여 칼슘이 전부 흡수되지 못한다. 또한, 전염병 예방을 위해 항생제를 먹인 젖소의 우유에서는 항생제가 검출된 사례가 있으므로 불안할 수밖에 없다. 그러므로 칼슘의 공급원을 말린 새우, 두부, 순무의 잎, 굴, 말린 멸치, 뱅어포, 미역, 다시마 등에서 찾는 것이 더 현명한 판단일지도 모른다. 말린 새우 20g에는 1,420mg의 칼슘이 들어 있다.

칼슘이 부족하면 골다공증, 구루병(골연화증), 뼈가 휘는 증상 등이 발생할 위험이 크며 관절염이나 우식증(충치)에도 걸리기 쉽다. 그러므로 시금치와 브로콜리와 같은 짙은 녹색 채소, 두부, 멸치 등을 자주 섭취하는 것이 좋다.

성인은 하루 700mg의 칼슘을 권장하고 있지만, 골다공증을 대비하기 위하여 하루 약 1,000~1,500mg을 권장하고 있다.

칼슘을 제품으로 섭취할 경우 흡수가 원활하지 못하고 흡수가 되더라도 칼슘 단일 성분만 섭취하게 되므로 이 방법을 지양하고 멸치볶음 두 접시(390mg), 두부 반 모(360mg) 정도를 먹으면 하루 섭취량을 채우는 데는 충분하다.

칼슘을 섭취할 목적으로 흔히 사골국을 먹는데 사골국에는 칼슘보다 칼슘의 흡수를 저해하는 인 성분이 더 많고 지방과 콜레스테롤이 많이 들어 있으니 주의해야겠다.

따라서 평소 칼슘을 섭취하는 방법에는 무청, 고춧잎, 케일과 같은 채소류, 동태, 참치, 꽁치, 대하 등과 같은 어패류, 두부, 순두부와 같은 콩 제품, 미역, 다시마 등과 같은 해조류 등이 있다.

평소 식사 때 주식을 줄이는 한편 부식을 여러 가지 섭취하면 칼슘을 원활하게 보충할 수 있을 것이다. 가령 추어탕 한 그릇에는 약 700mg의 칼슘이 들어 있고, 우거지국과 시래기 된장국에는 약 300mg이 들어 있으며 메밀국수, 콩국수 등에도 200~250mg의 칼슘이 들어 있으므로 종종 섭취하면 건강에 도움이 될 수 있다.

또한 칼슘의 흡수를 돕도록 비타민 D를 함께 섭취하면 좋다. 매일 햇볕을 20분 정도만 받아도 체내에서 비타민 D가 합성되며 고등어, 참치, 꽁치와 같은 등 푸른 생선, 달걀노른자 등에도 비타민 D가 풍부하게 함유돼 있다.

한편 알코올은 소장에서 칼슘을 흡수하는 것을 방해하고, 과량의 단백질 섭취는 소변 중 칼슘의 배출을 증가시키므로 권장량에 맞게 섭취할 필요가 있다. 다시 말해 단백질에 함유된 염소, 인, 유황과 같은 성분이 체내의 치아와 골격에 있는 칼슘과 중화 과정을 거치게 되어 배출되므로 칼슘이 소모되는 것이다. 그러니까 보양식으로 선호하는 단백질도 과유불급이 될 수 있으므로 유념할 필요가 있다.

과민대장증후군(Irritable Bowel Syndrome, IBS)

ⓐ 육류, 유제품, 알코올, 흡연, 흰 밀가루, 커피, 청량음료, 우유, 설탕, 액상과당, 정제 식품, 과자류, 단당류, 빵류, 튀김류(감자, 생선, 치킨 등), 가공식품, 제산제, 진통제, 아스피린, 고GI 식품, 과일 주스, 오트밀, 친염증성 지방(콩기름, 옥수수기름, 땅콩기름 등), 불용성 섬유질, 과량의 섬유질, 고섬유질 식품

ⓑ 올리브유(1일 2큰술), 생호두, 씨앗류, 메밀, 흑마늘, 생강차, 현미, 등 푸른 생선, 견과류, 채소, 과일, 쑥 된장국, 트립토판(Tryptophan) 함유 식품(그린바나나, 청국장, 시금치, 연어, 토종닭, 브라질너트, 호박씨, 달걀 등), 콜리플라워, 토란, 케일, 파래, 홍차, 우롱차, 그린망고, 방울다다기양배추, 매실 장아찌, 천연 발효 식초, 무

※ 무

무를 강판에 갈아서 식사 때 곁들이면 '천연 소화제'인 효소가 폭증하여 소화가 촉진됨을 잊지 마시라.

ⓒ 프로바이오틱스, 알티지 오메가-3, 차전자피가루, 장용제 박하오일, 시큐어(Seacure)

ⓓ 질환의 명칭이 그렇듯이 대장이 과도하게 민감한 상태로서 소화 및 흡수가 잘 되는 음식 섭취가 필수이므로 소화가 안 될 것 같은 음식은 배제하는 것이 중요하다. 사실 과민대장증후군이 없는 사람에게는 적절한 섬유질의 섭취가 대장에 유익하나 과민대장증후군이 있는 경우에는 섬유질 섭취가 장 트러블의 원인이 될 수 있으므로 배제하는 것이 상책이다. 섬유질을 일정량 이상 섭취하면 역효과가 날 수 있으므로 유의할 필요가 있다는 것이다.

ⓔ 장내 유해균의 축출과 유익균의 증가를 위해 수용성 섬유질 위주의 프리바이오틱스와 프로바이오틱스를 상식한다. 대장은 뇌와 연결된

자율신경의 지배를 받는데, 이것은 트립토판 함유 식품(그린바나나, 청국장, 콩, 시금치, 연어, 토종닭, 브라질너트, 호박씨, 달걀 등)에서 전환된 세로토닌이라는 행복 호르몬의 90% 정도가 장(腸)에서 만들어지기 때문이다. 세로토닌은 다시 멜라토닌의 전구체(前驅體, Precursor)가 되면서 숙면을 유도하기도 한다. 또 프리바이오틱스에 함유된 섬유질이 분해되면 짧은사슬지방산(뷰티르산, 프로피온산, 아세트산)이 부산물로 생성되는데, 이 중 뷰티르산은 대장의 건강을 활성화하며 대장의 염증을 차단하고, 프로피온산은 동맥을 보호하여 플라크의 형성을 차단하며 항염증 작용을 하고 콜레스테롤을 강하하며, 아세트산은 렙틴(Leptin, 식욕 억제 호르몬)의 분비를 촉진하여 식욕을 억제한다고 알려진다.

| 관절염

ⓐ 알코올, 커피, 모든 당분, 쌀밥, 흰 밀가루, 고지방 육류, 가공 식품, 육가공 식품(햄, 소시지, 베이컨 등), 튀김류, 우유, 마가린

ⓑ 그린파파야, 통곡류, 채소류, 저당도 과일(딸기, 아보카도, 그린바나나, 그린파파야, 그린망고 등), 양파, 파슬리, 마늘, 씨앗류, 베리류, 보리새우, 새우, 게, 바닷가재, 오징어, 셀러리, 시금치, 무청, 자색고구마, 견과류, 달걀, 아스파라거스, 등 푸른 생선, 통곡류, 고섬유질 식품(고구마 줄기, 무말랭이 등), 강황

ⓒ 알티지 오메가-3, 글루코사민, 프로폴리스, 콘드로이틴, 쿼세틴, 브로멜라인(Bromelain), 비타민 C·D·E, 칼슘, 마그네슘, 보스웰리아(Boswellia)

ⓓ 평소 프리바이오틱스(프로바이오틱스의 먹이)와 프로바이오틱스의 섭취를 생활화하여 대장 청소를 하면 의외로 관절염이 치료된다는 사실에 주목할 필요가 있다.

ⓔ 프리바이오틱스와 프로바이오틱스를 상식하여 장내 유해균을 배출하고 유익균을 증가시킴으로써 장벽을 튼튼하게 할 수 있어 염증을 해소할 수 있다.

┃ 근감소증

ⓐ 육가공 식품(햄, 소시지, 베이컨 등)

ⓑ 살코기, 생선, 콩, 청국장, 두부 등

ⓒ 콩가루로 만든 단백질 보충제인 '분리대두단백'과 보디빌더들이 자주 사용하는 '분리유청단백'이 있지만, '분리대두단백'은 GMO가 아닌 것을 선택해야 하고, 특히 '분리유청단백'이 문제가 되는 것으로 나타났다. 이것은 근육 성장을 위해 보디빌더들이 잘 이용하는 제품으로 설탕 또는 유사 감미료가 혼합돼 있고 인슐린 유사 성장인자(IGF-1)도 함유되어 있다. 근육을 성장시키는 보조제 이면에 있는 설탕이나 IGF-1 같은 물질이 암을 성장시킬 뿐 아니라 노화까지 촉진한다는 것을 간과해서는 안 된다.

ⓓ 성인은 매일 체중 1kg당 1.2g의 단백질을 섭취할 필요가 있다. 가령 체중이 60kg일 경우 매일 72g 정도의 단백질 섭취가 바람직할 것이다. 단백질은 살코기, 생선, 두부, 달걀 등이 좋을 것이다. 한편 단백질을 섭취하지 않고 운동하는 경우에는 근육이 오히려 더 위축하는 부작용이 생길 수 있다. 단백질 섭취가 필수이긴 하지만 혹시 과량 섭취할 경우, 특히 '분리유청단백'이나 '분리대두단백'의 경우 자칫 신사구체의 여과 기능이 악화될 수도 있다. 다시 말해 요단백의 정상 수치는 0.03g(30mg) 이하이지만 그 이상일 경우는 사구체 여과율을 의심해 볼 수 있으며 0.3g(300mg)의 수치가 나타날 경우는 신장에 장애가 있음이 확실하므로 보충제를 섭취할 시에는 여러 가지 사항을 고려해야 한다. 한편 혈청 크레아티닌 수치도 확인해 볼 필요가 있지만 요단백 수치가 더 중요한 것으로 확인된다. 즉,

혈청 크레아티닌 수치에 이상이 있다면 요단백 수치는 심각한 수준에 있다는 게 신장 전문가들의 주장이다.

ⓔ 인체에 산재해 있는 650개의 근육은 약 40%의 열을 생산하기 때문에 근육이 감소할 경우 당연히 체온도 떨어지기 마련이다. 특히 40대부터 매년 1%의 근육이 손실된다고 하니 심각하지 않을 수 없다. 실제로 80대의 허벅지 근육량은 20대보다 40% 정도 적다는 연구 결과가 있다. 근육이 감소하면 뼈와 관절에 부담이 갈 뿐 아니라, 포도당을 저장할 공간 역시 줄어든다. 이로 인해 혈중에 포도당이 넘쳐나 고혈당 상태가 되면서 인슐린 저항성이 나타나 당뇨의 위험이 생긴다. 그 외 각종 질환의 위험이 도사리므로 근감소증을 차단하기 위해 최선을 다해야 할 것이다. 한편 단백질 흡수율은 동물성보다 식물성 단백질, 특히 청국장 같은 단백질의 소화·흡수율이 90% 이상이기 때문에 평소 자주 이용하면 큰 도움이 될 것이다.

참고로, 익힌 콩의 흡수율은 60%에 불과하다.

≡ 근력 운동

운동은 이 책에서 다뤄야 할 항목은 아니지만 예외로 첨부하였으므로 참조하시기 바란다. 우리는 근감소증을 막기 위해 근력을 키워야 하는 특단의 대책이 필요하므로 레그 프레스 또는 레그 익스텐션, 스텝프, 스쿼트, 런지, 팔굽혀펴기, 덤벨·아령·바벨, 케틀벨 등으로 근육을 키워야 한다. 우리는 'Use it, or lose it.'이라는 말을 이미 잘 알고 있다. 하지만 그 의미가 시사하는 깊은 뜻을 간과하지 않는지 다시 한번 확인해야 한다. 특히 노년기에 접어들수록 엉덩이와 허벅지 근육이 현저하게 감소한 것을 느꼈다면 향후 낙상이나 골절의 위험이 있으므로 반드시 대처해야 한다. '신체 활동 부족이 음주보다 더 위험하다.'라는 말이 있다. 실제로 근육은

65세에서 30% 정도 그리고 80세에는 40% 이상 감소한다고 한다. 이것이 바로 치명적인 노쇠 즉, 근감소증이다. 우리는 사전에 이 증세를 철저히 막아야 한다. 아울러 60kg의 체중을 가진 경우 약 60g 이상의 단백질을 청국장, 두부, 생선 등으로 보충하는 것도 필수적일 수 있다.

| 기미

ⓐ 자외선
ⓑ 콩비지, 프리바이오틱스(해조류, 통곡류, 저항성 녹말 등), 감잎차, 당근, 호박, 고구마, 미나리, 아스파라거스, 양파, 마늘, 율무
ⓒ 스피룰리나
ⓓ 장내 노폐물이 피부의 기미를 유발할 수 있으므로 섬유질을 매일 약 30g 정도 충분히 섭취하는 것이 중요하다. 또 피부에 좋은 베타카로틴 함유 식품도 매일 적절히 섭취한다.
ⓔ 피부의 기미 원인은 피부에 멜라닌 색소가 과다하게 침착된 결과이므로 자외선 차단이 우선이다. 피부를 강화하는 채소, 특히 제7대 영양소인 식물 영양소의 섭취해야 한다.

| 녹내장

ⓐ 설탕, 액상과당, 저섬유질 식품, 고GI 식품
ⓑ 토마토, 딸기, 적 파프리카, 베리류, 시금치, 브로콜리, 당도 낮은 과일(아보카도, 그린바나나, 그린망고, 그린파파야, 딸기, 자몽 등), 채소, 등 푸른 생선, 옥수수, 오크라, 비트그린, 크랜베리, 파슬리
ⓒ 알티지 오메가-3, Cr^3[3가 크롬], 마그네슘, 깅코, 루테인(마리골드꽃 추출물),

제아잔틴, 비타민 C. 아스타잔틴(헤마토코쿠스 추출물)

ⓓ 평소 고GI 식품을 철저히 배제해야 한다. 또 등 푸른 생선을 상식하는 것도 좋다. 등 푸른 생선에 함유된 오메가-3가 안압을 낮춰 주기 때문이다.

ⓔ Cr³은 인슐린 수용체의 민감성을 높여 주므로 당뇨는 물론 눈 건강에도 도움을 준다.

| 담석증

ⓐ 설탕, 액상과당, 가공 식품, 튀김류, 면류, 알코올, 고지방 육류

ⓑ 메밀, 녹황색 잎채소, 프리바이오틱스[해조류, 통곡류, 저항성 녹말(자색고구마, 토란, 참마, 야콘, 우엉, 돼지감자 등)], 당도 낮은 과일(딸기, 아보카도, 그린바나나, 그린파파야, 그린망고, 자몽 등)

ⓒ 프로바이오틱스

ⓓ 프리바이오틱스를 상식한다.

ⓔ 주로 콜레스테롤 담석이 주요 증상으로 알려져 있으므로 건전한 식생활과 더불어 콜레스테롤의 수치를 높이는 식생활을 자제하고 프리바이오틱스와 프로바이오틱스를 상식하면 숙변이 말끔히 배출된다. 유해균의 비중을 최소화하면서 유익균의 비중을 최대화하여 장내 환경을 최적화하면 숙변이 생길 리가 없다, 숙변 처리가 담석증 해결의 열쇠인 셈이다.

| 당뇨병

ⓐ 탄산음료, 초콜릿, 초코케이크, 아이스크림, 과자류, 빵류, 떡류, 흰쌀밥, 설탕, 액상과당, 벌꿀, 물엿, 조청, 쿠키, 과일 주스, 단풍당시럽, 자당,

전화당, 사탕수수시럽, 당밀, 마이야르 반응(Maillard Reaction)으로 변성된 최종당화산물(암갈색의 빵 껍질, 누룽지, 튀김, 노릇노릇하거나 탄 부분이 많은 부침개 등), 고열량 식품, 가공 식품, 고지방 식품, 사카린, 슈크랄로스, 아스파탐, 대추, 파인애플, 수박, 석류, 포화지방, 트랜스지방, 오메가-6, 흰 빵, 흰 쌀밥, 파스타, 과일 주스, 말린 과일, 통조림 과일

ⓑ 두릅, 생 여주(성수기), 가공여주(비수기), 우엉, 돼지감자, 야콘, 아티초크. 꾸지뽕, 굴, 호박씨, 아연(Zn), 한천, 곤약, 프리바이오틱스, 계피, 양파, 흑마늘, 참마, 솔잎가루, 버섯, 보리(압력솥 조리), 귀리(압력솥 조리), 쑥 된장국, 쑥버무리, 쑥이 40% 이상 함유된 쑥떡(참고사항: '씨뜨므ㄹ' 제품), 케일, 미역, 아로니아, 콩비지, 코코아분말, 모링가, 수수, 오크라, 식물 영양소, 오미자차, 오가피차, 구기자차, 쇠비름, 저당도 과일(자몽, 딸기, 그린바나나, 그린망고, 그린파파야, 오렌지, 키위, 배, 사과 등), 녹색 채소, 콩류, 셀러리 잎

ⓒ 프로바이오딕스, 김네마 실베스터(Gymnema Sylvestre), 호로파, 알티시 오메가-3, 차전자피가루, 맥주효모[GTF-Cr, Cr^3(3가 크롬)], 깅코, 코큐텐, 알파리포산

ⓓ 소식과 간헐적 단식, 고섬유질 함유 식품 섭취(섬유질을 최소 30g, 최대 60g 섭취), 저GI 식품의 상식, 1일 2식의 석식 생략, 식사 중간 또는 식사 직후에 물을 마시면 혈당이 상승하여 섭취한 음식물이 중성지방으로 축적될 확률이 높으므로 삼가는 것이 좋다. 또 평소 지방이 함유된 식품을 자주 섭취하면 인슐린 민감성을 방해함으로써 인슐린 저항성을 유발하므로 지방 섭취를 자제하는 것을 추천한다.

ⓔ 평소 섬유질을 많이 섭취함으로써 소장에서 당분을 비롯한 영양분의 흡수가 지연되도록 하면 혈당의 급상승을 막을 수 있다. 또 프리바이오틱스를 상식한다. 또 항상 여주를 섭취한다. 여주가 쓰다면 야콘 가루를 약간 첨가해서 섭취하면 도움이 될 것이다. 또 김네마 실베스터는

그 효능을 확인할 수 있는 연구 결과가 있다.

사실 당뇨는 모든 병의 근원이기 때문에 절대 걸려서는 안 되는 질병이다. 따라서 평소 혈관 생성이 잘되도록 ⓐ를 철저히 배제하고 혈관 신생을 촉진하는 ⓑ를 권장한다. 이때의 혈관 신생은 암에 관한 혈관 신생이 아님을 밝힌다.

한편 당뇨의 다른 중요한 발병 요인으로는 아연과 3가크롬(Cr^3)의 부족인 것으로 나타났다. 실제로 인슐린을 구성하는 성분이기도 한 아연은 인슐린의 분비를 증가시키는 미네랄이기도 하다. 따라서 아연이 부족할 경우 혈당의 상승 요인이 된다. 아연은 이 외에도 상처 회복, 시력 보호, 면역력 향상, 혈액 응고, 항산화 작용에 효과가 있다고 인정받았다. 아연이 함유된 식품으로는 호박씨, 장어, 렌틸콩, 굴, 구기자, 잣, 해바라기씨 등이 있다.

또 3가 크롬은 내당 인자(GTF, Glucose Tolerance Factor)로 합성되는데, 이 과정은 장내 세균이나 간에 의해서 이루어진다. 결국, 인슐린의 활성을 증가시켜 혈중의 포도당을 인슐린과 협력하여 세포의 인슐린 수용체를 통과하여 세포 속으로 들어가는 것이다. 3가 크롬이 함유된 식품으로는 찹쌀, 모시조개, 달걀 등이 있다.

≡ 당뇨의 발생 요인

평소 고지방 육류를 상습적으로 섭취할 경우 혈중에 지방이 많아져 혈관을 오염시킨다. 이때 설탕을 포함한 모든 당분을 섭취할 경우 이러한 당분은 혈액 속에 갇힌다. 그리고 쉽게 혈관에서 이탈하지 못하는 현상이 나타나는데, 이것이 바로 고혈당 상태이다. 실제로 췌장 주변에 고지방 육류의 섭취로 인해 지방이 응고해 축적되면 인슐린은 쉬이 분비되지 못하여 인슐린 수용체가 혈중 당분을 세포 속으로 밀어 넣을 수 없다.

그러니 결국 혈중에는 포도당 등 당분이 넘치게 되고 세포는 포도당을 받을 수 없어 기아 상태가 되면서 체력도 상실되는 단계로 돌입한다. 그러니까 고지방 육류에서 연유된 진득한 기름이 당분을 체포하여 당분이 혈관을 벗어나지 못하게 하는 원리다. 다시 말해 혈당 대사에 장애가 발생한 것이다. 보양하겠다고 마블링이 가득 찬 육류가 진정한 보양이 될 수 없다는 것임은 두말할 필요가 없는 것이다. 필자는 이 책의 도입부에 향락식에 대해 상술한 바 있다. 단맛과 섬유질이 없어 입에서 살살 녹는 그 오일이 듬뿍 함유된 향락식은 사실 당뇨뿐 아니라 실제로 만병의 근원임을 재차 강조하고 싶다. 살살 녹아 세상 시름 모두 잊을 수도 있지만, 그 결과는 '나 몰라라' 하면서 내팽개쳐버린다. 낭떠러지 앞에 와서 대증요법에 기대본들 이미 떠나버린 막차가 아니겠는가!

정말 입에서 오일이 자르르 흐르면서 살살 녹는 달달한 음식은 면역 물질의 통로인 혈관을 차단하므로 영양분의 흡수는 불가능하다. 결국 '엠프티 칼로리'만 먹게 되므로 인체는 영양 불균형에 달하여 더 많은 살살 녹는 음식을 찾고, 혈관에는 산소도 영양소도 없이 오일과 포도당이 넘치고 만다. 그 결과는 자명하지 않은가.

따라서 상기한 내용을 종합해 볼 때, 결국 지방 함유량이 낮은 식단이 인슐린 민감성을 향상시킨다는 결론을 얻을 수 있다.

또 전문가들에 의하면 포화지방이 인슐린 저항성을 일으켜 고혈당을 유발하므로 육류를 계속 섭취할 경우 인체에 심각한 장애가 나타난다고 경고한다. 육류 역시 당분과 마찬가지로 인슐린 수용체를 억제하여 혈당을 올리기 때문이 아닌가. 우리는 평소 육류 섭취에 대해서 비교적 관대한 입장을 보이고 있지만, 절대 간과하지 말아야 할 중대한 문제임을 다시 한번 짚고 가야 할 것 같다.

현재 대한당뇨병학회에서 발표한 2020년 보고서에 의하면 국내 당뇨 환자는 500만 명이고, '준 당뇨(당뇨 예비군)' 인구도 500만 명이라고 한다. 혈당 관리 대상자가 1,000만 명 시대가 된 것이다. 해마다 증가하는 환자 및 준 환자를 생각할 때 정말 올 것이 왔다는 생각이 든다.

혹시 이 책을 읽는 독자가 있다면 살기 바빠서 그리고 게을러서 기대고 마는 대증 요법을 부디 버리시고 예방, 즉 '원인 요법'에 꼭 동참하시기를 학수고대하는 바이다.

한편 이것저것 많이 먹어서 포도당 함량이 급격히 상승하여 고혈당 상태가 지속되는 경우 또한 당뇨의 원인이 되므로 과식 혹은 폭식에 주의하자. 이 경우 주로 탄수화물이 영향을 주는데, 소식의 중요성과 더불어 탄수화물 위주의 식단보다는 균형이 맞은 식단의 소식이 바람직하다. 이때의 '구원 투수'는 제6대 영양소인 섬유질이 될 것이다. 최소 하루에 30g을 목표로 최대 60g의 섬유질만 섭취하면 인생이라는 장거리 여행을 무난히 통과할 수 있을 것이다.

| 대사증후군

ⓐ 청량음료, 설탕, 꿀, 우지, 돈지, 버터, 치즈, 생크림, 커피크림, 라면, 생선의 알, 내장, 곰국, 소시지

ⓑ 채소, 통곡물, 해조류, 저항성 녹말, 콩비지, 저당도 과일(딸기, 그린바나나, 그린망고, 그린파파야, 오렌지, 키위, 자몽 등)

ⓒ Cr^3[3가 크롬]

ⓓ 건강한 음식의 섭취가 중요하다. 따라서 섬유질이 다량 함유된 식품을 비롯해 저항성 녹말(야콘, 참마, 우엉, 토란, 자색고구마, 자색감자, 히카마, 양파 등)의

섭취가 중요하다. 아울러 평소 해조류를 적정량 섭취하는 것이 좋다.

ⓔ 대사증후군의 발생 요인은 청량음료, 설탕, 꿀, 설탕이 함유된 과자나 케이크 등의 섭취로 혈당이 급격히 증가한 상태와 우지, 돈지, 버터, 치즈, 생크림, 야자유, 팜유(커피크림, 라면, 과자 등)를 비롯한 포화지방산의 섭취와, 육류의 내장(곱창, 간), 생선의 알, 장어, 미꾸라지, 곰국, 소시지 등으로 콜레스테롤이 많이 함유된 식품의 과다 섭취 등이다, 따라서 이를 제거하는 방법은 간단하다. 상기한 식품류를 배제하기만 하면 된다. 다만 채소, 과일, 통곡물, 해조류, 프럭토올리고당과 같은 저항성 녹말을 상식하면 대사증후군은 물론이거니와 신체 전반의 모든 문제가 해결될 것이다.

참고로, 포화지방은 동맥혈관을 막는 주범이란 사실을 상기할 필요가 있다. 혈관 오염은 중풍, 고혈압, 당뇨, 비만, 암, 이상지질혈증, 심장병 등 모든 만성 질환의 초석이 된다는 점도 유념해야 할 것이다. 당연한 이야기지만, 혈관이 오염되면 영양분과 산소가 차단될 수밖에 없다. 우리는 평소 식생활에서 대체로 영양분과 산소가 차단되는 방법을 선호(?)하기 일쑤다. 왜냐면 혈관 오염의 주범이 되는 식품류가 혀에 딱 달라붙는, 그야말로 엔도르핀이 쏟아지는 식품이기 때문이다.

▎동맥경화

ⓐ 육가공 식품(햄, 소시지, 베이컨 등), 튀김류(감자, 생선, 치킨 등), 육식, 백미, 버터, 마가린, 단 음식, 가공 식품, 흰 밀가루, 감자 칩, 트랜스지방, 빵류, 사탕류, 초콜릿, 청량음료, 치킨, 스낵, 비스킷, 라면, 커피, 케이크, 땅콩기름

ⓑ 흑마늘, 해조류, 표고버섯, 등 푸른 생선, 과일, 견과류, 씨앗류, 녹황색 채소, 콩류, 프리바이오틱스. 해바라기씨, 양파, 아마인유. 레몬, 바질,

차조기, 콩비지, 오크라, 들깻가루, 콩비지, 천연 발효 식초

ⓒ 스피룰리나, 마그네슘, 프로바이오틱스, 깅코, 비타민 A, C, 코큐텐,
프로폴리스

ⓓ 석식의 최소화, 소식(열량 제한), 1일 2식(간헐적 단식)

ⓔ 프리바이오틱스와 프로바이오틱스를 상식하면 혈액이 맑아져 혈관이
청소되기 때문에 동맥경화를 막을 수 있다.

┃ 만성위염

ⓐ 아스피린, 겨자, 향신료(매운 고추, 생강, 강황, 생마늘 등), 알코올, 청량음료,
커피, 땅콩, 튀김, 부침개, 고섬유질 식품, 고추

ⓑ 청국장, 두유, 콩비지, 당근 주스, 양배추, 케일, 브로콜리, 자색감자
생즙, 해바라기씨, 호박씨, 호박죽, 늙은 호박, 참마, 오크라, 토란, 몰로키야,
결명자차, 둥굴레차

ⓒ 알티지 오메가-3, 프로폴리스, 키토산

ⓓ 무가당 두유를 첨가한 양배추 스무디가 좋으며, 항염증 작용을 하는
오메가-3 계열(등 푸른 생선, 해조류, 견과류, 들깻가루, 아마인가루 등)도 좋은 역할을 할
수 있다.

ⓔ 만성위염은 자극성 음식을 계속 섭취하거나 알코올을 장기간
섭취하면서 염증이 지속된 상태가 되었기 때문에 우선 그런 요인들을
차단하는 것이 중요하다. 아울러 위 점막이 위산에 자극을 받지 않도록
각별히 유념해야 할 것이다.

만성피로증후군

ⓐ 설탕, 커피, 알코올, 정제 식품, 고지방 육류, 청량음료, 빵, 비스킷

ⓑ 매실, 귤, 진피, 레몬, 라임, 사워크라우트(독일식 김치), 무 초절임, 천연식초, 가시오가피, 청국장, 두부, 생아몬드, 샐러드, 시금치, 그린바나나, 콩류, 오렌지, 부추, 천연 발효 식초,

ⓒ 칼슘, 마그네슘, 비타민 B⁵(Phantotenic Acid), 프로폴리스, 비타민 C, 코큐텐

ⓓ 소식(열량 제한)

ⓔ 만성피로증후군의 원인은 운동 부족, 과음, 약물 부작용, 스트레스, 우울증, 불안감, 빈혈, 신장 질환, 감염 질환, 발열성 질환, 내분비계 질환, 수면 부족, 과로, 비만, 불량한 식습관과 생활습관 등이므로 우선 이러한 원인이 있는지를 점검할 필요가 있다. 상기한 내용 중 특히 불량한 식습관과 생활습관 등이 중요한 요인일 수 있으므로 철저히 시정할 필요가 있다.

특히 평소 식습관 중 삶고, 찌고, 볶고, 튀기고, 굽는 등의 조리식으로 음식을 섭취할 경우 이러한 음식에는 효소가 전무하므로 체내에 한정된 효소로 소화 작용에 이용할 수밖에 없기에 소화하는 데 엄청난 에너지가 소모되므로 쉽게 피로해질 수 있다. 결국, 이러한 식습관이 지속될 경우 몸은 항상 지쳐 피로해진다. 실제로 효소가 없는 식습관은 중노동이나 다름없다고 봐야 한다. 하물며 그러한 음식을 과식이라도 한다면 그야말로 '과식 중노동'이 되기 때문에 인체는 다른 일을 할 틈도 찾지 못한 채 지치기 마련이다, 따라서 첫째로 식생활을 개선하는 것이 급선무라 하겠다. 다시 말해 조리식을 지양하고 효소가 듬뿍 들어간 생채소와 저당도 생과일을 우선 식단에 올려야 한다. 그리고 조리식은 최소한으로

섭취해야 한다. 조리식도 불가피한 경우에만 약 30% 정도로 섭취하고, 나머지는 상기한 생채소와 생과일을 선택하면 소화에 소모되는 에너지가 최소화되면서 많은 힘이 낭비되지 않을 것이다. 이쯤 되면 피로도 사라지고 소기의 업무도 원만하게 처리할 수 있을 것이라 확신한다.

참고로, 이 책 2부 2장 4. '100조 개의 세포는 살아 있는 생명체를 원한다' 와 '생식의 중요성에 대한 소고' 그리고 '효소의 중요성에 대한 소고'를 참조하시면 도움이 될 것이다.

| 방광염

ⓐ 설탕, 액상과당 등의 단순 당, 과일 주스, 고GI 식품, 청량음료, 탄산음료, 코코아, 홍차, 커피

ⓑ 수박, 산수유, 우엉, 오이, 팥, 사과, 옥수수수염, 차전자피가루, 크랜베리, 늙은 호박

ⓒ 구연산, 비타민 A·C

ⓓ 매일 2L 이상의 물을 8~10번으로 나눠 마시기를 반복한다.

ⓔ 방광염은 여성이 90% 이상이라고 하며, 특히 요로의 대장균 감염이 우려되므로 항상 주의할 필요가 있다. 그리고 자극성 음식의 상용도 자제한다.

| 백내장

ⓐ 흡연, 튀김류(감자, 생선, 치킨 등), 갈변한 빵 껍질, 부침개, 튀김 등의 최종당화산물(AGEs), 동물성 식품

ⓑ 브라질너트, 녹황색 잎채소, 자색고구마, 당근, 브로콜리, 시금치, 당도 낮은 과일(딸기, 아보카도, 그린바나나, 그린파파야, 그린망고, 자몽 등), 결명자차, 해조류,

옥수수, 오크라, 비트그린, 파슬리, 천연 발효 식초, 아보카도

≡ 물죽염

백내장이 있다면 물죽염을 1일 3~5회 또는 그 이상으로 점안하면 치유할 수 있다. 이 방법은 자연의학(대체의학) 중 하나의 방법이다. 가령 우리가 인체에 어떤 문제가 발생했을 때 의사, 한의사 그리고 대체의학을 찾을 수 있다. 그런데 상기한 세 가지 방법 중 어떤 방법으로도 치유가 된다고 가정해볼 때 대체의학에 기대는 것이 좋을 수 있다. 백내장 치유도 이와 같다. 물죽염의 효능을 잘 이해하시고 이에 기대 보자. 좋은 결과가 있을 거라고 확신한다.

물죽염은 직접 제조할 수도 있지만, 위생적인 문제가 있기 때문에 대체의학 전문업체인 '○○죽염'에서 구입하는 것이 바람직하다.

물죽염은 코, 치아, 눈을 세척해도 도움이 된다.

ⓒ 멜라토닌, 아연, 아스타잔틴(헤마토코쿠스 추출물), 깅코, 루테인(마리골드꽃 추출물), 제아잔틴(루테인의 이성체), 셀레늄, 비타민 $C \cdot E \cdot B^2$

ⓓ 베타카로틴이 다량 함유된 녹황색 잎채소를 상식한다.

ⓔ 활성산소로부터 수정체를 보호하기 위해 트립토판 함유 식품(두유, 두부, 콩, 청국장, 견과류, 그린바나나 등)을 상식하면 이러한 식품류가 행복 호르몬인 세로토닌이 되고 세로토닌은 멜라토닌의 전구체가 되면서 체내의 활성산소를 청소해 준다. 활성산소를 청소해 주는 이 멜라토닌이 바로 백내장을 예방할 수 있는 것으로 알려진다.

| 변비

ⓐ 섬유질이 없는 식품류, 육류, 가공 식품, 항생제. 튀김류, 아이스크림,

혈압약, 냉동 식품, 흰 쌀밥, 면류, 고GI 식품

ⓑ 결명자차, 동규자차, 알로에, 버섯, 과일, 녹황색 채소, 올리브유, 생호두, 자색감자 생즙, 통보리 밥(압력솥 조리), 수수, 팥, 프리바이오틱스, 쑥떡, 쑥 된장국, 쑥버무리, 귀리(압력솥 조리), 아욱 된장국, 옥수수, 우엉조림, 케일, 콜리플라워, 토란 된장국, 파래, 콩비지, 그린망고, 무화과, 코코아, 그린바나나, 죽순, 살구, 자두, 아마인가루, 오크라, 몰로키야, 들깻가루, 청경채, 헛개나무씨[지구자(枳具子)], 곤약, 한천, 무청, 천연 발효 식초, 아티초크, 무

※ 무

무를 강판에 갈아서 식사 때 곁들여 섭취하면 '천연 소화제'인 효소가 폭증하여 소화가 촉진됨을 잊지 마시라.

ⓒ 프로바이오틱스, 차전자피가루, 마그네슘, 키토산

ⓓ 매일 2L의 수분 섭취, 고섬유질 식품(고구마 줄기, 무말랭이, 다시마 등) 섭취, 따뜻한 결명자차 항상 마시기

ⓔ 고섬유질 식품 섭취로 매일 대장 청소를 해주어야 한다. 아울러 유해균을 줄이고 유익균을 늘리는 프리바이오틱스(우엉, 히카마, 참마, 대파, 양파, 마늘, 야콘, 돼지감자, 차전자피가루 등)를 상식하면 문제가 원만히 해결된다. 특히 변비는 만병의 근원임을 꼭 숙지하여야 할 것이다. 평소 우리가 프리바이오틱스를 상식하면 프리바이오틱스에 함유된 섬유질이 분해되어 짧은사슬지방산(뷰티르산, 프로피온산, 아세트산)이 부산물로 생성되는데, 이는 장내 유익균이 정착할 수 있게 한다.

가령 프리바이오틱스 중 차전자피가루(Psyllium Husk)를 물에 타서 마시면 유익균의 먹이가 되어 장운동이 촉진되지만, 유해균의 먹이가 될 수 없기 때문에 유해균 퇴치에 아주 좋은 방법이 될 수 있다.

❙ 부정맥

ⓐ 커피, 칼륨, 알코올, 콜레스테롤 함유 식품, 튀김류, 정제 식품, 소금

ⓑ 방목 소고기, 토종닭, 시금치, 고등어, 청어, 채소, 저당도 과일, 들깻가루, 들기름, 참기름

ⓒ 코큐텐, 칼슘, 마그네슘

ⓓ 통곡류와 해조류를 상식한다. 그리고 프리바이오틱스(마늘, 양파, 대파, 야콘, 돼지감자, 치커리, 참마, 우엉 등)를 상식한다.

ⓔ 부정맥은 산소, 원활한 혈액 공급, 항산화제 등이 부족하여 심장근육이 피로한 상태가 된 것으로 부정맥이 오기 전에 영양 공급을 미리 해주어야 할 것이다. 우리의 심장은 자동차로 치면 엔진과도 같다. 따라서 서구화 식단을 폐기하고 항상 건강한 식단, 즉 채소와 과일 그리고 통곡물 위주의 식단으로 건강한 체력을 유지해야 한다. 그렇게 하려면 평소 칼슘과 마그네슘의 비율을 2:1로 하여 섭취하는 것은 물론 코큐텐도 상식하여야 할 것이다. 코큐텐 성분은 심장이나 면역 기관에 존재하기는 하지만, 대체로 30세가 넘어가면 그 양이 급격히 감소하는 것으로 알려져 있을 뿐 아니라 이상지질혈증이 있어도 감소한다. 따라서 심장의 근육이 약화되기 전에 코큐텐을 공급할 필요가 있다. 심장 근육이 감소하면 혈액 공급이 감소하게 되므로 이 또한 유념해야 할 것이다.

참고로, 기외수축(심방조기박동)과 같은 일부 부정맥은 매우 경미한 상태이므로 염려할 필요가 없는 것으로 알려져 있긴 하지만, 그래도 안심이 안 된다면 산사나무[호손Hhawthorn)]가 경미한 부정맥에 그 효과가 인정되기에 참고하면 도움이 되겠다.

▌불면증

ⓐ 석식(夕食)으로 육류 섭취, 저녁 음주, 저녁의 카페인 함유 음료 섭취, 청량음료, 초콜릿, 디카페인 커피(하지만 카페인을 제거하는 약품이 함유된 점을 참고하시라)

ⓑ 대추, 호두, 셀러리, 달래, 그린바나나, 토란, 차조기, 산조인, 트립토판(Tryptophan) 함유 식품, 상추, 연근, 연자육, 연잎, 늙은 호박, 양파, 용안육, 몰로키야, 유근피, 염교, 천연 발효 식초

ⓒ 마그네슘, 비타민 B^6, 길초근(吉草根, Valerian Root), 5-히드록시트립토판(5-HTP), GABA, 멜라토닌(시차 적응용), 데아닌(Theanine), 감태추출물, 레몬밤

ⓓ 석식을 최소화해야 숙면을 취할 수 있다. 또한, 석식 생략의 1일 2식이 확실한 효능이 있다. 석식을 최소화하거나 생략하면 뇌에 플라크가 쌓이지 않음으로써 뇌에 염증이 발생하지 않아 숙면을 취할 수 있다. 취침 1시간 전에 따뜻한 레몬밤차, 라벤더차, 캐모마일차 등이 숙면을 도울 수 있다. 또 마그네슘이 풍부한 그린바나나(노란바나나는 만류함)를 저녁 식후에 섭취하면 바나나에 함유된 마그네슘이 '천연 진정제' 역할을 하여 편안한 수면을 유도해 준다. 이때 반드시 익은 노란바나나를 선택하지 말아야 한다. 익은 바나나가 맛이 좋긴 하나 이면에는 당도가 너무 높다는 단점이 숨어 있다는 점을 기억하자.

ⓔ 길초근, 대추, 천연 식초, 허브차, 5-HTP, 아로마 향 등이 숙면을 유도한다.

▌비만

ⓐ 고지방 육류, 단당류(설탕, 액상과당, 벌꿀 등), 가공 식품, 육가공 식품, 튀김류,

청량음료, 항생제, 우유, 유제품(요그르트, 치즈, 버터, 크림, 아이스크림)

ⓑ 고섬유질 식품(고구마 줄기, 무말랭이, 다시마 등), 결명자차, 동규자차, 프리바이오틱스(마늘, 양파, 대파, 야콘, 돼지감자, 치커리, 얌빈, 참마, 우엉 등), 레몬밤, 무, 콩비지, 천연 발효 식초

※ 무

무를 강판에 갈아서 식사 때 곁들여 섭취하면 '천연 소화제'인 효소가 폭증하여 소화가 촉진됨을 잊지 마시라.

ⓒ 프로바이오틱스, 보이차추출물, 가르니시아캄보지아(Garciniacambogia), 글루코만난(Glucomannan)

ⓓ 소식(열량 제한)

ⓔ 우리는 평소 허울 좋은 명목으로 살이 쪘다는 말을 하지만 그게 살이 아니고 체외로 빼내지 못한 독성 물질이라는 사실은 알아차리지 못한다. 가령 우리가 육류 등 단백질을 섭취한 후 체중이 늘었다고 착각하지만 그것이 근육이 아니라는 데 초점을 맞추어야 한다. 위장의 80~100%를 채우는 삼시 세끼 식사를 하는 경우 음식물이 제대로 소화되지 못하고 정체하는데, 위장의 음식물이 소화되어 소장으로 내려가기도 전에 또 식사를 하면 결국 앞서 먹은 음식물과 나중에 먹은 음식물이 합쳐져 위장에 남는 것이다. 비록 위장이 쉼 없이 소화 작용을 한다고 해도 배가 쉽게 꺼지지 않고 불룩한 상태로 남는다. 그러니까 독성 물질이 위장에 남아 있는 것이다. 게다가 일부 소화된 음식물은 소장과 대장을 거치는 동안에 특히 섬유질이 부족한 음식일 경우 장시간 체류하면서 또 독성 물질이 쌓인다. 이런 사람의 경우 거의 간헐적 단식은 물론 정기적인 단식은 남의 일로 여기기 마련이다. 그러니 체내에 남은 독성 물질은 허울 좋은 '살이 쪘다'라는 명목으로 둔갑하는 꼴이 되는 것이다. 우리는 그것이 살이 아니고 독성 물질이라는 데 촉각을 곤두세워야 한다. 왜냐면 그 독성

물질은 신진대사가 안 된 결과로 체내에서 발효와 부패 그리고 산패되면서 온갖 독소를 또 뿜어내는 것이기 때문이다. 몸의 내부를 정기적으로 씻어내지 않았기 때문에 질병의 온상이 되는 치명적인 결함이 나타나기 시작한다. 그것은 결국 암을 위시한 각종 질병의 초석이 될 것이기 때문에 소식 또는 단식을 통해서 빨리 빼내야 한다. 상기한 사실을 분석해 보면 섭취는 제대로(?) 해놓고 마무리 단계인 배출 단계를 놓치고 말아 체내에 독성 물질을 담고 있는 꼴이다. 그러니까 발효·부패·산패된 음식은 인체가 그것을 이용할 수 없는 치명적인 결함을 가진 물질이기 때문에 결국 독성 물질이 되어 체내의 어느 곳, 예컨대 위장, 대장 등에 저장될 수밖에 없어 그것이 독성 물질 증가로 나타난다. 배출(제독)의 중요성이 실로 얼마나 중요한지 실감할 수 있다. 실제로 비만자들은 배출 주기를 놓쳤을 뿐 아니라 또 삼시 세끼 식사가 계속되기 때문에 계속 독물이 쌓인다. 그러니까 무슨 일이 있어도 체내에 남은 이 독성 물질을 제거하지 않으면 안 된다. 비만은 만병의 근원이란 말이 증명이라도 하듯이 점점 증가하는 비만으로 인해 각종 질환이 증가 일로에 있기 때문이다. 현재와 같은 시기는 특히 코로나 여파로 인해 '비만 팬데믹'이란 말이 유행하고 있다. BMI 지수는 고사하고서도 아동 비만은 평생 따라간다는 말이 있다. 성인 비만은 말할 것도 없고 아동들의 비만이 특히 큰 문제로 대두되고 있다. 우리 부모들이 앞장서야 한다. 식생활부터 개선해야 할 것은 물론 신체 활동이 부족하지 않도록 철저한 운동 관리도 해주어야 할 것이다. 이 책 2부 4장 중 '제독' 항목을 참조하시면 도움이 될 수도 있다.

한편 내장비만(복부지방, 뱃살)이 비만의 최대 위험 요인이 되고 있기 때문에 어쨌든 이 복부지방을 제거하는 데 총력을 기울여야 한다. 따라서 고지방 육류, 흰쌀밥, 떡류, 빵류, 단당류 등을 만류하는 동시에 고섬유질 식품(고구마 줄기, 무말랭이 등), 프리바이오틱스, 프로바이오틱스, 채소류를 상식하면 복부지방을 제거할 수 있다. 왜냐면 상기한 식품류가 열악한 장내 생태계를 반전시키는 데 지대한 영향을 미치는 그야말로 '구원투수'나 다름없기 때문이다.

실제로 장내 환경이 열악하게 되어 장내 유익균과 유해균의 균형이 무너져, 다시 말해 유해균의 비중이 폭증하면 '세균 불균형(Dysbiosis)' 상태가 나타난다. 이런 상태의 원인은 나쁜 식습관의 영향이 압도적이고 그 외 항생제의 상용 등 건강한 식생활이 아니기 때문에 발생하게 되는 것이다. 그로 인해 장내 환경은 염증과 독성 물질로 가득 차고, 비만을 비롯해 대사증후군 등의 발생 요인이 된다.

또 비만은 고혈압, 이상지질혈증, 당뇨, 심혈관 질환 등의 발병 위험을 높이므로 비만의 원인 중 하나인 설탕을 과감하게 식탁에서 내려놓아야 한다. 그러니까 설탕은 결국 비만, 암, 고혈압, 당뇨 등으로 가는 첩경이 되는 것이다.

참고로, 현대 사회의 젊은 층은 청량음료, 커피, 과일 주스를 물처럼 마시는 경향이 강하다. 이런 행위는 마치 갈증을 찾으려는 행위로 착각하는 것처럼 보일 수도 있다. 이처럼 강한 음료 습관은 결국 그 기저에 설탕이 도사리고 있기 때문이다. 실제로 탄산음료 250ml 한 캔에는 약 32g의 설탕이, 그리고 아이스크림 100ml에는 약 23g의 설탕이 들어 있다. 또 쿠키 한 봉지에는 22g, 과자 한 봉지에는 16g, 그리고 시중의 노점에서 판매 중인 와플, 찐빵, 호떡, 붕어빵, 호두과자(가열한 호두는 영양가가 없음)에는 평균 약 17g, 꽈배기와 도넛에는 약 14g이 함유된 것으로 나타났다. 따라서 결국 이런 당류 섭취는 아동들의 당뇨병과도 무관하지 않다는 것이 의학계의 평가로 나타나고 있으므로 우리 부모들은 자녀들의 식생활 교육에 긴장의 끈을 놓아서는 안 될 것이다. WHO에서는 1일 설탕 허용량을 25g으로 권장하고 있는데, 아이들의 1일 평균 섭취량은 이보다 훨씬 초과하고 있다.

우리는 '비만이 만병의 근원'이라는 것쯤은 이제 다 알고 있을 것이다. 하지만 실제로 그걸 예방하거나 치유하는 데에는 별 관심이 없음을 자인하지 않을 수 없다. 비만이 질병과 관련된 통계를 보면 고혈압인 경우 정상인은 발병 비율이 18% 정도인 반면에 비만자는 30%나 되며, 간장병인 경우 정상인은 10% 정도인 반면에 비만자는 40%에 육박하고 있다. 동맥경화의 경우는 정상인은 10% 정도인 반면에 비만자는 20%를 초과하며, 당뇨의 경우 정상인은 10% 이하인 반면에 비만인은 약 20%의 비율로 나타났다. 그 외에도 비만인은 정상인에 비해 질병에 취약하다는 통계가 있으므로 각별히 유의해야겠다.

| 비알코올성지방간

ⓐ 청량음료, 육류, 설탕, 액상과당, 포화지방, 트랜스지방, 육가공 식품, 동물성 지방, 달걀, 유제품, 고열량 식품, 고(高)콜레스테롤 유발 식품, 알코올, 흡연, 튀김류, 라면, 초콜릿, 마가린, 버터, 커피, 콜라, 꿀, 과일 주스, 두부, 콩류
ⓑ 당근, 다슬기, 녹즙, 저당도 과일, 미나리, 케일, 강황, 흑마늘, 양파, 브로콜리, 계피, 엉겅퀴, 민들레, 양배추, 콩비지
ⓒ 레몬밤, 밀크시슬(주성분은 실리마린), 셀레늄, 스피룰리나, 레시틴, 비타민 C
ⓓ 특히 내장지방의 위험이 크므로 내장지방을 감소시키기 위해 쌀밥, 빵류, 떡류 등을 삼가는 것이 좋다. 그 대신 해조류, 식물 영양소(피토케미컬), 청국장, 저당도 과일, 녹즙 등을 섭취하면 도움이 될 것이다.
ⓔ 지방간 검사는 ALT(SGPT), AST(SGOT), γ GTP, ALP 등과 같은 간 수치 검사나 CT나 복부초음파로 알 수 있다는 것이다. 그런데 술도 안

마셨는데 지방간이 생기는 것은 불량 식품 섭취와 관련이 있다는 점이다. 즉, 고열량 식품, 정제 탄수화물, 포화지방 등이 문제가 있다는 것이다. 비알코올성지방간의 주요 요인은 비만, 당뇨, 이상지질혈증 등이다. 따라서 이러한 질병이 발생하지 않도록 하는 것이 무엇보다 중요하다.

이 질환의 주원인은 비만, 당뇨, 이상지질혈증 등으로 판단되고 있다. 특히 내장비만(복부지방, 뱃살)이 이 질환의 최대 위험 요인이 되고 있기에 어쨌든 이 복부지방을 제거하는 데 총력을 기울여야 할 것이다. 따라서 고지방 육류, 흰쌀밥, 떡류, 빵류, 단당류 등을 만류하는 동시에 고섬유질 식품(고구마 줄기, 무말랭이 등), 프리바이오틱스, 프로바이오틱스, 채소류를 상식하면 복부지방을 제거할 수 있다.

┃ 산성 체질

ⓐ 백미, 밀가루, 버터, 치즈, 알코올, 설탕, 액상과당, 고지방 육류, 초콜릿, 가공 식품, 육가공 식품, 참치, 새우, 오징어, 떡, 국수, 라면, 커피, 전복, 문어, 사탕

ⓑ 연근, 시금치, 천연식초, 토란, 당근, 셀러리, 콩, 표고버섯, 자색감자 생즙, 자색고구마, 호박, 무, 그린바나나, 해조류, 통곡류, 현미, 보리, 상추, 어패류, 귤, 양파, 마늘, 기장, 수수, 테프, 아마란스

ⓒ 클로렐라

ⓓ 알칼리성 식품을 2~3의 비율로, 산성 식품의 비율을 1로 섭취하는 식습관이 중요하다.

ⓔ 체질이 산성으로 기우는 이유는 인체의 항상성(Homeostasis)이 깨진다는 상태로서, 혈액의 pH가 약알칼리성(pH 7.35~7.45)에서 산성 식품을 과다하게 섭취하여 산성으로 기울어진 상태로 변한다. 사실 산성 식품을 과다하게

섭취해도 우리의 혈액은 항상성의 영향으로 미미한 차이로 하향하고, 또 알칼리성 식품을 과다하게 섭취해도 미미한 차이로 상향하는 것이다. 다시 말해 pH 7.35에서 약간의 변화가 나타나고 아니면 7.45에서 약간의 변화가 나타난다는 말이다. 우리는 현재 면역력을 향상시키겠다는 일념으로 보양식에 치중하는 경향이 한층 강화되고 있다. 그런데 그 보양식들은 전부 산성 식품이라는 데 문제가 있다. 게다가 그런 산성 식품류를 많이 먹으면 기분상 면역력이 더 강화되는 것처럼 느껴지지만 그건 착각일 뿐이다. 좋은 거 많이 먹어 체력을 향상시켜 면역력을 키우려고 하는데 무슨 착각이냐고?

필자는 항상 과유불급을 강조하고 있다. 뭐, 모르는 사람이 없지만 일상생활에서도 과유불급으로 근 낭패를 보기 마련인데 하물며 섭취하는 음식도 동격으로 취급해야 한다. 왜냐면 열량 섭취를 줄이는 소식의 중요성이 또 강조되기 때문이다.

그 옛날 보릿고개 시절, 우리는 헐벗고 굶주렸다. 필자 역시 그 시절을 겪었으니 어찌 감회가 새롭지 않다고 할 수 있을까! 가수 진성의 「보릿고개」라는 노래에는 "얘야 뛰지 마라. 배 꺼질라."란 가사가 실려 있다. 필자 역시 부모로부터 그 소리를 들었으니 어찌 그 시절이 슬프지 않겠는가?

하지만 풍요로운 시절을 맞아 그 굶주렸던 시절이 한이 되어 뭐든지 많이 먹으면 좋다고 착각하게 되었다. 요즘과 같은 전례 없는 전염병 시대에는 면역력이 특히 강조되면서 특히 육류, 생선, 어패류 등과 같은 보양 음식을 요리해서 먹는 시대가 유행하고 있다. 하지만 그 보양식들은 전부 산성 식품이며 1회 혹은 1일 섭취 허용량을 훌쩍 넘는 경우가 다반사다. 특히 문어, 낙지, 오징어, 해삼, 새우, 랍스터, 소라, 굴, 멍게 등이 주목받고 있는데 그것은 그와 같은 해산물이 100g당 100kcal

미만이 대부분이다. 그러니까 열량도 낮을 뿐 아니라 피로 회복에 탁월한 아미노산인 타우린(Taurine)도 풍부하고, 콜레스테롤 수치도 낮춰 주는 콘드로이틴황산도 풍부하기 때문에 상당히 각광받고 있다. 필자 역시 동물성 육류 대신 이러한 식품류를 가끔 선호하기도 하지만 과잉 섭취는 자제하고 있다. 열량이 낮다는 이유로 과잉 섭취하는 경향이 있을 수 있지만, 체질이 산성으로 기울 수 있다는 점과 항상 강조되는 과유불급의 사자성어를 잊지 말아야 할 것이다. 게다가 바다는 오염도가 날이 갈수록 심해지고 있어, 중금속 함유량도 우려된다. 또 활성산소도 많이 발생시키는 과식을 철저히 배제해야 한다는 것도 유념해야 한다. 활성산소는 만병의 근원이기 때문이다.

인간의 장내에는 100조 마리나 되는 세균이 살고 있는데, 첫째, 섬유질을 적게 섭취하는 유형의 사람은 주로 고지방 육류를 많이 섭취하면서 쉽게 살이 찌는 비만균(루미노코쿠스 유형)들이 서식하면서 당분을 많이 흡수하므로 면역력이 낮아지는 동시에 쉽게 비만해진다. 그리고 이러한 유해균은 당뇨, 암과 같은 질병을 유발하기 때문에 이러한 유해균들이 서식하지 못하도록 장내 환경을 바꾸어 주어야 한다. 즉, 고섬유질 식품(프리바이오틱스)과 같이 평소 채식 위주로 소식하는 습관을 들이면 체질이 산성에서 약알칼리성으로 변하게 되므로 인체는 병적 체질의 모태인 산성 체질에서 건강한 체질의 모태인 약알칼리성 체질로 탈바꿈한다. 이처럼 체질이 약알칼리성이 되도록 하기 위해서는 프리바이오틱스의 상식은 물론 프로바이오틱스[청국장, 김치(발효가 잘된 시큼한 것), 된장 등]를 상식하면 유익균이 장내에 정착하여 항상 건강한 체질을 형성할 수 있다.

여기서 중요한 문제는, 유해균이 특히 단당류(설탕, 액상과당, 사탕, 청량음료 등)를 가장 좋아한다는 것인데, 유익균을 위해서는 이러한 단당류를 철저히 배제해 유해균이 서식할 수 없도록 해야 할 것이다.

┃ 스트레스

ⓐ 알코올, 커피, 설탕, 밀가루, 고지방 육류(특히 붉은 육류), 고GI 식품

ⓑ 라임, 여주, 강황, 생강, 녹차, 로즈메리, 녹색 채소, 통곡류, 고추, 문어, 소라, 참게, 가리비, 김, 오징어, 저GI 식품, 유근피, 차조기(자소, 소엽, 차즈기), 씀바귀, 천연 발효 식초

ⓒ 홍삼(식약처 인가 제품), 타우린, 베타시토스테롤(호박씨의 일부 성분), 데오닌(녹차의 성분), 비타민 C, 코큐텐, 비타민 B 복합체, 마그네슘

ⓓ 평소 고섬유질 식품(고구마 줄기, 무말랭이 등), 해조류, 프리바이오틱스 등을 상식하면 장내 환경이 호전되어 유익균의 생성이 활성화한다. 유익균이 활성화하면 신경 전달 물질이 충분히 생성됨으로써 심신이 안정되어 스트레스가 해소된다.

　참고로, 장 건강은 인체 건강의 척도가 된다는 것을 기억하자.

ⓔ 교감신경이 긴장하면 아드레날린(에피네프린)이라는 스트레스 호르몬이 분비되는데, 이 호르몬은 췌장의 알파세포에서 글루카곤의 생성을 촉진함으로써 혈당을 급등시킨다. 이때는 물론 교감신경이 부교감신경보다 우위에 있기 때문에 인슐린 분비 또한 저조하여 인슐린 수용체가 닫히면서 인슐린 저항성이 커진다. 그렇게 되면 췌장의 세포도 파괴되어 활성산소마저 증가한다. 즉, 스트레스는 당뇨의 원인도 될 수 있다는 사실을 인지하여야 한다. 이러한 요인에 대처할 수 있는 좋은 방안으로 장내 유익균이 잘 서식하는 환경을 만들어 주면 스트레스를 제압할 수 있다. 이렇게 되면 심신이 안정되어 행복과 평화를 가져올 수 있으므로 스트레스가 저절로 물러나는 것이다. 또 식물 영양소는 스트레스로

인한 활성산소를 제압할 수 있다. 그러기에 식물 영양소(피토케미컬, Phytochemical)를 항상 섭취하는 습관을 들이는 것이 중요하다. 그것에 함유된 여러 색깔의 항산화제가 체내의 활성산소를 중화하여 제거해 주므로 그 결과 스트레스가 해소된다. 2부 3장의 최고의 장수 식품, 식물 영양소 항목을 참조하여 적절하다고 판단되는 것들을 매일 번갈아 가면서 섭취하면 엔도르핀이 분비되는 것은 물론 행복한 인생의 모태(母胎)가 될 것이라 확신한다. 우리는 항상 노화를 늦추면서 질병도 예방하는 진짜 약인 이 식물 영양소를 가까이해야 한다. 그 속에는 천연의 약인 안토사이아닌, 아이소플라본, 쿠쿠민, 라이코펜, 쿼세틴, 카테킨, 루테인, 알리신 등이 호화찬란하게 저장되어 있어 현명한 주인을 기다리고 있기 때문이다.

사실 스트레스는 만성화하는 것이 큰 문제가 아닐 수 없다. 이런 만성적인 문제는 만성적으로 코티솔 호르몬을 분비시킨다. 그러한 경우 식욕을 촉진하는 그렐린 호르몬이 분비됨과 동시에 식욕 억제 호르몬인 렙틴이 저항을 받아 결국 인슐린 저항성까지 유발하고 만다. 따라서 스트레스 만성화의 근본적인 원인 규명을 철저히 하여 먼저 처리해야 할 것이다.

한편 스트레스는 장누수증후군(장 투과성)의 원인으로도 알려져 있으므로 평소 우리는 이 스트레스를 해소하기 위해 장내 세균이 쾌적한 환경에서 서식할 수 있도록 프리바이오틱스와 프로바이오틱스를 상식해야 한다.

▎신장병

ⓐ 커피, 알코올, 차, 칼륨 함유 식품, 포화지방, 트랜스지방, 설탕, 액상과당, 동물성 단백질(소고기, 돼지고기, 닭고기, 생선 등), 향신료, 짠 음식(라면, 김치, 젓갈,

장아찌 등), 가공 식품, 우유, 달걀, 자극적인 음식, 영양제, 청량음료

ⓑ 옥수수 수염차, 산수유, 아스파라거스, 진피가루, 히비스커스, 프리바이오틱스, 결명자차, 오렌지, 식물성 단백질, 채소, 저당도 과일, 고들빼기, 팥, 콩류, 견과류, 오이, 마늘, 토마토, 그린바나나, 그린파파야, 오미자, 건율(말린 밤)

ⓒ 퀘세틴(Quercetin)

ⓓ 짠 음식, 자극적인 음식, 칼륨 함유 식품 등을 제한한다.

ⓔ 전립선비대증으로 방광의 출구가 차단되면 신장이 손상될 수 있으므로 전립선의 비대를 막기 위해 평소 고섬유질 식품(고구마 줄기, 무말랭이, 다시마 등)을 상식함으로써 DHT(Dehydrotestosterone)의 과잉 분비를 억제해야 한다. 섬유질은 나이가 들면서 증가하는 여성호르몬을 흡수하여 배출하는 역할을 하는 기능이 있다.

참고로, 전립선비대증 항목을 참조하시기 바란다.

▌심장병

ⓐ 흡연, 알코올, 트랜스지방, 포화지방, 콜레스테롤, 고GI 식품, 커피, 고지방 육류, 설탕, 액상과당, 꿀, 튀김류, 홍차, 나트륨, 콜라, 땅콩기름

ⓑ 아마인유, 셀레늄(흑마늘, 브라질너트), 콩류, 들깻가루, 프리바이오틱스(해조류, 통곡류, 저항성 녹말 등), 레몬, 귤, 오렌지, 코코아분말, 팥, 인삼(홍삼), 참마, 구기자, 생아몬드, 생호두, 셀러리, 등 푸른 생선, 잣, 마늘, 토마토, 결명자차, 그레이프프루트(자몽), 식물 영양소, 크랜베리, 파슬리, 히카마(얌빈, 멕시코감자, 멕시코 순무), 고섬유질 식품, 견과류, 씨앗류

ⓒ 코큐텐, 마그네슘, 호손(Hawthorne, 산사나무), 칼륨, 아르지닌, 셀레늄

ⓓ 소식(열량 제한)이 중요하다.

ⓔ 심장병 발병의 주요 원인은 첫째, 혈관 내벽이 두꺼워져 동맥경화가 나타난 결과이고, 둘째, 혈관에 지방과 콜레스테롤이 쌓여 혈행이 불량함으로 인해 죽상동맥경화증이 나타난 결과로 알려진다. 따라서 먼저 이러한 증상이 발생하지 않는 식생활이 중요하다. 따라서 상기 증상의 원인이 되는 우유, 버터, 치즈, 소고기, 돼지고기, 닭고기, 달걀, 튀김류, 각종 오일류(필수지방산 중 오메가-3 제외) 등을 식단에서 과감히 제거하는 것이 바람직하다. 그 대신 좋은 식단으로 바꾸는 혁신이 필요할 것이다. 왜냐면 그런 바람직하지 못한 식단이 혈관을 오염시켜 심장병을 비롯해 각종 생활습관병을 유발하고 악화시키는 원인이 되는 포화지방이 많이 함유돼 있기 때문이다.

❘ 아토피

ⓐ 알코올, 매실, 레몬, 라임, 귤, 과자류, 가공 식품, 방부제, 감자 칩, 인스턴트 식품, 냉동 식품, 잼, 건과일, 말린 생선, 커피, 초콜릿, 향신료, 땅콩, 우유, 두부, 두유, 밀가루, 달걀, 인공감미료, 인공색소, 인공향료, 육류, 어패류, 다랑어, 꽁치, 연어, 송어, 대합, 새우, 달걀흰자, 설탕 등의 당분, 기름을 잔뜩 끼얹은 샐러드드레싱
ⓑ 쑥떡(쑥의 함유량이 40% 이상인 것), 쑥버무리, 쑥 된장국, 아마인가루, 견과류, 등 푸른 생선, 씨앗류, 콩류, 채소, 당도 낮은 과일, 흑마늘, 양파, 보리 새싹, 프리바이오틱스, 셀러리, 참마, 차조기, 솔잎(가루), 기장, 수수, 테프, 아마란스, 유근피, 천연 발효 식초
ⓒ 오메가-3, 프로바이오틱스, 감마리놀렌산(Gamma-Linolenic Acid, GLA), 비타민 C
ⓓ 평소 프리바이오틱스를 상식한다. 또 염증 유발 물질인 오메가-

6[육류(육류 중의 불포화지방), 콩기름, 옥수수기름, 카놀라유, 포도씨유 등]를 소량만 섭취해야 한다.

ⓔ 프리바이오틱스와 프로바이오틱스를 상식하면 알레르기 함유 물질의 활성화를 차단할 수 있다.

┃ 알레르기

ⓐ 모든 당분, 튀김류, 달걀, 우유, 고등어, 게, 새우, 우유, 치즈, 밀가루, 인스턴트 식품, 훈제 식품, 방부제, 식품첨가물, MSG

ⓑ 고섬유질 식품(고구마 줄기, 무말랭이 등), 프리바이오틱스, 아마인유, 브로멜린(Bromelin, 파인애플 줄기의 소화 효소), 해조류, 들깻가루, 청국장, 된장, 김치, 채소, 과일, 견과류

ⓒ 알티지 오메가-3, 감마리놀렌산, 프로바이오틱스, 베타카로틴, 프로폴리스, 스피룰리나, 은행잎 추출물(Ginko Biloba), 아연, 쿼세틴

ⓓ 제철 음식 위주의 채소와 과일, 잡곡밥, 고섬유질 식품 등이 좋다.

ⓔ 유전적 소인이 높으며, 특이체질에 발생 확률이 높은 것으로 알려진다.

┃ 암

ⓐ 항생제, 훈제 생선, 절인 생선, 훈제 육류, 구운 육류, 과음, 탄산음료, 젓갈류, AGEs, 가공 식품, 육가공 식품, 설탕, 액상과당, 결정 과당, 흰 쌀밥, 흰 밀가루, 튀김류, 트랜스지방, 우유(IGF-1 함유---암세포의 성장 동력), 유제품, 고GI 식품, 과식, 야식, 족발, 고지방 육류, 기름에 튀긴 생선, 건조 생선, 매실 진액, 산야초 효소, 오메가-6, 핫도그

ⓑ 흑호마[검은깨], 표고버섯, 십자화과 채소(양배추, 브로콜리, 케일, 콜리플라워,

청경채 등), 당도 낮은 과일(딸기, 아보카도, 그린바나나, 그린파파야, 그린망고, 자몽 등), 녹황색 채소, 치커리, 율무, 피토케미컬(식물 영양소), 레몬, 귤, 라임, 씨앗류, 콩류, 소형 생선류, 견과류, 토마토, 올리브유, 해조류, 아마인가루, 양파, 흑마늘, 브라질너트, 폴리페놀, 항암 버섯(아가리쿠스, 차가버섯, 상황버섯, 영지버섯, 표고버섯), 자색감자 생즙, 신선한 채소, 샐러드, 자색고구마, 고섬유질 식품(고구마 줄기, 무말랭이, 다시마 등), 적채, 여주, 연근, 차조기, 바질, 쑥떡(쑥의 함유량이 40% 이상인 것), 쑥버무리, 쑥 된장국, 무, 들깻가루, 콩비지, 베리류(아로니아, 블루베리, 블랙베리. 크랜베리, 라즈베리, 빌베리 등), 오레가노, 타임, 셀러리, 녹차, 오징어먹물(일렉신, Illexin), 호박꽃, 살구, 자두, 천도복숭아, 체리, 키위, 비파, 메밀 떡, 기장, 수수, 코코넛오일(1일 1티스푼), 오크라, 유근피, 몰로키야(Molokhiya), 오렌지껍질(D-레모넨, 식물 영양소의 탁월한 항암 효과), 파슬리, 매실 장아찌, 천연 발효 식초, 소리쟁이(소루쟁이), 엉겅퀴, 청국장, 발효가 잘된 시큼한 김치, 사워크라우트

상기 종목을 세분하면 다음과 같다. 일목요연하게 확인할 수 있다.

★ 잎채소류

십자화과 채소(양배추, 브로콜리, 케일, 콜리플라워, 청경채 등), 적채, 여주, 차조기, 파슬리, 쑥, 오크라, 머위, 달래, 갓, 깻잎, 두릅, 고구마 줄기, 부추, 그린비트, 셀러리, 시금치, 쑥갓, 아스파라거스, 아욱, 양상추, 취나물, 호박잎, 쑥부쟁이, 숙주나물, 콩나물, 소리쟁이(소루쟁이), 상추, 명이나물(산마늘), 미나리, 민들레, 무청, 돌나물, 고수, 고들빼기, 겨자잎, 방풍, 염교, 고춧잎, 몰로키야

★ 열매채소류

가지, 토마토, 오이, 여주, 호박, 피망, 파프리카

★ 뿌리채소류

무, 연근, 자색고구마, 토란, 히카마, 양파, 흑마늘, 자색감자(생즙/샐러드),

당근, 더덕, 도라지, 참마, 루트비트, 씀바귀, 우엉, 콜라비, 대파, 달래, 냉이

★ 저항성 녹말

곤약, 그린바나나, 그린망고, 그린파파야, 히카마, 자색고구마, 토란

★ 고섬유질 식품

고구마 줄기, 무말랭이, 기타 플럭토올리고당 등

★ 저당도 과일

딸기, 아보카도, 그린바나나, 그린파파야, 그린망고, 레몬, 귤, 라임, 살구, 자두, 천도복숭아, 매실, 키위, 산수유, 오미자, 구기자, 오가피, 베리류(아로니아, 블루베리, 블랙베리. 크랜베리, 라즈베리, 빌베리 등), 그린커피빈, 자몽, 오렌지껍질 등

★ 생선류/어패류

등 푸른 생선, 오징어, 낙지, 조개(바지락 포함), 문어, 해삼, 전복, 굴, 멍게, 소라

★ 차류

세이지, 딜, 파슬리, 오레가노, 로즈메리, 바질, 율무, 몰로키야

★ 해조류

미역, 다시마, 김, 청각, 톳, 파래, 함초, 곰피(미역의 한 종류), 매생이

★ 오일류

올리브유, 아보카도오일, 들기름, 참기름, 호두기름

★ 견과류/씨앗류(모든 견과류와 씨앗류는 생으로 섭취할 것을 권장함. 이런 종류를 조리 시에 투입할 경우 영양소가 거의 파괴되기 때문이다.)

호두, 아몬드, 아마인(가루), 브라질너트, 참깨, 들깨(가루), 피스타치오, 피칸, 헤이즐넛

★ 곡류

조, 수수, 기장, 율무, 퀴노아(렉틴 제거를 위해 압력솥 조리), 아마란스, 테프

★ 항암 버섯류

아가리쿠스, 차가버섯, 상황버섯, 영지버섯, 표고버섯

※ 기타 버섯류

능이버섯, 목이버섯, 석이버섯, 느타리버섯, 송이버섯, 새송이버섯, 양송이버섯, 팽이버섯

★ 향신료

강황, 마늘, 계피, 생강

★ 두류(렉틴 제거를 위해 압력솥에서 조리)

황태, 흑태(서리태, 서목태), 팥, 녹두, 콩비지

★ 육류

동물성 단백질 중 특정 아미노산이 암세포의 성장 동력이 된다고 알려지므로 일단 여기서는 육류를 배제하였다. 물론 국내의 일부 전문가 중에는 면역력 증강을 위해 붉은색 육류도 섭취할 것을 권장하지만.......

★ 발효 식품

청국장, 발효가 잘된 시큼한 김치, 사워크라우트

※ 사워크라우트

사워크라우트에는 락토바실루스 플란타룸(Lactobacillus Plantarum)이라는 항염 작용을 촉진하는 박테리아가 주류를 구성하고 있다고 알려지며 여기에서 아이소싸이오사이안산염(Isothiocyanate)이라는 생리 활성 물질이 생성돼 암세포를 사멸할 뿐 아니라 혈관 신생도 억제한다.

★ 천연 발효 식초

ⓒ 알티지 오메가-3, 프로폴리스, 스피룰리나, 후코이단, 키틴 키토산, 셀레늄, 깅코, 그라비올라, 비타민 D^3, 칼슘, 비타민 A, C, E, 밀크시슬

ⓓ 고섬유질 식품(고구마 줄기, 무말랭이, 다시마 등), 소식(열량 제한), 간헐적 단식(1일 2식), 매일 당도가 낮은 과일(딸기, 아보카도, 그린바나나, 그린파파야, 그린망고 등)을 5가지 정도 섭취, 신선한 채소즙(자색감자 생즙 포함)을 매일 10잔 마시기

ⓔ 사실 음식이 항암제라고 말하면 가정의학과 전문의를 제외한 대부분 의사는 비웃으며 엉터리 같은 소리 말라고 비난할 수도 있을 것이다. 하지만 우리는 암이 왜 발생하는지에 대한 원인부터 알아야 한다. 그래야만 아예 처음부터 시발점을 차단하여 암이 발생하지 않는 토대를 만들 수 있기 때문이다. 이것을 두고 '원인 요법'(예방)이라고 한다. 하지만 이럴 경우 암이 발생하게 된 결과물에 대해서는 논할 대상이 아니다. 결과물에 대해서는 어쩌면 현대 의학의 몫이 될 수도 있을 것이다. 그러기에 우리는 결과물이 있는지에 대한 조기 검진 따위도 필요하지 않다. 다만 '원인 요법'에 전력을 다하는 동시에 살기 바빠서나 게을러서 건강 관리를 소홀히 했을 때 혹시 모를 몸의 '경고 방송', 예컨대 식욕 부진, 소화불량, 체중 급감, 복통, 변비, 염증 등을 즉시 경청하고 조치를 취해야 한다. 그래야만 전 단계까지도 피할 수 있을 것이다. 하지만 경고음에 대응한다고 약물 처방을 선택하면 안 된다. 그렇게 하면 경고음이 사라져 버리므로 해결됐다고 착각할 수도 있지만, 실제로는 해결된 것이 아니고 그런 상황이 약물이라는 장막에 가려진 것이라는 사실을 간과하면 안 된다. 즉각 경고음에 따라 자연적 요법을 취해야 한다. 이 자연적 요법이 바로 제독(해독)이다. 제독은 첫째, 신진대사에 의해 매일 수 없이 많이 생산되는 낡은 세포를 체외로 배출하는 것이고 둘째, '죽은 음식'이 아니고 '산 음식'으로 몸의 에너지가 되는 활력을 불어넣는 일이다. 즉, 죽은 세포를 밀어낸 다음 살아 있는 '산 음식'을 섭취하는 것이 암에 걸리지 않는 제대로 된 '원인 요법'이다. '죽은 음식'이란 삶고, 볶고, 튀기고, 끓이고, 굽는 것과 같은 형태로 원형의 식재료를 변형시켜 먹는 것을 말한다. 이때 이러한 변형된 음식은 9m나 되는 소화관을 거치면서 대량의 잔재물을 생산해 낸다. 이것이 바로 산성이 강한 독성 물질이다. 그러니까 매일 생산되는 죽은 세포와 소화가 잘 안 된 찌꺼기를 모두 처리하지 못하면

그것들이 결국 인체 곳곳에 병소(病巢)를 만든다. 따라서 이러한 쓰레기를 매일 청소하기만 해도 암 따위는 생성되지 않는다는 사실을 다시 한번 강조하고자 한다.

우리가 매일 독소(쓰레기)를 제거해야 하는 이유는 이것이 몸이 제대로 작동하지 못하게 방해한다는 이유 하나 때문이다. 따라서 매일 생산되는 쓰레기를 청소하는 것을 최우선 목표로 삼아야 한다. 이 독소만 청소하면 병은 생기지 않는다. 그런데 체내에 매일 쌓이는 죽은 세포를 청소하는 데만 해도 엄청난 에너지가 소모됨은 물론 외부로부터 죽은 음식(쓰레기 음식)까지 투입되면 그것마저도 청소하는 데 엄청난 에너지가 소모된다. 그러기에 외부로부터는 불가피한 최소한의 조리식만 섭취함이 옳을 듯하다. 그래서 에너지를 비축하여 체내의 죽은 세포를 청소하는 데 그 에너지를 써야 한다. 그리고 남은 에너지는 일하는 데 써야 한다. 힘(에너지)이 없으면 만사가 귀찮아진다. 그러니 '원인 요법' 즉, 예방이 얼마나 중요한지 실감할 수 있을 것이다.

그러니까 의사에 기대는 대증 요법 따위는 필요 없을 것이 아닌가!

제독(해독)에 관해서는 이 책 2부 4장 3 중 제독(해독) 항목을 보시면 도움이 될 것이다.

암세포는 또 당분을 발판으로 성장하기 때문에 특히 고GI 식품을 삼가는 것이 필수이고, 육식을 최소화하고, 채식을 최대화한다. 특히 피토케미컬을 잘 활용하여 각종 색소 채소(잎채소 및 열매채소나 뿌리채소)를 많이 섭취한다. 색소에 항암 효과가 탁월하기 때문이다.

그런데, 매실의 효능 때문에 다시 한번 확인할 사항이 있는데, 참조하면 도움이 될 것이다. 우리는 평소 매실의 효능 때문에 매실 진액(매실청)을 담근다. 이때 설탕과 매실의 혼합 비율을 대부분 1:1로 하고 있을 것이다.

최소 6개월에서 최대 2~3년 정도 발효해서 섭취할 때 매실의 발효 상태는 상당하다고 할 수 있다. 그런데 여기서 '설탕도 오래되면 변화로 인해 몸에 이로운 형태가 되지 않을까?'라고 생각하기 쉬운데 사실 설탕은 오래되어도 인체에 치명상을 입히는 정도는 마찬가지다. 우리가 동전의 양면을 생각하듯 매실청도 발효한 매실만 볼 것이 아니라 그 속에는 백해무익한 설탕이 공존하고 있다는 것을 잊지 말아야 한다. 즉, 암세포가 성장할 수 있는 설탕에도 초점을 맞춰야 한다. 이는 마치 향락식의 경우, 그 맛에 초점이 있기에 향락식의 재료가 되는 설탕, 소금, 기름, 식품첨가물 등을 간과하는 것과 같은 이치가 될 것이다. 설탕의 피해에 대해서는 이제 많은 사람이 이미 잘 알고 있다. 하지만 설탕과 혼합된 제품에 대해서는 장점만 보이지 단점은 보이지 않으므로 간과해 버린다. 하지만 암세포의 성장 동력이 바로 설탕이란 사실을 잊지 않아야 하고, 비록 발효된 매실이라도 그 속에는 설탕이 있다는 사실을 반드시 기억하여 섭취하더라도 소량으로 그쳐야 할 것이다. 시간이 흐르면서 장시간의 발효과정을 거친 설탕은 괜찮을 거라고 착각하지만 절대 그렇지 않다는 것과 설탕이 노화를 촉진함은 물론 조로(早老)를 유발하는 최상위 요인이란 사실을 이번 기회에 다시 한번 확인했으면 한다. 또 커피의 향 때문에 설탕 외에 설탕의 가명으로 숨겨진 당분을 간과하는 경우도 짚고 가야 할 것 같다.

또 동물성 단백질(생선 제외)에는 암세포의 영양분이 되는 특정 아미노산이 있는 것으로 알려지므로 배제하는 것이 좋다. 그 대신 어패류, 갑각류, 연체류에서 양질의 단백질을 보충할 수 있다.

실제로 2019년도의 통계청 조사에서 사망 원인 1위가 암이었는데, 그 비율은 27.5%였으며 오랜 기간에 줄곧 사망 원인 1위였다. 따라서 우리는 평소 암이 왜 발생하는지 다시 한번 곰곰이 생각해 보고 건전한 식생활을 갖도록 노력해야겠다.

▤ 저체온인 사람은 발암 위험이 높다

요즘의 젊은 여성들 사이에는 평균 체온이 섭씨 35도를 겨우 웃도는 저체온증이 증가하고 있는데, 이것은 보통 생각하는 것 이상으로 위험한 증상이다. 체온이 0.5도가 내려가면 효소의 활성화 비율이 약해져 면역력이 35%나 떨어지기 때문이다. 즉, 평균 체온이 낮다는 것은 면역력이 약한 상태라는 뜻이다.

최근에 연구한 자료에 따르면 저체온증이 있는 사람은 유전자가 오작동하는 경우가 많고 발암의 위험이 크다고 한다. 암세포는 체온이 섭씨 35도 정도일 때 가장 활발하게 활동한다. 즉, 저체온인 사람은 암에 걸리기 쉽다는 말이다. 예컨대 육류에 들어 있는 기름도 온도가 낮으면 엉기고 굳는다. 이처럼 우리의 몸도 체온이 낮으면 혈관이 좁아져 혈액이 막히기 쉽다. 혈관이 막히면 면역력이 떨어져 발암 위험에 노출되는 것이다.

저체온을 개선하려면 빙과류 섭취 금지, 냉장고 음식 가열하여 먹기, 적당한 운동하기, 충분한 휴식과 수면 취하기, 겨울철에는 욕조에 몸을 오래 담그기, 여름철이라도 찬 음식을 많이 먹지 않기 등이 있다.

즉, 체온을 높여 면역력을 강화하는 데 전력을 다해야 한다는 말이다. 건강으로 가느냐 아니면 질병으로 가느냐 하는 갈림길의 열쇠는 바로 면역력이 쥐고 있다.

▤ 암 환자의 90%가 저체온이다

암은 혈액 순환과 무관한 것처럼 보이지만 그렇지 않다. 즉, 암이 면역 체계를 파괴하기 때문에 혈액 순환과 깊은 관련이 있다. 혈액 순환이 원활하지 않으면 인체의 각 기관에 산소와 영양소가 잘 공급되지 않으므로 몸이 차가워진다. 즉, 혈행이 둔화되어 체온이 내려가면 암 발병률이 높아지는 것이다. 따라서 면역 체계의 기능도 떨어진다. 이와 같이 면역 체계가 원활하게 작동되지 않으면 암에 걸리기 쉽다.

암 환자의 체온은 정상인보다 일반적으로 섭씨 1.5도 낮으며 암 환자의 약 90%가 저체온증이라는 연구 결과가 있다. 평소 항상 체온을 따뜻하게 유지해야 할 이유가 바로 여기에 있다.

≡ 면역력의 차이로 암 환자가 되기도 하고 안 되기도 한다

사람은 누구나 하루에 수천(3,000~5,000) 개의 암세포가 생긴다. 하지만 면역 체계가 정상인 사람은 체내에 생긴 암세포를 파괴한다. 그런데 면역력이 떨어져 있는 사람은 암세포를 처리하지 못하고 그 한 개의 암세포는 기하급수적으로 증식한다. 즉, 면역력이 약화돼 면역세포인 자연살생세포가 암세포를 파괴하고 잡아먹지 못하게 된 것이다. 이렇게 되면 암세포에서 면역 억제 물질이 발생하여 면역 기능을 떨어뜨린다.

이와 같이 면역력이 떨어진 사람들에게 항암 치료를 하면 면역세포를 사멸시켜 면역력을 더 약화시키는 꼴이 되므로 환자는 더 위험한 상태로 치닫는다.

암세포는 결코 스스로 죽지 않는다. 암세포가 제멋대로 성장하는 것은 유전자의 지시에 따른 것으로 세포는 그것을 통제할 능력이 없다. 그래서 악성 종양은 불규칙하게 생겨난 세포의 덩어리가 되는데, 이것은 건강한 조직을 침범하고 끝내 조직을 파괴하기에 이른다. 종양세포들이 몸의 순환 계통에 도달하면 몸의 이곳저곳을 표류하면서 모든 곳을 지배한다.

하지만 인체에는 막강한 아군인 면역 체계가 있어 종양이 침투하지 못하도록 방어한다. 하지만 종양 대부분은 백혈구가 담당하는 면역 체계를 교묘하게 빠져나간다. 그렇지만 면역 체계가 종양을 공격하도록 유도만 할 수 있다면 언제라도 그것을 공격할 전략을 세울 수 있다.

≡ 암은 산소가 부족한 경우 발생한다

암세포는 산소가 없어도 산다. 실제로 산소가 부족한 체내 환경에서는 암은 물론 혈행 장애, 노화 촉진, 뇌의 모세혈관이 막혀서 발생하는 두통, 인지력이나 기억력 저하 등 많은 요인이 발생한다. 특히 면역세포인 백혈구는 산소가 불충분하면 활동할 수 없다. 결국, 면역력이 부족해지면서 최전방 부대인 백혈구가 암을 제압하는 데 그 한계가 나타날 수밖에 없다. 우리는 항상 이 산소가 강력한 해독제란 사실을 간과하지 말아야 한다.

≡ 암은 어떻게 전이되나

암의 전이는 모든 암의 경우에 반 정도로 발생한다고 한다. 2차 종양은 대체로 아주 작아서 발견하기도 어렵기 때문에 치료도 더디게 만든다.

종양세포는 혈관에 침투하기 위해 처음에는 단백질 소화 효소를 분비해서 혈관의 기저막을 절단한다. 그 후에 십자가 형태의 단백질인 라미닌(Laminin)을 절단 부위에 연결하며, 라미닌은 혈관 막을 용해하는 또 다른 효소의 분비를 촉진한다는 것이다. 혈관 기저막의 용해로 인해 종양세포를 끌어들이는 단백질이 노출된다. 이렇게 하여 종양세포는 또 다른 효소를 방출하면서 혈관 벽을 넓혀 안으로 침투한다고 알려진다.

하지만 종양세포가 혈관 내에 들어오는 데 성공해도 그 대부분은 죽어버린다. 왜냐하면 자연 항체의 공격을 받아 새로운 환경에 적응하지 못하기 때문이다. 그렇지만 살아남은 일부의 종양세포가 뇌 같은 살기 좋은 곳으로 옮겨 간다. 그리하여 그곳에 정착하면서 증식을 시작해 제2의 종양을 만든다. 암은 이러한 방식으로 전이된다.

≡ 면역력이 떨어진 현대인

면역력이 떨어진 원인은 여러 가지가 있다. 불균형한 식생활, 수면 부족, 운동 부족, 만성 피로, 흡연, 노화, 스트레스, 자동차의 배기가스, 환경공해 등으로 인한 활성산소의 대량 발생이 주요 원인이다.

이러한 요인으로 면역력이 약해진 사람은 결국 체내에서 자연적으로 발생한 비정상적인 세포를 퇴치하지 못해 암과 같은 질환에 노출되기 쉽다.

≡ 막강한 아군, 면역 체계

정상적인 사람이라도 우리의 체내에는 하루에도 수천 개 단위의 암세포 씨앗이 새로 생겨나고 있다.

하지만 면역 체계는 지금 이 순간에도 암세포를 인식하여 암의 씨앗을 걸러내는 일을 하고 있다.

우리의 면역 체계는 대식세포(Macrophage)를 통해 암세포를 분해하고, 자연살생세포(NK세포)를 통해 암세포를 공격하며 '퍼포린(Perforin)'이라는 단백질을 분사, 암세포의 막에 구멍을 뚫어 죽이는 세 가지 방법을 통해 암세포를 공격하고 있다고 알려진다. 면역력이 높으면 그만큼 암 발생 위험이 낮아지게 되는 것이다. 따라서 우리는 평소 면역력 향상에 총력을 기울여야 할 것이다.

≡ 장내 유익균이 감소하는 이유, 장내 유익균(Probiotics)의 수가 감소하면 암 발생 가능성이 커진다

우유, 양식 물고기, '닭 공장'의 닭 등으로부터 간접적으로 섭취하는 항생제가 문제가 된다. 이와 같은 항생제는 체내의 1.5kg이나 되는 유익균과 유해균을 무분별 살상한다. 과일과 채소의 잔류농약, 가공 식품의 방부제, 과자류에 포함된 당분, 위산을 중화시키는 제산제, 식수에 잔존하는 염소 등은 모두 유해균의 증식을 돕는다. 우리는 대체로 이러한 환경에 노출돼 있다. 유해균이 증가하면 암, 당뇨, 이상지질혈증, 면역력 악화, 아토피 증가 등 각종 질환에 노출된다. 그러므로 유해균의 증식을 억제하고 유익균의 수를 늘리기 위해서는 섬유질이 풍부한 과일과 채소를 상식하고 유해균이 증식하는 환경에서 벗어나도록 노력해야 한다. 최근에는 프로바이오틱스와 프리바이오틱스를 결합한 신바이오틱스를 직접 섭취하는 상품이 개발돼 있으므로 적극적으로 활용하면 도움이 될 수 있다. 하지만 괜찮은 제품이 별로 없는 것 같으므로 신중을 기하시기 바란다.

실제로 특히 위장, 췌장, 대장 등과 같은 장기(臟器)의 암세포는 장내 유익균이 활성화되는 생태계에서는 무력화될 수밖에 없다는 것이다. 다시 말해 장내 유해균이 장을 지배하면서 열악한 환경이 되면 면역력(장에서 면역세포가 70% 생성)이 저하돼 암세포가 성장 동력을 얻어 증식하게 된다는 것이다. 따라서 우리는 평소 유해균의 먹이를 차단함과 동시에 유익균의 먹이가 되는 프로바이오틱스와 프리바이오틱스를 항상 식단에 올려 암세포의 차단을 최우선 과제로 삼아야 할 것이다.

참고로, 필자는 지인 중에 8명의 암 환자가 있었다.

그 사례를 보면 8명 중 1명은 수술 후 완치되어 새 삶을 살면서 자연식 식단에 철저하게 의존하고 있고, 또 1명은 수술 후 그 결과를 예의 주시하는 상황이고, 또 1명은 수술 후 별 차도도 없이 잔여 수명에 기대다가 결국 사망하였고, 또 4명은 손도 제대로 쓰지 못하고 사망하였고, 나머지 1명은 수술 중 의료사고로 사망하였다. 여기서 상기한 8명에 대한 공통점을 예의 주시하지 않을 수 없을 것이다. 이들은 한결같이 모두 식생활이 건전하지 않았다. 즉, 알코올, 고지방 육류, 설탕 함유 식품,

튀김류, 가공 식품 등 그야말로 암세포의 성장을 촉진하는 것들만을 식단에 올렸다. 사실 필자가 끼어들어 조언조차 할 틈도 없었다. 왜냐면 그들은 모두 의사만 믿고 있었던 데다 필자의 조언을 과소평가하는 느낌마저 들었기 때문이다. 지금 생각해도 이 점이 못내 아쉽다. 필자가 아는 암 환자만도 8명이나 되는데 전국의 암 환자는 얼마나 많을까 하는 생각을 해본다.

그런데 상기한 8명 중 완치한 1명은 마치 '생로병사의 비밀'이란 TV 프로그램에 나오는 사람들의 일상생활과 똑같다는 것을 알게 되었다. 이제는 과거의 생활에서 180도로 바뀌어 마치 새사람이 된 듯한 느낌이 들어 자칫 착각할 정도다. 이처럼 우리는 일상생활이 그 얼마나 소중한지 알면서도 편안함이 우선이라는 짧은 안목에 대충 살아가는 경우가 허다하다. 하지만 모든 일은 대충 해서는 되는 것이 없듯이 우리의 식생활 역시 대충 적당히 해서는 엄청난 결과를 잉태하고 말 것이다. 환자가 넘치는 병원에 한번 가보시라. 그들은 거기서 지푸라기라도 잡으려고 안간힘을 다 쓰지만, 거기서는 '원인 요법'으로 사태를 종식시키는 곳이 아니다. 다시 말해 그곳은 지푸라기라도 잡으려는 사람을 대상으로 '대증 요법'을 통해 현재 나타나는 증상만을 제거하며 안심시키지만 그곳에서는 확답을 찾을 수 없다는 한계가 있음을 다시 한번 유념하였으면 한다.

여기서 '국제암연구소'가 제공한 발암 요인에 대한 통계 자료를 소개할까 한다.

원인	비율
음식	**35%**
흡연	15~30%
만성 감염	10~25%
유전	5%

직업	5%
음주	3%

상기한 표에서 확인할 수 있듯이 발암의 최대 원인이 바로 식생활과 관련이 있다는 점이다. 따라서 우리는 '무엇을 먹을 것인가'라는 생각보다는 '무엇을 먹지 말아야 하는가'를 우선하여 진지하게 고민할 필요가 있다. 먹는 것이 그만큼 중요하다는 뜻이다. 그리고 여기서 흡연은 참고삼아 넣은 것이고, 우리가 대체로 느끼는 유전적 요인은 불과 5%밖에 안 된다.

참고로, 항암 효과가 있는 각종 식물 영양소를 하기의 표에 열거하였으니 참고하시기 바란다.

※ 항암 효과가 있는 각종 식물 영양소(피토케미컬)

식물 영양소 명칭	함유 식품	항암 사례
레스베라트롤 (Resveratrol)	레드와인, 포도껍질, 블루베리, 라즈베리, 빌베리 등	대장암, 유방암 그리고 폐암(동물 실험 기준)
라이코펜 (Lycopene)	토마토, 핑크구아바, 수박, 핑크자몽, 파파야, 살구 등	전립선암, 자궁경부암, 폐암, 위암, 소화기계 암
에피갈로카테킨갈레이트 (Epigallocatechin Gallate, EGCG)	녹차	대장암, 전립선암, 위암, 식도암, 간암
쿠쿠민 (Curcumin)	강황	대장암, 유방암, 췌장암, 피부암
루테올린 (Luteolin)	양배추, 브로콜리, 콜리플라워, 양상추, 꽃상추, 올리브, 세이지, 감귤류(만다린, 귤, 유자, 탱자, 자몽, 오렌지, 레몬, 라임 등), 셀러리, 시금치 등	대장암, 폐암, 췌장암, 간암, 구강암, 식도암

제니스틴(Genistin), 제니스테인(Genistein)	메주콩 등	유방암, 자궁암, 전립선암, 췌장암
디알릴설파이드 (Diallylsulfide), 알리신(Allicin), 알리인(Allin)	마늘	유방암, 위암, 대장암, 피부암
진저올(Gingerol), 쇼가올(Shogaol), 진제론(Zingerone)	생강	난소암, 대장암
헤스페리딘 (Hesperidin)	오렌지, 레몬, 만다린, 레몬, 라임, 귤 속껍질, 오렌지 속껍질	구강암, 식도암, 위암
베타크립토잔틴 (Beta-Cryptoxanthin)	오렌지, 오렌지껍질, 레몬, 레몬껍질, 감귤, 망고, 당근	유방암, 자궁암, 폐암
D-리모넨 (Limonene)	오렌지껍질, 자몽	항암 효과가 귤의 속껍질인 헤스페리딘보다 45배 더 강한 것으로 알려짐

그럼 각종 암에 대한 문제를 고찰해 볼까 한다.

≡ 간암

ⓐ 알코올, 훈제 식품, 탄 음식, 흡연, 아플라톡신(Aflatoxin) 오염, 중금속

ⓑ 살구씨(비타민 B¹⁷ 함유), 컴프리(알란토인, 저마늄 함유), 커피(블랙), 유근피, 콩류, 녹황색 채소, 아티초크, 녹차, 쑥, 현미, 잡곡, 녹즙, 영지버섯

ⓒ 알티지 오메가-3, 비타민 B¹⁷(Laetril, 주성분은 Amigdalin), 코큐텐, 스쿠알렌, 저마늄(Germanium), 프로폴리스

ⓓ 청국장, 된장, 쑥, 결명자, 인삼(홍삼), 마늘, 과일, 채소, 부추, 올리브유 등을 곁들인 식이요법이 좋은 것으로 알려진다.

ⓔ B형 간염 바이러스, 간경변, 아플라톡신 등이 원인으로 알려져 있고, 과음과 폭음 또한 위험성을 증가시킨다.

≡ 갑상선암

ⓐ 흡연, 알코올, 맵고 짜거나 탄 음식, 우유, 유제품(요구르트, 치즈, 버터, 크림, 아이스크림), 달걀, 콩류, 당분, 가공 식품, 트랜스지방, 포화지방

ⓑ 해조류, 버섯류, 토마토, 흑마늘, 견과류, 양배추와 브로콜리, 녹차, 저당도 과일, 식물 영양소[피토케미컬]

ⓒ 후코이단, 알티지 오메가-3, 저마늄, 셀레늄, 프로폴리스, 비타민 A, C, E

ⓓ 프로바이오틱스, 프리바이오틱스

ⓔ 우유의 단백질인 카세인 A1이 갑상선암의 최대 원인인 것으로 지목되고 있다. 따라서 우유는 물론 유제품도 삼가는 것이 좋다고 알려진다. 이것은 카세인 A1의 끈적끈적한 성분을 과잉 생산하는 특성 때문이라고 하는데, 이 물질은 다른 음식의 영양분 흡수를 차단할 뿐 아니라 소화되기 힘든 독성의 점막 형성으로 인해 위장에 산도가 강한 유독 점액을 남긴다. 이 물질은 또한 자가면역반응과 제1형 당뇨병도 촉진한다고 알려진다.

한편 카세인 A2는 건강한 단백질로 알려져 있는데, 이것은 염소나 양과 같은 동물에서 생산되고 있으며 그에 따른 유제품 역시 피해가 없다는 것이다.

≡ 대장암

ⓐ 가공 식품, 청량음료, 탄산음료, 알코올, 커피, 훈제 식품, 정제 식품, 고지방 육류, 고열량 식품, 저섬유질 식품, 불에 검게 탄 육류나 생선, 단순당, 튀김류, 육가공 식품, 땅콩, 붉은색 육류, 동물성 지방

ⓑ 식물 영양소[피토케미컬], 고섬유질 식품(고구마 줄기, 무말랭이, 우엉, 무,

당근 등), 버섯류, 양상추, 오이, 양파, 흑마늘, 브라질너트, 해조류, 콩류, 아마인가루, 들깻가루, 올리브유, 당도 낮은 과일, 크랜베리, 김치, 들깻가루, 생강, 셀러리, 오렌지, 만다린, 강황, 비트, 방울다다기양배추, 무, 양배추, 베리류, 망고, 석류, 시큼한 김치, 등 푸른 생선, 콩비지, 염교, 녹차, 호두, 깻잎, 아티초크, 여주

※ 무
무를 강판에 갈아서 식사 때 곁들여 섭취하면 '천연 소화제'인 효소가 폭증하여 소화가 촉진됨을 잊지 마시라.

ⓒ 셀레늄, 알티지 오메가-3, 코큐텐

ⓓ 충분한 섬유질 섭취가 중요하므로 평소 고섬유질 식품을 비롯해서 프리바이오틱스(프럭토올리고당, Fructooligosacharide)를 상식한다. 평소 육류를 많이 섭취하는 사람은 분해되지 않은 찌꺼기가 대장에 독성 물질을 생성한다는 사실을 인식할 필요가 있다. 장시간 대장에서 체류한 독성 물질은 결국 대장 벽을 손상시켜 대장암을 유발할 가능성이 크므로 육류 섭취를 삼가고, 대장에 장시간 체류하지 않고 단시간에 노폐물을 배출할 수 있는 고섬유질 식품을 상식하는 것이 좋을 것이다.

ⓔ 고섬유질 식품이나 프리바이오틱스는 유해균을 제거하여 장의 환경을 쾌적하게 하므로 대장의 청소부 역할을 한다. 또 평소 비만이 있거나 변비가 있으면 2차 담즙산의 영향이 악영향을 미친다고 알려져 있으므로 이것부터 제거하는 것이 급선무다.

= 위암

ⓐ 치즈, 어묵, 라면, 김치류, 튀김류, 부침개, 설탕, 액상과당, 젓갈류, 발암성 식품첨가물, 흡연, 커피, 알코올, 짠 음식, 자극성 음식, 향신료, 훈제 식품, 탄 육류나 생선, 방부제 첨가 식품, 식용색소 첨가 식품, 마가린, 육가공

식품(햄, 소시지, 베이컨 등), 탄 음식, 뜨거운 음식, 흰 쌀밥, 불규칙한 식사, 질산염

ⓑ 인삼(홍삼), 녹황색 채소, 당도 낮은 과일, 해조류, 그린바나나, 율무, 효모, 콩류, 딸기, 배, 올리브유, 기장, 수수, 차조, 흑마늘, 식물 영양소(피토케미컬), 십자화과 채소(양배추, 케일, 브로콜리, 콜리플라워, 청경채 등), 크랜베리. 청국장, 된장국, 토마토, 녹차, 쇠비름, 귤껍질(진피), 시금치

ⓒ 알티지 오메가-3, 코큐텐, 비타민 A, 칼슘, 프로폴리스

ⓓ 맵고 짠 음식, 자극적 음식, 가공 식품, 기름진 음식, 육류, 알코올 등을 피하고 양배추, 브로콜리 등의 신선한 채소, 저당도 과일, 꽃송이버섯 등이 효능이 있는 것으로 알려진다.

ⓔ 위암은 헬리코박터 파일로리균이 원인이라고 보는 경우는 1~2%인 것으로 알려져 있으나, 위암이 발병한 사람 중 40~60%에서 상기한 균이 감염된 것으로 알려지기도 한다. 또 WHO에서는 이 균을 위암 유발인자로 인정하고 있다.

한편으로 과산화지질의 축적이 원인이 된다고도 알려지므로 과산화지질의 생성 요인이 되는 튀김류, 부침개, 도넛, 꽈배기, 구운 생선, 말린 생선 등의 섭취도 줄여야 한다. 앞의 음식들이 공기 중 산소에 노출되면 기름이 산화되고 그것은 곧 과산화지질로 변한다. 이런 산화된 기름이 함유된 식품을 무분별하게 섭취하면 체내에 과산화지질이 축적되어 노화, 암, 동맥경화는 물론 암의 한 종류인 위암도 발생한다. 즉, 체내에서 단백질과 과산화지질이 결합하여 리포푸스신(Lipofuscin)이란 치명적인 독성 물질이 계속 축적되어 위암이 발병한다. 따라서 우선 과산화지질의 차단이 급선무이므로 공기에 노출된 상기한 식품류의 섭취를 과감하게 차단해야 할 것이다.

참고로, 우리가 일반적으로 말린 생선은 대체로 별다른 문제가 없을

거라고 추정하지만 절대 그렇지 않다. 생선의 불포화지방산이 공기(산소)에 노출되면 인체에 치명상을 주는 과산화지질을 생성한다. 게다가 생선은 말리는 과정에서 세균이 과다하게 증식한다. 어느 정도 말린 다음 포장하여 판매하는 어패류를 섭취한다면 이런 과산화지질이 특수 정맥인 문맥을 통해 간으로 가서 축적되는 것이다. 이 비율은 약 40%가 되는 것으로 알려진다.

한편 나머지 60%는 흉관을 통해 혈관에 유입되는데, 이 또한 혈관 오염의 원인이 되고 있다.

따라서 과산화지질이 생성되는 요인을 차단하는 것이 제일 중요하다.

참고로, 어류 생산업자들은 일부 건조한 생선을 섭취할 경우 해조류를 반드시 같이 섭취하라는 말하곤 한다. 해조류는 말린 생선을 섭취하면서 체내에 생성되는 과산화지질을 중화할 뿐만 아니라 생선의 비린내까지 잡아 주기 때문이다. 하지만 과산화지질이 남아 있다면 그런 식품류를 과연 먹을 필요가 있을까 하는 의문이 생길 것이다. 실제로 오메가-3가 함유된 생선을 건조할 경우 햇볕과 공기 중에 산화하여 과산화지질이 발생할 수 있다는 점도 유념해야 한다. 실제로 우리가 막걸리 등의 술을 마실 때 오메가-3가 함유된 생선을 안주로 선호하는 경향이 있다. 그런데 그 제품은 냄새를 통해 변질됐는지 잘 알 수 없을 뿐 아니라 맛 또한 불쾌한 맛이 아니라는 데 문제가 있다. 맛은 그런대로 괜찮다고 하더라도 과산화지질이 발생한 것은 확실하므로 인체에 피해를 줄 수도 있다는 점을 잊지 말아야 한다. 아무리 오메가-3가 함유된 생선이 좋다고는 하지만 가공 과정과 유통 과정이 허술한 그런 제품은 안 먹는 것이 과산화지질의 피해를 막는 방법일 것이며, 과연 과산화지질이 얼마 정도나 함유돼 있는지는 알 수가 없다는 점도 문제로 남는다.

≡ 유방암

ⓐ 항생제, 고지방 육류, 여성호르몬, 우유, 유제품(치즈, 버터, 요구르트, 크림, 아이스크림), 마가린, 알코올, 자몽, 설탕, 인스턴트 식품, 액상과당, 트랜스지방 함유 식품(도넛, 프렌치프라이, 크래커, 감자 칩, 꽈배기, 스낵, 케이크, 쿠키, 냉동 식품 등)

※ 자몽
자몽을 과다하게 섭취하거나 자몽 주스를 과다하게 섭취할 경우 체내 에스트로겐 수치가 증가한다는 연구 결과가 있음을 유념하시기 바란다.

ⓑ 아마인, 아마인가루, 섬유질, 쌀눈, 석류, 해조류, 청국장, 콩, 생선, 양파, 당근, 브라질너트, 케일, 브로콜리, 당근, 파프리카, 버섯, 마늘, 양파, 녹차, 깻잎, 귤, 귤껍질(진피), 여주

ⓒ 셀레늄, 레스베라트롤, 프로폴리스

ⓓ 아마인에 함유된 리그난(Lignan)이란 성분은 항암 효과가 탁월한 것으로 알려져 있다. 따라서 밥을 지을 때 그냥 넣어도 되고 아마인가루를 섭취할 수도 있다.

ⓔ 우유에 함유된 지방은 거의 포화지방인데, 전유인 경우 이 포화지방은 혈중 콜레스테롤의 상승 요인이 되므로 유념해야 한다. 실제로 유방암의 경우 지방의 과다 섭취와 관계가 높은 것으로 나타났다. 특히 우유 중 지방의 함량이 20~30%인 버터는 더 치명상을 줄 수 있다. 또 치즈는 우유 중 단백질 함량이 20~30%인데, 단백질 외에 지질이 20~30% 함유된 데다 이 역시 산성 식품임을 감안하여 소량 섭취할 것을 권장한다.

한편 트랜스지방 함량이 높은 음식, 예컨대 프라이드치킨, 프렌치프라이, 감자튀김, 도넛, 꽈배기, 냉동 식품, 쿠키, 크래커, 케이크 등이 특히 유방암 발병 위험을 크게 높인다는 통계가 있으므로 각별히 유념할 필요가 있다. 또한, 포화지방과 오메가-6가 함유된 식품, 샐러드드레싱으로 끼얹는 오일류 등과 같이 지방 함량이 엄청나게 많은 식품류는 혈중 에스트로겐

수치를 높이므로 그 결과 유방암으로 진전될 확률이 높다. 이는 신빙성 있는 코호트(Cohort, 통계공유 집단) 대조 실험에서 밝힌 사실이다. 그러니까 상기한 식품류를 완전히 배제하고 채식 위주의 식단 즉, 과일과 채소 및 통곡류 그리고 뿌리채소 등으로 식단을 바꿨을 때 에스트로겐의 수치가 급격히 감소하였다는 것이다. 이로써 고지방 함유 식품의 섭취와 유방암과는 상관관계가 있음이 증명된 셈이다.

＝전립선암(전립선비대증 참조)

ⓐ 유제품(요구르트, 버터, 치즈, 크림, 아이스크림 등), 알코올, 고GI 식품, 고콜레스테롤 식품, 육류, 설탕, 트랜스지방, 정제 탄수화물, 고지방 음식

ⓑ 십자화과 채소, 등 푸른 생선, 채소, 과일, 아마인, 아마인가루, 견과류, 씨앗류, 토마토, 흑마늘, 고섬유질 식품, 당근, 두부, 된장, 청국장, 시금치, 석류, 셀러리, 아보카도

ⓒ 비타민 C, 비타민 D, 비타민 E, 오메가-3, 아연, 쏘팔메토, 베타시토스테롤, 프로폴리스

ⓓ 채식, 특히 섬유질이 많은 채식을 비롯해 해조류의 상식이 필요하다.

ⓔ PSA(Prostate Specific Antigen, 전립선특이항원)의 정상 수치는 0~4ng/ml이며, 4~8ng/ml 이상이면 전립선암일 가능성이 크다. 현재까지 특정 원인을 찾을 수 없다고 알려져 있으나, 인슐린 유사 성장인자(IGF-1)가 암의 성장 동력이 된다고 잘 알려져 있으므로 평소 특히 고지방 육류를 배제함과 동시에 해조류를 비롯한 고섬유질 식품 그리고 프리바이오틱스(참마, 우엉, 야콘, 돼지감자, 치커리, 히카마, 양파, 마늘 등)를 상식하는 것이 좋은 영향을 줄 수 있다.

≡ 췌장암

ⓐ 정제 탄수화물, 설탕을 비롯해 설탕을 위장한 모든 당분, 트랜스지방, 고지방 육류, 알코올, 흡연, 고열량 식품, 커피, 버터, 마가린, 포화지방, 패스트푸드, 장아찌, 젓갈, 소금, 고춧가루, 고지방 육류

ⓑ 콩류, 렌틸콩, 강황, 고섬유질 식품, 프리바이오틱스, 채소, 저당도 과일, 토마토, 살구, 고구마, 시금치, 버섯, 참마, 양배추, 브로콜리, 체리

ⓒ 셀레늄

ⓓ 췌장암은 당뇨와 연관이 깊으므로 평소 식생활에 섬유질(프리바이오틱스)의 섭취를 생활화해야 한다. 아울러 당분(설탕, 액상과당 등 설탕의 가명으로 위장한 모든 당분)을 철저히 배제한다.

ⓔ 무엇보다도 췌장암에 나쁜 영향을 미치는 식품을 철저히 배제하고 그다음 좋은 식품을 꾸준히 섭취하는 것이다. 즉, 평소 마늘, 생강, 양파와 같은 항염증 식품을 상식함과 동시에 미역, 다시마 등과 같은 해조류 그리고 고섬유질 식품도 상식하는 것이 좋다.

≡ 폐암

ⓐ 흡연, 고지방 육류, 콜레스테롤, 석면, Cr^6(6가 크롬), 니켈, 비소, 카드뮴, 대기오염 등

ⓑ 토마토, 녹황색 채소, 생채식, 식물 영양소(피토케미컬), 고섬유질 식품, 흑마늘, 양파, 강황, 당근, 호박, 고구마, 녹차, 무, 노니, 망고, 석류, 머루, 포도, 콩, 쌀눈, 현미, 잡곡, 살구, 머위, 견과류(호두, 밤, 잣, 헤이즐넛 등), 된장(국), 감귤, 오렌지, 파파야, 복숭아, 시금치, 케일, 등 푸른 생선(연어, 고등어, 꽁치, 전갱이, 정어리 등), 방울다다기양배추, 콜리플라워, 브로콜리, 꽃송이버섯, 더덕

ⓒ 알티지 오메가-3, 라이코펜, 비타민 A, 프로폴리스, 밀크시슬

ⓓ 녹황색 채소, 십자화과 채소, 베타카로틴 함유 식품 등이 좋고, 특히

꽃송이버섯이 좋은 것으로 잘 알려져 있다.

ⓔ 우리는 평소 육류나 생선을 구울 때 벤조피렌이란 발암 물질이 생성되는 것을 잘 알고 있을 것이다. 하지만 오늘날과 같이 거의 도시화한 현대의 일상생활의 오염된 공기 중에도 연기와 탄소에 부착된 벤조피렌이 있다는 사실도 유념해야 한다. 우리는 도시에 살면서 숙명적으로 흡수할 수밖에 없는 치명적인 중금속은 물론 벤조피렌까지도 흡입한다. 이런 사실을 모르면 결국, 의료계에서 흔히 말하는 '원인 불명'이라는 진단을 받을 수밖에 없다.

또 최근에는 폐암 환자가 '코로나바이러스'에 특히 취약하다는 연구 결과가 있어 면역력 강화에 더욱 철저한 관리가 필요하다.

| 염증

ⓐ 포화지방, 트랜스지방, 설탕, 고GI 식품, 붉은 육류, 과일 주스, 커피, 알코올, 콜레스테롤, 오메가-6

ⓑ 강황, 생강, 마늘, 양파, 고수, 계피, 콩비지, 사워크라우트(Sauerkraut, 양배추를 발효시킨 독일식 김치), 키위, 삶은 죽순, 호두, 코코아분말, 콩류, 버섯류, 석류, 녹차, 통호밀빵, 십자화과 채소, 고구마 줄기, 무말랭이, 다시마, 고추, 로즈메리, 등 푸른 생선, 아마인 가루, 몰로키야, 유근피, 올리브유, 파슬리, 소리쟁이, 우엉

ⓒ 프로폴리스, 노니, 프로안토사이아니딘(Proanthocyanidin, 포도씨 추출물), 감마리놀렌산(Gamma-Linolenic Acid, GLA), 콘드로이틴황산

ⓓ 섬유질 섭취를 늘리면 장내 환경이 호전되면서 유해균이 감소하고 유익균이 증가하여 염증이 완화된다.

ⓔ 강황의 주성분인 쿠쿠민(Curcumin)이 염증 억제의 핵심이고, 생강의

진저올(Gingerol)은 염증을 완화해 주며, 마늘의 알리신(Allicin)은 강한 살균력으로 유해균을 살균하고, 양파의 쿼세틴(Qercetin)은 염증을 완화해 주는 것으로 밝혀진다. 또 사워크라우트는 락토바실루스 플란타룸(Lactobacillus Plantarum)이란 유익균이 대부분을 차지하는데, 이는 생리 활성 물질을 만들고 혈관 신생을 억제하는 데 기여하는 것으로 밝혀졌다.

┃ 우울증

ⓐ 흡연, 알코올, 단당류, 식품첨가물, 청량음료, 설탕, 액상과당, 가공 식품, 튀김류, 고지방 육류, 고GI 식품, 육가공 식품, 오메가-6

ⓑ 플럭토올리고당(셀러리, 미역, 양배추, 우엉, 돼지감자, 고구마 등), 아마인유, 종합 비타민, 미네랄, 계피, 정향, 기장, 수수, 테프, 아마란스, 커피(블랙), 시금치, 사프란(saffron), 양파, 녹차, 사과, 포도, 다양한 채소류, 오레가노, 타임차, 재스민차, 오미자, 연자육, 염교, 들깻가루

ⓒ 비타민 D, 프로바이오틱스, 은행잎 추출물, 오메가-3, 성요한풀(St. John's Wort), 5-HTP(5-Hydroxytryptophan), 비타민 B^6,엽산(비타민 B^9),비타민 B^{12}, 비타민 C, 비타민 E

ⓓ 평소 섬유질이 풍부한 식품[콩류, 견과류, 통곡류, 해조류, 녹황색 생채소, 당도 낮은 과일(아보카도, 그린바나나, 그린파파야, 그린망고, 딸기, 자몽 등)]을 상식한다.

ⓔ 실제로 우울증의 최대 요인은 예상과는 달리 고혈당이라고 알려진다. 따라서 우리는 무엇보다도 이 고혈당 퇴치에 주력할 필요가 있다. 단당류, 정제 탄수화물, 과식, 과도한 육류 등을 피하는 동시에 항상 장을 건강하게 유지하기 위해 평소 프로바이오틱스는 물론 그것의

먹이가 되는 프리바이오틱스의 섭취도 게을리하지 말아야 할 것이다. 이런 관련성을 증명이라도 하듯이 우리는 장내 유해균이 우울증과 깊은 관련이 있다는 사실이 연구 결과 확인되었다. 평소 당뇨와 같이 고혈당인 상태에서 우울증이 고조되었다는 연구도 있으므로 당뇨가 없어야 하고 또, 장내 유해균은 단당류(설탕, 사탕, 액상과당, 청량음료 등)와 고GI 식품을 특히 선호하므로 이를 배제하는 것이 급선무가 되겠다. 그리고 장의 벽이 새는 '장누수증후군(LGS, Leaky Gut Syndrome)'이 있으면 장의 벽으로 새어 나온 세균이 뇌에 염증을 유발하면서 우울증에 영향을 미치므로 장이 새지 않도록 평소 고섬유질 식품을 상식하는 동시에 프로바이오틱스도 상식해야 한다. 장이 새는 증후군에 대해서는 '장누수증후군' 항목을 참조하시라.

한편, 체내에 비타민 D가 부족하면 우울증이 나타난다는 연구 결과가 있어 귀추가 주목된다. 그 이유는 이 성분이 뇌에 상당한 영향을 미치는 것이기 때문이라고 알려진다. 실제로 비타민 D는 2일에 한 번 약 30분 정도만 자외선(선크림을 바르지 않은 상태로 얼굴, 팔, 다리)을 받으면 합성되는 것으로 잘 알려져 있다. 결국, 자외선이 우울증을 해결해 줄 수도 있다는 말이다. 이 말은 피부의 피하 층에 있는 에고칼시페롤(Ergocalciferol, 비타민 D²)이 자외선의 영향으로 칼시트리올(Calcitriol, 비타민 D³)로 전환돼 활성 비타민이 되기 때문이다.

▎ 이상지질혈증

ⓐ 마가린, 팜유(커피크림, 라면, 과자 등), 고지방 육류, 냉동 식품, 삼겹살, 육류의 내장, 생선알, 곰국, 버터, 마요네즈, 샐러드드레싱, 가공 식품, 케이크, 라드, 포화지방, 청량음료, 치즈, 소시지, 튀김류, 생크림, 전지분유, 마가린, 닭

내장, 라드, 카스텔라, 설탕, 액상과당, 아이스크림, 트랜스지방, 삼겹살, 육가공 식품(햄, 소시지, 베이컨 등), 고지방 육류, 과자류, 수박, 석류, 닭 간, 돼지 간, 소간, 버터, 카스텔라

ⓑ 올리브유, 보리 새싹, 들깨(가루), 흑호마, 양파, 해조류, 생호두, 생아몬드, 셀러리, 비트, 당근, 채소, 과일류, 생선 기름, 프리바이오틱스(채소류, 버섯, 잡곡, 당도 낮은 과일, 해조류, 저항성 녹말 등), 두부, 검은콩, 양파, 들기름, 조개류, 등 푸른 생선, 호박씨, 고섬유질 식품(고구마 줄기, 무말랭이, 다시마 등), 청국장, 흑마늘, 아마인유, 아마인가루, 흑호마, 식물 영양소, 콩비지

ⓒ 스피룰리나, 감마리놀렌산(Gamma-Linolenic Acid, GLA), 알티지 오메가-3, 코큐텐, 베타시토스테롤(호박씨의 성분), 키토산, 마그네슘

ⓓ 고섬유질 식품(고구마 줄기, 무말랭이, 다시마 등), 소식(열량 제한)

ⓔ GLA는 지질과 콜레스테롤을 강하하고, 스피룰리나는 콜레스테롤을 강하한다. 또 아마인유는 지질을 용해한다.

❙ 장내 유해균

ⓐ 튀김류, 단당류(설탕 및 설탕의 가명으로 위장한 모든 당분), 떡, 빵, 백미, 밀가루, 가공 식품, 육가공 식품, 고지방 육류, 섬유질이 낮은 식품, 당도 높은 과일, 고GI 식품

ⓑ 해조류, 곤약, 한천, 토란, 케일, 우엉, 콩비지, 청국장, 자색고구마, 옥수수, 쑥떡, 쑥버무리, 쑥 된장국, 사과, 사워크라우트, 삶은 죽순, 석류, 버섯류, 녹차, 홍차, 우롱차, 아마인가루, 가장, 수수, 히카마(얌빈), 참마, 테프, 아마란스, 천연 발효 식초

※ 락토바실루스 플란타룸(Lactobillus Plantarum)

  김치(숙성이 잘된 것), 사워크라우트(독일식 김치) 등에서 발견되는 체내의 가장

유익한 균의 하나로서 장누수증후군 현상이 나타나지 않도록 장벽을 보호하는 역할을 하는 것으로 알려진다. 따라서 이 균이 증식한다는 것은 유해균의 증식을 차단하여 질병을 예방하는 효과가 있다는 말이다. 평소 우리는 이러한 김치류를 상식하여 항상 장을 보호할 필요가 있다. 숙성된 김치와 사워크라우트 등에는 락토바실루스 플란타룸이라는 항염 작용을 촉진하는 박테리아가 주류라고 알려지며, 여기에서 아이소싸이오사이안산염(Isothiocyanate)이라는 생리 활성 물질이 생성돼 암세포를 사멸할 뿐 아니라 혈관 신생도 억제한다는 연구 결과가 있다. 이 유산균은 장내 유익균 중 최고의 균 중의 하나이다.

ⓒ 프로바이오틱스

ⓓ 평소 불용성 섬유질(채소, 곡류 등)과 수용성 섬유질(한천, 곤약, 미역, 다시마 등과 같은 프리바이오틱스)의 비율이 3:1일 때 장내 환경이 최적화된다. 한편 물도 하루 2L 정도 섭취해야 순조로운 장내 환경에 도움이 된다.

ⓔ 장내 세균의 환경은 섭취하는 음식물에 달려 있다. 평소 건강을 위해서는 매일 섭취하는 음식이 가장 중요하며, 장내 환경 또한 음식에 따라 상황이 좌우된다. 장 건강이 건강의 척도란 사실만 보더라도 항상 장을 건강하게 유지하기 위해 유해균의 먹이인 불량 식품을 차단하고, 유익균의 먹이가 되는 프리바이오틱스(마늘, 양파, 대파, 야콘, 돼지감자, 치커리, 히카마, 참마, 우엉, 토란, 오크라, 버섯, 십자화과 채소, 그린바나나, 그린 파파야, 그린망고 등과 같은 저당도 과일, 비트 등)와 같은 건강 식품을 상식하는 습관이 필요하다. 장에는 100조 개의 세균이 서식하는데, 그중 유해균이 15% 그리고 유익균이 15%인 것으로 알려져 있으며 그 외 중립균이 70%다. 그 무게만도 1.5~2kg이며 세균의 종류는 500여 종이나 된다. 그런데 가령 우리가 불량 식품을 섭취하여 장내 환경이 열악해지면 중립균 70%가 유해균에 합류함으로써 유해균의 비율이 85%가 된다. 건강의

적신호가 명약관화해진다. 이렇게 되는 경우 신체 전반에 악영향을 미쳐 생활습관병의 전조 증상이 나타난다. 그러므로 항상 이러한 불량 식품을 차단하고 건강 식품을 섭취하는 생활습관을 들이는 것이 좋을 것이다. '맛'이냐, 그렇지 않으면 '건강'이냐의 양자택일에서 맛을 선택하면 질병과의 전쟁에서 참패하여 나중에 처참한 전리품(대가, 代價)을 내놓아야 할지도 모른다. 가령 '건강' 쪽을 선택해도 맛있는 것들이 얼마든지 있다는 사실을 반드시 기억했으면 한다.

　참고로 유해균은 특히 단당류(설탕, 액상과당, 청량음료 등)를 가장 선호한다. 그러니 장내 유익균을 위해서 이러한 단당류를 철저히 배제해 유해균이 서식하지 못하도록 해야 할 것이다.

┃ 장누수증후군(Leaky Gut Syndrome, 장 투과성)

ⓐ 모든 종류의 당분(특히 단당류), 항염증성 약물, 고GI 식품, 정백 식품, 가공 식품, 튀김류, 고지방 육류, 케이크류, 항생제, '닭 공장'의 닭, 제산제, 방부제, 육가공 식품, 액상과당, 비스테로이드성 항염증제(아스피린, 이부프로펜 등), 통밀빵, 카페인, 알코올

ⓑ 프리바이오틱스[미역, 다시마, 곤약, 한천, 참마, 토란, 히카마(얌빈), 야콘, 돼지감자, 우엉, 치커리, 아스파라거스, 자색고구마, 십자화과 채소 등], 폴리아민(Polyamine)이 풍부한 식품류(양배추, 브로콜리, 케일, 콜리플라워, 버섯류, 녹색 채소, 어패류, 견과류 등), 압력솥에서 조리한 렌틸콩, 오징어, 굴, 게, 어패류, 쑥 된장국, 압력솥에서 조리한 퀴노아, 콩비지, 홍차, 우롱차, 알로에 베라, 마늘, 프럭토올리고당, 기장, 수수, 테프, 아마란스, 방울다다기양배추

ⓒ 셀레늄, 보이차 추출물, 코큐텐, 프로바이오틱스, 비타민 E

ⓓ 소식(열량 제한), (간헐적) 단식(저녁 식사를 건너뛰는 1일 2식), 고섬유질 식품 섭취

ⓔ 장누수증후군의 원인은 장 점막의 뮤신층이 파괴된 곳에 세균의 공격으로 상피세포가 파괴됨으로써 장내 상피세포와 세포를 상호 연결하는 '치밀 이음부(Tight Junction)'에 틈이 생겨 발생하는 것으로 알려져 있다. 그 요인으로는 렉틴(식물 단백질의 총칭), 비스테로이드성 항염증제(아스피린, 이부프로펜 등), 위산 완화제, 과음, 스트레스, 설탕, 고혈당 상태의 혈액 등으로 알려진다. 따라서 통곡류에 함유된 식물 단백질인 렉틴의 유입을 차단함과 동시에 상기한 요인의 차단이 급선무라 할 수 있다. 또 보이차(추출물)를 섭취하면 장의 벽에 뮤신층을 두껍게 하는 아커만시아 뮤시니필라(Akkermansia Muciniphila)와 같은 유익한 박테리아가 급증하여 유익균이 증가하고 유해균이 감소함으로써 뮤신층이 두껍게 형성돼 장 투과성(Intestinal Permeability)이 소멸되어 모든 질병의 원인을 차단할 수 있다고 알려진다. 보이차가 아커만시아 뮤시니필라의 성장을 촉진한다는 이론은 세계적인 심장 전문의인 스티븐 R. 건드리 박사가 자신의 저서인 《오래도록 젊음을 유지하고 건강하게 죽는 법》이란 한국어 번역본에서 밝힌 바 있다. 또한 (간헐적) 단식을 하는 등 열량 섭취를 제한하면 자가 포식 현상이 촉진돼 창자벽을 튼튼하게 만드는 아커만시아 뮤시니필라와 같은 유익한 박테리아가 증가한다고 밝힌 바 있다. 따라서 장누수증후군(Leaky Gut Syndrome, LGS)을 반드시 막도록 하는 것이 건강할 수 있는 비법이라고 할 수 있겠다. 또 프리바이오틱스에 함유된 섬유질이 분해되면 짧은사슬지방산(뷰티르산, 프로피온산, 아세트산)이 부산물로 생성되는데, 이는 장 내벽 보존, 항암, 항염증, 면역력 증강 등의 기능을 하면서 장내 유익균이 정착하게 한다. 따라서 우리는 이 섬유질의 기능을 확실히 유념할 필요가 있다.

≡ **아커만시아 뮤시니필라**(Akkermansia MucinipHila)

창자벽의 점액을 먹고 사는 유익균으로 알려져 있으며 이 균이 점액을 먹을수록 점액이 더 많이 생성되는 특이성이 있어 창자벽이 더 안전하게 된다는 것이다. 따라서 이 균이 창자 외부에서 유입되는 유해균을 막아 질병을 차단하는 효과로 인해 장수할 수 있다는 연구 결과가 있다. 연구 결과 중 특히 '면역 체계'에 엄청난 영향을 미치는 것으로 알려진다.

한편 보이차(추출물), 열량 제한(자가 포식 현상 촉진), (간헐적)단식 등을 통해서도 이 유익균의 성장을 촉진한다고 알려진다.

▌전립선비대증(Benign Prostatic Hyperplosia, BPH)

ⓐ 트랜스지방산, 설탕, 육류

ⓑ 아마인가루, 올리브유, 흑마늘, 양파, 양배추, 브로콜리, 콩류

ⓒ 알티지 오메가-3, 쏘팔메토(Saw Palmetto), 호박씨의 성분인 베타시토스테롤(Beta-Sitosterol), 아연, 비타민 E, 라이코펜, 아르지닌, 은행잎 추출물(Ginko Biloba), 코큐텐

ⓓ 섬유질이 많은 채식, 옥수수 수염차

ⓔ 남성은 나이가 들수록 테스토스테론(Testosterone)을 분해해서 제거하는 능력이 감소하면서 여성호르몬이 증가한다. 이때 디하이드로 테스토스테론(Dehydrotestosterone, DHT)으로 전환하는 5-알파 환원효소가 활발하게 작용하는 것으로 밝혀졌으며, DHT가 과잉 분비되면서 전립선이 25g 이상으로 비대해지는 전립선비대증이 찾아온다고 한다. 이때 쏘팔메토, 호박씨, 아마인가루, 아마인, 아마인유, 올리브유 등이 DHT의 생성을 감소시키면서 배뇨 문제도 완화해 주는 것으로 확인되었다. 또 섬유질이 나이가 들수록 증가하는 여성호르몬을 흡수하여 배출하므로

DHT의 과잉 분비를 억제하여 전립선의 비대를 예방할 수 있다.

≡ **베타시토스테롤 함유 식품:** 호박씨, 쌀겨, 구기자, 아보카도, 아티초크, 무, 배추 등

| 제독(해독)

ⓐ 백미, 흰 밀가루, 고지방 육류, 가공 식품, 육가공 식품, 튀김류, 유제품, 포화지방, 트랜스지방, 야식, 과식, 국수, 라면, 과자, 빵, 커피, 초콜릿, 호모시스테인, 호르몬, 항생제, 식품첨가물, 나트륨, 인돌, 스카톨, 암모니아, 방부제, 최종당화산물, 살충제, 설탕, 액상과당, 발색제, 과산화지질, 중금속, 참치, 초밥, 구운 핫도그, 구운 닭고기, 구운 생선, 베이컨 등 육가공 식품 등의 최종당화산물(AGEs)

ⓑ 흑마늘, 양파, 미나리, 쑥떡, 쑥버무리, 쑥 된장국, 생강, 오렌지, 귤, 진피, 녹차, 강황, 파, 표고버섯, 차전초껍질가루(질경이가루), 팥, 우엉, 그린바나나, 자색고구마, 부추, 미역, 다시마, 프리바이오틱스, 저당도 과일(딸기, 자두, 천도복숭아, 사과, 아보카도, 그린바나나 등), 레몬, 라임, 로즈메리, 생강, 고수, 십자화과 채소(양배추, 케일, 브로콜리, 콜리플라워, 청경채 등), 자색감자 생즙, 콤부차, 고수, 콩비지, 천연 발효 식초, 무

※ 무

무를 강판에 갈아서 식사 때 곁들여 섭취하면 '천연 소화제'인 효소가 폭증하여 소화가 촉진됨을 잊지 마시라.

ⓒ 프로바이오틱스, 프로폴리스, 밀크시슬

ⓓ 실제로 단식이 최고의 제독 방법이기 때문에 매일 1일 2식과 같은 간헐적 단식을 하거나, 1주일에 1일 단식 등 단식을 활용할 것을 적극

적으로 권장하고자 한다. 또 매일 물을 많이 섭취함과 동시에 프리
바이오틱스[해조류, 통곡류, 저항성 녹말(자색고구마, 우엉, 야콘, 참마, 돼지감자
등)]를 상식한다.

한편 우리는 일반적으로 고지방 육류가 각종 질병의 온상이 된다는
사실을 유념하면서도 그 대신 생선회를 종종 섭취하고는 한다. 하지만
거기에도 문제가 있다. 횟집에 가면 대체로 양식한 물고기가 많은데
물고기를 양식하는 과정에서 항생제를 사용한다. 설령 자연산이라고
하더라도 횟집 수족관에 이끼가 생기는 것을 막기 위해 제조제를
사용한다. 그러므로 생선회도 한꺼번에 과량 섭취하는 것을 자제해야
한다. 그리고 특히 생선의 아가미와 껍질에 비브리오균이 오염되어 있다는
것을 유념해야 한다. 이때는 잘게 채 썬 생강을 섭취하면 좋다. 생강의
진저올과 쇼가올의 강한 살균력으로 이 비브리오균을 제압할 수 있기
때문이다.

참고로, 평소 오메가-3 섭취를 위해 등 푸른 생선류를 많이 섭취하지만
이러한 생선류는 콜레스테롤의 수치 또한 높다는 사실을 유념할 필요가
있다. 사실 콜레스테롤은 인체에 반드시 필요한 물질이지만 일정 기준치를
넘어서면 중대한 질환의 발병 요인이 된다는 점을 잊지 말자. 한편 최근의
정보에 의하면 등 푸른 생선류도 수은 오염이 심각하다고 알려지므로 비록
소형 어류라 할지라도 한 번에 소량씩 섭취하는 것을 추천한다. 참고로 등
푸른 생선이 아닌 조기와 명태 같은 어류는 콜레스테롤의 수치가 낮다.

평소 고섬유질 식품을 상식하면 체내의 중금속인 납, 수은(물고기는 수은의
흡수력이 월등히 높으며, 먹이사슬에 의해 대형 물고기에 수은 함량이 높은 것으로 밝혀짐),
카드뮴(간접흡연, 마멸된 타이어 분진), Cr^6(6가 크롬) 등을 배출할 수 있다.

ⓔ 프리바이오틱스와 프로바이오틱스를 상식하면 확실히 제독할
수 있다. 실제로 일반인들은 프로바이오틱스만을 상식하는 경우가

대부분인데, 이런 경우는 장의 생태계가 최적 상태가 되는 '대사 산물'인 프리바이오틱스가 절대적으로 필요하다. 다시 말해 매일 프로바이오틱스를 먹어 유익균이 상주(常住)할 수 있도록 상기한 프리바이오틱스를 섭취하자는 것이다. 그래야만 유익균이 최적의 생태계를 유지할 수 있다. 그리고 항상 과식하지 말아야 한다. 과식 후 남은 소화 안 된 찌꺼기(쓰레기)는 독소로 변해 간으로 이동하며 간에서 미처 처리하지 못한 부패한 독소가 지방간이 되어 소위 '비알코올성지방간'으로 발전한다.

비알코올성지방간에 대해서는 앞에서 상세히 설명한 바 있다.

실제로 제독은 건강을 유지하기 위해 첫 번째로 다뤄야 할 문제임이 틀림없다. 제독이란 달리 말하면 체내에 쌓인 쓰레기, 즉 노폐물을 처리하는 일이다. 현대 의학에서는 이 문제를 거의 무시하고 무관심한 태도로 일관한다. 이러한 요인으로 질병이 발생했음에도 불구하고 현대 의학은 원인에 대해서는 모르거나 무시하기 마련이다. 그렇기에 질병이 발생한 결과에 대해서만 다루는 것이다. 그 결과 대증 요법이 탄생한 것이 아닐까. 자연의학은 현대 의학과는 그 차원이 다르기 때문에 대증 요법이 아니라 '원인 요법'에 치중한다.

다시 말해 체내에 정체해 있는 쓰레기만 잘 치워도 건강하게 살 수 있다. 그래서 변비는 만병의 근원이란 말이 나왔을 것이다. 그러면 쓰레기는 어떤 방법으로 처리할 것인가? 인체는 그 쓰레기의 75%가 대변이다. 그래서 제6대 영양소인 섬유질이 주목을 받는 것이다. 섬유질이 거의 없는 서양식 식단을 섭취하는 부류는 배변량이 그만큼 적을 수밖에 없다. 반면에 아프리카 등 고섬유질 식단을 유지하는 부류는 배변량이 많아 서양식 식단을 주식으로 삼는 사람들보다 발병률이 확연하게 낮은 것으로 밝혀지기도 했다. 또한, 소변으로도 약 20%의 독소가 배출되며 나머지는 피부를 통해 땀으로 배출된다. 따라서 상기한 세 가지 방법으로 체내 독소인 쓰레기만 잘 배출해도 다시 말해 제독만 잘해도 질병의 발병을 차단할 수 있다.

그런데 체내에 매일 쌓이는 죽은 세포를 청소하는 데만 해도 엄청난 에너지가 소모됨은 물론 외부로부터 죽은 음식(쓰레기 음식)까지 투입되면 그것마저도 청소하는 데 엄청난 에너지가 소모된다. 그러기에 외부로부터는 불가피한 최소한의 조리식만 섭취하는 것이 좋다. 그래서 에너지를 비축하여 체내의 죽은 세포를 청소하는 데 그 에너지를 써야 한다. 그리고 남은 에너지는 일하는 데 써야 한다.

가령 죽은 음식(조리식, 가공 식품 등)을 먹는다면 그걸 소화하려면 엄청난 에너지가 소모된다. 한편 이런 음식을 먹으면서 섬유질을 먹는다 해도 청소가 제대로 안 되기 마련이다. 청소하는 데 사용하는 에너지와 섬유질을 분해하는 데 사용하는 에너지는 실로 엄청난 에너지임이 틀림없다. 우리는 집안에서 청소할 때도 과거에는 빗자루와 걸레를 이용했는데, 오늘날에 와서는 그것도 힘들다며 진공청소기를 이용하고 있다. 이와 같이 되도록 힘을 비축하여 매일의 최우선 목표인 쓰레기 청소부터 하는 것이 가장 중요할 것이다.

힘(에너지)이 없으면 만사가 귀찮아진다. 그러니 '원인 요법' 즉, 예방이 얼마나 중요한지 실감할 수 있을 것이다.

그렇다면 체내 독소는 왜 생성될까? 가열한 음식과 같은 조리식과 산화된 음식에서 생성된다. 산화된 음식이란 음식 본래의 형태에서 변질된 것으로 예컨대 찌고, 삶고, 볶고, 굽고, 튀기는 등의 방법으로 열처리하여 인체가 그 변형된 독소를 거의 이용할 수 없는 음식을 말한다. 이때 이 독소는 소화관이라는 각종 장기(9m)를 거치면서 장기들에 크고 작은 상처를 주는데 이런 과정에서 세포가 퇴화하거나 죽는다. 이것이 체내의 때가 되는 것이다. 이때 만들어지는 독소는 산성이 강하기 때문에 체질이 점점 산성으로 기우는 현상이 나타나면서 체내 곳곳에 병소(病巢)를 만들어 치명상을 가져오므로 빨리 제거해야 한다. 피부의 때는 벗길 줄 알면서 피부의 독보다 훨씬 인체에 치명상을 입히는 체내 독소는 벗길 줄 모른다는 것은 자가당착이 아닐 수 없다.

실제로 건강 관리를 잘하는 사람들은 대체로 24시간마다 신진대사가 순조로이 이루어지지만, 그렇지 못한 사람들은 48시간~72시간이란 긴 시간이 소요된다. 24시간 만에 신진대사가 이루어진다고 해도 그새 또 조리식 등의 열처리한 음식물이 들어와 체내에 독소를 만든다. 우리 인체는 그야말로 쓰레기(독소)와의 전쟁터나 다름없다. 그러니 체내 제독이 얼마나 중요한지 짐작할 수 있을 것이다.

여기서 제독의 중요성을 정리해 보면, 우리 인체의 내부에는 신진대사를 통해 매일 유효기간이 끝난 죽은 세포가 엄청나게 생산되는데 이것이 바로 때(독성 물질)다. 따라서 이 독소를 매일 제거하지 않으면 인체는 독소로 오염돼 병소(病巢)가 나타나기 시작한다. 그런데 문제는 더 있다. 내부의 '세포 시체 독소'뿐 아니라 우리가 매일 아무 생각 없이 먹는 '향락식' 따위와 같은 불로 지진 음식 즉, 조리식이 또 다른 독소로 작용해 9m나 되는 소화관을 거치면서 삶고, 볶고, 튀기고, 찌고, 끓이는 등의 조리를 통해 생성된 쓰레기들이 때(독성 물질)를 만들어 인체를 멍들게 한다는 점이다. 그 외 가공 식품 등 외부로부터 유입되는 독소는 수없이 많다. 내부에서 쌓이는 독소와 외부로부터 유입되는 독소로 인해 인체는 결국 치명타를 입고 만다. 제독이 건강의 핵심일 수밖에 없다.

≡ 질병이 발생하는 원리

생체일자(生體一者)라는 말이 있다. 인간의 몸 전체는 유기적으로 통합된 하나라는 말이다. 그러니까 독성 물질이 원인이 되어 인체 곳곳에 쌓여 질병을 유발한다. 그 독성 물질이 비록 형태는 다르지만, 인체 여기저기의 가장 취약한 곳부터 건드리기 시작한다. 가령 당뇨의 경우 설탕 등의 독성 물질 원인으로, 고혈압은 염화나트륨 등의 독성 물질 원인으로, 심장병은 동물성 지방, 포화지방 등의 독성 물질 원인으로, 암은 설탕, 육류, 포화지방, 트랜스지방 등의 독성 물질 원인으로 발생한다. 따라서 독성 물질만 제거하면 즉, 제독만 하면 비록 질병의 형태는 다르더라도 모두 사라질 것이다. 그러기에 우리가 건강한 삶을 살아가는 데 최우선으로 꼽아야 할 요인이 바로 제독이다.

그럼 질병의 원인인 독성 물질이 각기 다른 형태로 작용한 결과 나타난 주요 질병의 현상을 간략하게 표로 표시하면 다음과 같다.

※ 독성 물질의 유형별 형태 및 그로 인해 발생한 질병

독성 물질의 유형별 형태	발생한 질병
설탕을 포함한 설탕의 가명으로 위장된 모든 당류	당뇨, 비만, 암, 우울증, 콜레스테롤 수치 증가, 알레르기, 조로(早老), 심근경색, 중풍, 치매 등
나트륨 등	고혈압, 심장병, 신장병, 치매 등
동물성 지방, 포화지방 등	심장병, 암 등
설탕, 육류, 포화지방, 트랜스지방 등	암 등

상기한 설명과 표를 통해 확인할 수 있듯이 질병의 형태는 각기 다르지만 질병이 발생한 원인은 한 가지, 즉 독성 물질이다. 이것은 만병유일독(萬病有一毒)이란 말과 같이 모든 병은 오직 한 가지 원인 즉, 독

때문이라는 것이다. 그러니까 비록 독성 물질의 형태는 다르지만 제독만 하면 모든 질병은 눈 녹듯이 사라진다. 제독의 중요성이 바로 여기에 있다.

우리가 매일 독소(쓰레기)를 제거해야 하는 이유는 이것이 몸이 제대로 작동하지 못하게 방해한다는 이유 하나 때문이다. 따라서 매일 생산되는 쓰레기(체내의 죽은 세포+체외에서 유입되는 죽은 음식) 청소를 최우선 목표로 삼아야 한다. 이 독소만 청소하면 병은 생기지 않는다. 그러니까 의사에 기대는 대증 요법 따위는 필요 없을 것이 아닌가!

※ 제독 식품 목록

목록	대표적인 제독 효용성
청국장	항당뇨, 항중풍(뇌경색) 등
대추	항불면증, 항노화 등
오미자	기침 등
마늘	항암, 수은 배출 등
부추	활성산소 제압 등
참마	유해균 제압 등
감귤류	항스트레스 등
우엉	항당뇨, 항변비, 항암 등
생강	항감기, 소화 촉진, 혈관 청소, 체온 상승 등
곤약	항비만, 항변비 등
고구마	항고혈압 등
강황	항치매, 항암 등
양파	혈관 청소, 항이상지질혈증 등
파래	항빈혈, 항암, 혈관 건강 등
미나리	항통풍, 혈관 건강 등
무	소화 촉진 등
김 (조미한 김 제외)	눈·간·뼈·갑상선·혈관 건강, 항암 등
미역 (미역귀 포함)	항고혈압, 항당뇨, 항골다공증, 항암 등
다시마	항고혈압, 항당뇨, 항골다공증, 항암 등

※ 인체의 대표적 장기의 제독 식품

인체의 제독 주요 장기	제독 식품
간	엉겅퀴, 헛개나무, 결명자, 쑥, 다슬기, 십자화과 채소, 차전초(질경이), 민들레, 아티초크
대장	섬유질, 그린바나나, 미역, 다시마, 톳, 우엉, 고구마, 생채소, 프리바이오틱스, 곤약
신장	오이, 수박, 생강, 팥, 우엉, 옥수수수염, 산수유

기타 호흡(복식호흡)이나 땀(운동, 목욕) 등으로 제독하는 방법이 있으나
여기서는 생략한다.

| 주의력 결핍증(Attention Deficit Disorder, ADD)

ⓐ 설탕, 과자류, 백미, 흰 밀가루, 가공 식품, 식품첨가물 함유 제품[도넛,
아이스크림, 청량음료, 케이크. 파이, 육가공 식품(햄, 소시지, 베이컨 등)] 등
ⓑ 견과류, 콩류, 씨앗류, 통곡류, 등 푸른 생선, 프리바이오틱스, 고섬유질
식품(고구마 줄기, 무말랭이 등)
ⓒ 감마리놀렌산, 프로바이오틱스. 오메가-3, 칼슘, 마그네슘,
밀크시슬(실리마린이 주성분)
ⓓ 당분이나 가공 식품 등을 멀리하고, 섬유질이 풍부한 음식을 섭취하면
대장의 독소가 배출되어 집중력 함양에 도움이 된다.
ⓔ 식품첨가물이 함유된 음식이 원인이 되므로 당분, 지방, 소금 등을
배제하고 유기농 위주의 자연식품 섭취에 치중해야 한다.

| 중풍

ⓐ 설탕, 액상과당, 백미, 흰 밀가루, 김치류, 고지방 육류, 버터, 마가린, 포화지방, 트랜스지방, 가공 식품, 라면 등의 인스턴트 식품, 커피

ⓑ 콩류, 견과류, 씨앗류, 녹황색 채소, 청어, 프리바이오틱스, 고섬유질 식품(고구마 줄기, 무말랭이, 다시마 등), 문어, 오징어, 콩비지, 키위, 그레이프프루트[자몽], 귤, 오렌지, 진피가루, 방풍, 우엉, 연근, 표고버섯, 파슬리, 양배추, 셀러리, 아스파라거스, 두릅, 시금치, 무, 무청, 양파, 미나리, 매실, 당근, 차조기, 생강, 머위, 견과류, 어패류

ⓒ 아르지닌, 키토산, 감마리놀렌산, 아마인유, 글루코사민, 은행잎 추출물(Ginko Biloba), 셀레늄, 알티지 오메가-3, 코큐텐, 마그네슘, 비타민 C, E, 타우린, 깅코, 칼륨, 비타민 B^6, 엽산(B^9), B^{12}

ⓓ 열량 섭취 제한(항상 소식)하는 것이 중요하고 과식하지 않는 것이 좋다.

ⓔ 고혈압의 원인인 동맥경화를 막기 위해 염분 섭취를 제한하는 것이 중요하고, 항상 고섬유질 식품을 섭취하여 장 청소를 철저히 하는 것이 최고로 중요하다. 또 타우린 함유 식품이 콜레스테롤을 분해하므로 뇌의 혈류를 원활히 할 수 있다. 또 동맥경화를 유발하는 호모시스테인(Homocysteine, 특정 아미노산의 소화 후 독성 물질)의 수치를 낮추기 위해 비타민 B^6, 엽산(비타민 B^9), 비타민 B^{12}를 섭취한다. 그리고 소식 또는 1일 2식으로 열량 섭취를 제한하면 미토콘드리아가 활성산소로부터의 피해가 최소화되면서 그 기능이 향상되기 때문에 중풍은 물론 알츠하이머치매나 파킨슨병 등의 발병 위험을 줄일 수 있다는 사실이 입증되었다.

사실 중풍은 뇌경색, 뇌출혈, 뇌색전 등의 원인으로 혈관에 장애가 발생해 노화된 혈관이 터지거나 막혀 산소와 영양이 혈관에 원활하게

공급되지 못함에 따라 발생한다. 물론 그 원인은 고혈압이나 당뇨이므로 그로 인해 동맥경화가 나타난다. 따라서 상기한 원천 질병을 미리 차단하는 것이 중요하므로 평소 예방적 차원에서 저항성 녹말이나 고섬유질 식품을 상식하는 것이 바람직하고 또 나트륨의 섭취도 제한하는 것이 중요하다.

다시 말해 중풍의 원인을 처음부터 거슬러 올라가서 분석해 보면, 나트륨, 포화지방, 트랜스지방, 콜레스테롤 등의 과잉 섭취로 인해 고혈압, 이상지질혈증 등이 유발되고 이로 인해 뇌출혈이나 뇌경색 또는 뇌색전이 나타난다. 그러므로 중풍의 발병 원천을 차단('원인 요법')하는 것이 무엇보다도 중요함을 알 수 있다. 하지만 중풍의 예후도 중요하지만, 일단 생명을 유지하는 데도 산소와 영양이 부족하면 우울증이 나타날 수 있고, 더 위험한 치매도 유발할 수 있다는 것을 유념하자.

또 소위 '장청뇌청(腸淸腦淸)'이란 말과 같이 암모니아 가스가 없는 장이 곧 뇌도 맑게 한다는 사자성어에 유념해야 할 것이다. 게다가 장내 상황이 악화하여 게실(憩室)까지 발생하면 그 속에는 기생충은 물론 세균, 담즙산, 부패한 찌꺼기까지 포함된, 그야말로 시한폭탄의 온상이라고 할 수 있다. 나아가 폴립(Polyp)도 발생할 가능성도 있으니 보양식 섭취를 우선으로 하기보다는 먼저 제독 즉, 체내에 정체된 독성 노폐물을 어떻게 신속히 배출하는가에 초점을 두어야 할 것이다.

| 치매

ⓐ 베이킹파우더, 양은냄비에서 조리한 음식, 알루미늄 포일로 포장한 음식, 제산제, 감자와 고구마 구이용 알루미늄 포일, 알루미늄 냄비에서 조리한 음식, 피자, 인스턴트 식품, 탄산음료, 소 내장, 과일 주스, 꿀,

단풍당, 흰쌀밥, 튀김, 치즈, 코코넛오일, 팜유, 큰 생선(대구, 참치, 농어, 상어, 삼치, 농어, 랍스터, 청새치, 대방어 등), 알코올, 양식 어류, 마요네즈, 치즈, 버터, 우유, 요구르트, 크림, 포화지방, 트랜스지방, 고지방 육류, 뻥튀기, 고GI 식품, 정크푸드, 최종당화산물(베이컨 등의 육가공 식품, 구운 생선, 구운 핫도그, 구운 닭고기 등)

ⓑ 강황, 올리브유(1일 2큰술), 견과류, 녹황색 채소, 등 푸른 생선, 청국장, 흑호마, 들깻가루, 시금치, 브로콜리, 솔잎가루, 늙은 호박, 아마인유, 오징어, 문어, 낙지, 조개류, 두유, 콩류, 검은콩, 프리바이오틱스, 자색고구마, 아티초크, 겨자잎, 아마인가루, 치아씨, 피망, 청경채, 로즈메리, 타임, 세이지, 통밀 파스타, 레몬즙, 천연식초, 콜라도, 차이브, 표고버섯, 콩비지, 베리류, 기장, 수수, 테프, 아마란스, 송홧가루, 사프란, 식물 영양소, 녹차, 쇠비름, 코코아분말, 흑마늘

ⓒ 오메가-3, 레시틴, 은행잎 추출물, 엽산, 마그네슘, 비타민 B^{12}, 아연, DHEA(Dehydroepiandrosterone), 프로바이오틱스, 홍삼(식약처에서 인가한 것), 깅코, 프로안토사이아니딘(Proanthocyanidin, 포도씨 추출물), 비타민 C·E

ⓓ 평소 프리바이오틱스(야콘, 돼지감자, 참마, 히카마, 우엉, 대파, 양파, 마늘 등)를 상식하는 것이 좋고, 또 양파가루와 들깻가루로 드레싱을 만들어 샐러드를 상식하는 것도 좋다. 그리고 베타아밀로이드란 플라크를 취침 중에 소멸시키기 위해 석식을 최소화하거나 석식을 생략하는 것도 좋은 방법이다.

ⓔ 평소 트립토판(Tryptophan)이 함유된 식품(코코아, 그린바나나, 호박씨, 브라질너트, 달걀, 콩, 청국장, 연어, 시금치, 토종닭, 아보카도 등)을 섭취하면 행복 호르몬인 신경전달 물질 세로토닌(Serotonin)이 형성되고, 이것은 다시 멜라토닌을 형성하여 숙면을 유도하며, 숙면하면 뇌에 베타아밀로이드란 플라크 형성이 소멸된다. 또 평소 음식을 잘 씹어 먹으면 해마와 전두엽을 자극하기 때문에 기억력이 좋아지고 인지능력을 향상할 수 있다.

그리고 석식(夕食)을 일찍 아주 가볍게 먹거나 생략하면 낮 동안에 뇌에 쌓인 베타아밀로이드를 제거하는 데 도움이 된다. 결국, 수면 중에는 소화해야 할 음식물이 위장에 거의 남아 있지 않아서 독성 플라크인 베타아밀로이드가 쌓이지 않는다.

한편 당분이 단백질과 고온에서 반응(당화 반응= 마이야르 반응)하면 최종당화산물(AGEs)이란 치명적인 독소가 생성되는데 과도하게 생성될 경우 동맥경화를 유발하고 췌장에서는 인슐린 생성을 억제하며, 뇌에서는 베타아밀로이드란 플라크가 더 뭉쳐서 치매를 유발하는 원인이 되기도 한다. 따라서 어쨌든 이 AGEs란 독소가 발생되더라도 최소화하는 것이 중요하다. 이 물질은 특히 구수한 냄새가 풍기는데, 이 향에 취하면 안 된다. 왜냐면 그 구수한 향이 바로 독소이기 때문이다. 암갈색의 빵 껍질, 누룽지, 커피, 콜라, 불에 구운 고기류, 튀긴 고기 등에 이 독소가 많다는 사실을 인식하고 찌거나 삶아 먹는 방법을 택하여 이 물질이 생성되지 않도록 해야 할 것이다.

여기서 우리는 당뇨와 치매의 연관성에 대해서 알 수 있다. 음식의 최종 산물인 포도당은 췌장에서 분비된 인슐린의 작용으로 세포 속으로 유입되는데, 이때 인슐린 분해효소가 관여해 인슐린을 분해한다. 하지만 과도한 포도당으로 인해 인슐린 분해효소가 부족해질 수밖에 없는데, 문제는 인슐린 분해효소가 베타아밀로이드(알츠하이머치매의 원인 물질)도 분해한다는 점이다. 따라서 알츠하이머치매는 당뇨로 인해 뇌의 베타아밀로이드가 분해되지 못하고 축적되는 현상이 원인이기에 현재 제3형 당뇨병 또는 뇌의 당뇨병이라고 부른다.

또 소식 또는 1일 2식으로 열량 섭취를 제한하면 미토콘드리아가 활성산소로부터 피해가 최소화되면서 그 기능이 향상되기 때문에 중풍, 알츠하이머치매, 파킨슨병 등의 발병 위험을 줄일 수 있다는 사실이 입증되었다.

한편 치매가 발생하는 종류를 보면 알츠하이머가 60%, 그리고 혈관성 치매가 30% 그 외 약 10%인 것으로 나타났다. 이 중 알츠하이머는 원인이 확실하지 않아 상당 기간 베일에 가려져 있었는데, 최근 세계 최고의 신경학 전문가인 딘 세르자이와 아예사 세르자이에 따르면 알츠하이머도 그 원인이 식습관과 생활습관에 있다고 해명한 바 있다. 우리는 사실 자신의 운명을 바꿀 만큼 중요한 식습관과 생활습관을 다시 한번 인생의 중대한 선택이라 생각하여 명심할 필요가 있다.

┃ 통풍

ⓐ 오메가-6, 설탕, 꿀, 액상과당, 과자, 육류, 육류의 내장, 맥주
ⓑ 자색감자 생즙, 녹황색 채소
ⓒ 알티지 오메가-3, 쿼세틴, 엽산(비타민 B⁹)
ⓓ 평소 섬유질이 함유된 식품을 상식한다.
ⓔ 요산으로 신장이 손상되므로 퓨린이 많이 함유된 육류나 육류의 내장을 피하고 저항성 녹말이나 해조류 등의 고섬유질 식품을 상식하는 것이 바람직하다.
　참고로, 통풍을 완치하지 않고 적당히 넘기는 경우 향후 각종 퇴행성 질환이 발생할 수 있다.

┃ 퇴행성관절염

ⓐ 마가린, 설탕, 액상과당, 향신료, 알코올, 가공 식품, 백미, 커피, 흰

밀가루, 트랜스지방, 우유

ⓑ 녹황색 채소, 당도 낮은 과일(아보카도, 딸기, 그린바나나, 그린파파야, 그린망고 등), 통곡류, 콩류, 견과류, 씨앗류, 등 푸른 생선, 강황, 생강, 양파, 아마인가루, 흑마늘, 셀러리, 파슬리

ⓒ 알티지 오메가-3, 보스웰리아(Boswellia), 비타민 C, E

ⓓ 프리바이오틱스[해조류, 통곡류, 저항성 녹말(자색고구마, 토란, 야콘, 참마, 돼지감자, 우엉 등과 같이 프로바이오틱스의 먹이가 되는 식품)]를 상식하여 장내 환경을 고도로 유지하면 퇴행성관절염도 치유의 길이 열릴 수 있다.

ⓔ 보스웰리아는 관절의 혈행을 원활하게 하고 항염 작용도 한다고 알려진다.

▎파킨슨병

ⓐ 고지방 육류

ⓑ 호박, 견과류, 씨앗류, 생채소, 당도 낮은 과일(딸기, 아보카도, 그린바나나, 그린망고, 그린파파야, 자몽, 오렌지, 키위, 사과 등), 생선류, 두부, 콩, 케일, 프리바이오틱스(생해조류, 저항성 녹말 등), 흑마늘

ⓒ 코큐텐, 칼슘, 비타민 D³, 프로바이오틱스, 은행잎 추출물(Ginko Biloba), 비타민 A, 비타민 C

ⓓ 장내 환경이 열악하지 않기 위해 프리바이오틱스 등 고섬유질 식품을 상식한다. 또 항상 자율신경의 장애가 없도록 변비를 철저히 해결하도록 한다. 소식(열량 제한)도 중요한 요인이다.

ⓔ 프리바이오틱스와 프로바이오틱스를 상식하여 장내 환경을 고도로 유지해 주면 뇌 질환을 유발하는 암모니아, 인돌, 스카톨 등의 생성을 차단할 수 있다.

또 소식 또는 1일 2식으로 열량 섭취를 제한하면 미토콘드리아가 활성산소로부터 피해가 최소화되면서 그 기능이 향상되기 때문에 중풍, 알츠하이머치매, 파킨슨병 등의 발병 위험을 줄일 수 있다는 사실이 입증되었다.

이 질환은 스트레스로 교감신경의 지속적인 긴장으로 인해 뇌혈관이 변질되어 발생하는 것으로 알려진다. 실제로 이 질환의 환자는 대체로 변비가 극심하다는 통계가 있으므로 제일 먼저 변비가 나타나지 않도록 최선을 다하는 것이다. 왜냐하면 이 질환 같은 신경계 질환은 장 문제가 원인인 것으로 밝혀졌기 때문이다. 장청뇌청(腸淸腦淸)이란 말이 있는데, 장이 건강해 유익균이 많으면 뇌도 건강하다는 말이다. 따라서 장내 유익균이 잘 서식할 수 있는 환경을 만들어 주면 변비와 같은 장 질환이 사라지게 되는데, 결국 장내 유익균이 스트레스를 제압하는 것이라고 설명할 수 있겠다.

한편 이 질환은 렉틴 및 치명적인 독소인 지질다당류가 뇌까지도 혈류를 타고 이동한 결과로서 그로 인해 도파민을 생성하는 뇌의 '흑질' 세포를 파괴하는 때에 증세가 나타나는 것으로 알려진다. 이때 GABA 등의 신경 전달 물질의 기능이 차단된다.

이를 보면 우리는 장에 유익균을 키워야 한다는 결론을 얻을 수 있다. 장을 '제2의 뇌'라도 하는 것도 장에 유해균을 차단하는 동시에 유익균을 증식시켜 변비를 막는 것은 물론 모든 뇌 질환에도 막대한 영향을 주기 때문이다.

참고로, 이 책 2부 4장의 변비 항목, 장내 유해균 항목, 제독 항목을 참조하시면 도움이 될 수도 있을 것이다.

여기서 다시 한번 강조하지만, '변비는 만병의 근원'임을 잊지 마시라.

┃ 활성산소

ⓐ 중금속(대형 어류로부터 수은 등이 유입됨), 흡연, 알코올, 과산화지질, 인스턴트 식품, 포화지방, 트랜스지방, 백미, 흰 밀가루, 커피크림, 방부제, 산미료, 유화제, 감미료, 설탕, 액상과당, 조미료, 팽창제, 튀김, 가공 식품, 육가공 식품, 고지방 동물성 식품

ⓑ 콩비지, 오렌지, 귤, 진피, 레몬, 라임, 브라질너트, 흑마늘, 식물 영양소(피토케미컬), 프로안토사이아니딘(Proanthocyanidin, 포도씨 추출물), 보리 새싹, 해조류, 파, 무, 겨자, 버섯류, 허브류, 향신료, 그린커피빈, 천연 발효 식초, 코코아분말

ⓒ 프로폴리스, 코큐텐, 셀레늄. 알파리포산(Alpha-Lipoic Acid, ALA), 비타민 A·C·E, 은행잎 추출물

ⓓ 식물 영양소(피토케미컬)를 매일 섭취하도록 한다.

ⓔ 활성산소가 만병의 근원이란 말이 있다. 즉, 질병의 90%가 활성산소 때문이라는 것인데, 그 발생 요인은 다양하다. 스트레스로 교감신경이 긴장하면 활성산소의 생산이 증가한다는 것이다. 또 과식할 경우 활성산소의 증가 폭은 상상 이상이라고 한다. 또 특히 중요한 사실은 당화 반응(마이야르 반응) 때 그 증가 폭이 극적으로 증가한다는 사실이다. 이것은 미토콘드리아가 제 기능을 상실함에 기인하는 것인데, 이런 경우 최고의 장수 식품으로 인정받고 있는 제7대 영양소인 식물 영양소로 유익균이 잘 서식할 수 있는 환경을 만들어 주면 유해균이 사라지면서 활성산소도 제압할 수 있다. 따라서 우리는 식물 영양소(피토케미컬)가 활성산소를 제거하는 능력이 탁월하다는 사실을 인식해야 할 것이다.

특히 고지방 동물성 식품은 활성산소를 대거 발생시키는 요인으로 지목되고 있으므로 삼가야 한다는 것인데, 결국 활성산소는 암을

유발하는 중대한 요인이 되기 때문이다.

≡ 활성산소와 산화질소(NO)의 상관관계

활성산소는 산화질소를 파괴하는 반면에 산화질소는 활성산소를 최소화해 혈액이 응고돼 혈전이 생성되는 것을 막고 동맥경화를 예방한다. 따라서 산화질소의 생성을 촉진하는 생선, 콩, 견과류, 참마, 청국장, 우엉 등과 같이 아르지닌(Arginine)이 함유된 식품을 섭취해야 할 것이다. 운동 또한 산화질소를 증가시킨다.

≡ 40세 이후 절반으로 감소하는 산화질소

산화질소는 혈관 내피에서 생성되며 체내의 혈관을 확장시켜 혈액 순환을 원활하게 해주는 가장 강력한 인자이다. 이 물질은 40세 이후가 되면 절반으로 뚝 떨어져 혈관이 경화되고 막혀 뇌졸중, 심장병 등의 위험이 증가한다. 점차 나이가 드는 상태에서 음주, 흡연, 운동 부족, 육류의 과다 섭취 등이 부수적인 원인이 되어 산화질소의 생성을 더욱 위축시키게 된다. 그러므로 인위적으로 산화질소를 보충해 줘야 한다.

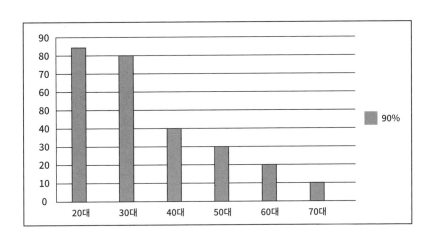

상기의 도표에서 알 수 있듯이 10세 때는 산화질소의 양이 90%인데, 40세 때는 절반 이하로 감소함을 알 수 있다. 40세 이후부터는 산화질소의 양이 절반으로 감소하므로 혈행의 장애가 가속화되면서 노화의 진행과 뇌졸중 및 심장병 발병의 위험 또한 가속화된다.

평소 운동량이 부족하거나 과식을 할 경우에도 체내 산화질소의 양이 급격하게 저하한다. 산화질소는 혈관을 확장시켜 혈행을 원활히 하므로 산화질소의 보충에 적극적으로 대처해야 할 것이다.

▐ 황반변성

ⓐ 알코올, 고지방 육류, 고콜레스테롤 식품, 고혈압 유발 식품, 동물성 식품(활성산소 유발)

ⓑ 적채, 자색고구마, 블루베리, 아로니아, 파슬리, 등 푸른 생선(연어, 고등어, 정어리, 전갱이, 멸치 등), 시금치, 케일, 겨자잎, 옥수수, 사프란, 물냉이, 노란색 잎채소, 그린망고, 그린파파야, 난황, 브로콜리, 결명자차, 국화차, 구기자차, 오크라, 비트그린, 양배추, 키위

ⓒ 루테인(마리골드꽃 추출물), 제아잔틴, 아스타잔틴(헤마토코쿠스 추출물), 비타민 A·D·E

ⓓ 참치와 같은 대형 어류는 수은 오염이 많으므로 삼가는 것이 좋다.

ⓔ 자외선 중 UVA, UVB는 파장이 길어 눈까지 도달하게 되는데, 특히 UVA는 자외선의 90% 이상이나 되어 각막, 수정체, 망막까지 침투하여 이 질환을 유발하기도 한다. 따라서 고지방 육류, 단당류, 인스턴트 식품, 고GI 식품 등을 만류하면서 저당도 과일, 고섬유질 식품, 채소류, 통곡류, 난황, 케일과 브로콜리와 같은 십자화과 채소, 루테인과 아스타잔틴이 많은 식품류, 비타민 A·D·E와 같은 식품을 선호하면 이 질환의 진행을 차단할

수 있다.

참고로, 베타카로틴, 루테인, 제아잔틴, 아스타잔틴 함유 식품을 열거한다.

※ 베타카로틴 함유 식품

브로콜리, 케일, 시금치 등의 녹황색 채소, 호박, 당근, 고구마 등

※ 루테인(수정체 조직에 필수적인 영양소) 함유 식품

시금치, 브로콜리, 케일, 키위, 자두, 복숭아, 망고, 파파야, 오렌지, 고구마, 로메인 상추, 레드파프리카, 아보카도, 무청, 난황

※ 제아잔틴 함유 식품

호박, 오렌지, 레드파프리카, 케일, 시금치, 무청

※ 아스타잔틴 함유 식품

헤마코코쿠스, 연어, 송어, 바닷가재, 크릴새우, 게 등

※ 아스타잔틴(Astaxanthin)과 카로티노이드 계열 식물 영양소와의 항산화력 비교

아스타잔틴은 눈의 피로를 풀어 주는 효능이 있는 것으로 알려지면서 세인의 관심이 집중되고 있다. 최근 북극에서 서식하는 미세 조류인 헤마토코쿠스(Hematococcus)가 아스타잔틴 함량이 많다고 알려짐에 따라 눈의 피로 회복에 도움이 될 것을 기대하는 것이다. 아스타잔틴은 헤마토코쿠스 외에도 크릴새우, 연어, 새우, 송어, 바닷가재, 게 등에도 함유된 것으로 알려진다.

한편 이 물질은 인체 실험 결과 눈 조절력 개선, 눈 이완 속도 개선, 망막 모세혈관 혈류량 증가 등이 있다고 알려진다.

베타카로틴	30
라이코펜	44
제아잔틴	57
아스타잔틴	**88**

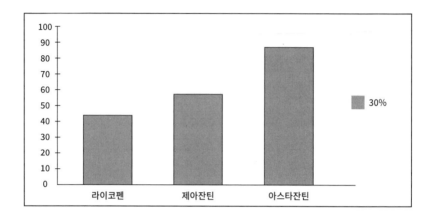

〈출처: Martin, H. D. et al., Pure Appl. Chem., 1999〉

5장 자녀 건강 지침

1. 자연식과 아토피

 오늘날은 과거와는 달리 먹거리가 넘쳐나는 시대가 되었다. 과거 우리의 부모 세대는 먹을 것이 없어 초근목피에 의존해 살았기에 2세들만은 잘 키워야 한다는 일념으로 살았다. 그런 일념으로 살아온 과정이 헛되지 않았는지 오늘날에는 그야말로 무엇 하나 부족한 것 없이 풍요의 시대를 맞이하고 있다. 하지만 우리는 이 풍요의 시대를 방종의 시대로 몰아가며 미래를 어둡게 하고 있다. 오늘날의 청소년 역시 미래의 주인이 되어 2세를 낳아 키울 텐데 이들의 식생활이 너무나 참담하기 짝이 없는 현실이 되었다. 부모의 건강이 2세에 유전되는 사실만 보더라도 기성세대로서는 그들의 행동을 마냥 편안하게만 바라볼 수 없다. 현재 청소년의 식생활이 자연에 가까운 식단으로 건전해야 그들의 2세 역시 튼튼할 것이 자명하다. 기성세대는 이들의 식생활을 교육할 의무가 있다. 그러기 위해서는 우리 기성세대가 자연이 주는 영양에 관한 지식을 잘 습득해야 할 것이다.

 그리하여 그들에게 자연 식품에서 나오는 참맛을 가르쳐야 한다. 그리하여 그 참맛을 습관으로 바꿔 줘야 한다. 습관이 중요하다. 습관이 되지 않은 상태에서 육식이나 청량음료나 가공 식품이나 인스턴트 식품을 먹지 못하게 한들 소용이 없다. 우리 기성세대는 자녀들만큼은 잘 키우고 싶어 상급 학교 진학에만 몰두한 채 먹을거리에는 관심을 두지 않는 경우가 허다하다. 어릴 때부터 탄수화물 중독을 시키려고(?) 떡볶이를 예사로 먹이고 있지만 정작 자신들이 먹고 싶어 아이들을 데리고 가는 것은 아닌지 곰곰이 생각해 봐야 하지 않을까? 실제로 쌀밥 한 공기로 떡볶이를 만든다면 과연 얼마의 떡볶이가 나오는지 한번 생각해 본 적이 있는가? 극소량밖에 나오지 않는다. 하지만 시중에 있는 양은 상당히 많은 양이며 그 양에 함유된 열량 또한 상당하다는 사실을 알아야 할 것이다. 부모는 자녀에게 어릴 때부터 '향락식을 단속하는 교육'을 철저히 해야 하며, 그렇게 해야 나중에 이들이 2세를 낳을 때도 건강한 태아를 낳을 수 있다는 사실을 알려야 한다. "시작이 반이다."라는 속담이 말하듯이 첫 단추를 잘 끼워야 한다. 그리하여 무리 없이 좋은 식습관에 젖도록 훈련시켜야 할 것이다. 어릴 때부터 녹즙도 먹이고, 채소도 먹이고, 된장국도 먹이고, 콩과 두부도 먹이는 등 자연식 중심의 식생활을 자연스럽게 받아들이도록 하면 2세 역시 건강한 약알칼리성 체질이 될 것이 명약관화할 것이 아닌가!

사실 아이들의 아토피는 중금속의 오염이 그 원인이라고 알려진 지 오래되었다. 하지만 우리 부모들은 그 이유를 명확히 모르고 있으며, 아토피가 나타나면 치료차 병원만 찾기 일쑤다. 실제로 아이들은 섬유질은 잘 안 먹으려고 한다. 또한, 패스트푸드를 즐겨 먹는 버릇이 있다. 우리 부모들이 미리 교육하지 않았기 때문일 것이다. 아이들의 중금속 오염도는 성인보다 오히려 더 많다는 검사 결과가 있다. 아이들은 체세포가 성인보다 적기 때문에 성인보다 많이 검출될 경우 훨씬 더 위험할 수밖에 없다.

2. 청소년 당뇨 급증

부모들의 무관심 속에서 우리 아이들은 맛있는 것 찾기에 혈안이 되고 있다. 청량음료, 과일 주스, 과자, 인스턴트 식품, 쿠키, 사탕, 아이스크림, 콜라, 붕어빵, 호떡, 와플, 꽈배기, 도넛, 쨈, 스낵, 과자, 콜라, 사이다, 시리얼,

버터 팝콘, 치즈 팝콘 등 수없이 많은 불량 식품들이 우리 아이들을 멍들게 하고 있다. 현명한 부모라면 자신들의 자녀들이 이런 불량 식품을 먹도록 방치하지 않을 것이다. 사람이 살아가는 데 있어 가장 중요한 것이 바로 음식 섭취가 아닐까? 어릴 때부터 잘못 길들면 성인 때까지 이런 버릇이 계속되어(세 살 버릇 여든까지 간다는 말은 이미 기정사실이 되었다) 평생으로 이어진다는 사실에 경각심을 가질 필요가 있다.

그런데 상기한 식품들은 대체로 많은 당분이 함유돼 있다. 특히 콜라 한 캔에는 32g, 아이스크림 한 개에는 25g, 쿠키 한 개에는 22g의 당분이 함유된 것으로 조사된 바 있다. 하지만 이런 주전부리 외에도 과일도 있고, 쌀밥도 있고, 라면, 중국 음식, 튀김류 등 수많은 음식에도 당분이 많이 들어 있어 어릴 때부터 아이들의 건강을 위협하고 있다. 결국, 당분을 과잉 섭취해서 어릴 때부터 당뇨, 비알코올성지방간 등에 걸려 세상을 깜짝 놀라게 하는 시대가 되어 버렸다. 또 단 음식을 먹으면 장내에서는 유해균이 득실거리면서 장내 환경이 열악해져 장 건강과 대사에 적신호가 켜진다. 그 결과 심각한 복통을 호소하는 아이들이 증가하고 있다.

그렇다면 우리 부모들은 손 놓고 아이들의 행동을 방치하고만 있었을까? 물론 가정교육이 훌륭한 집안에서는 엄격하게 교육하고 있을 것이다. "매를 아끼면 아이를 망친다(Spare the rod and spoil the child)."라는 속담이 있듯이 우리는 아이들이 어릴 때부터 삐뚤어지지 않도록 확실히 바로잡아 나가야 하지 않나 생각해 본다.

3. 청소년기에 급성장한 사람

사춘기가 빨리 오는 아이들이 있다. 그런데 그 근원을 아는 부모들이 많지 않다는 게 문제다. 여자아이의 경우 9~10세 때 생리를 시작한다.

단지 우리 아이는 성장이 빨라서 그러나 짐작만 할 뿐이다. 그런데 그 빠른 성장의 배경에는 부모가 있다. 아이들을 빨리 키우기 위해 아이들이 좋아하는 피자, 불고기, 갈비, 우유, 유제품, 달걀 등의 동물성 식품을 과량으로 섭취시키고 있다는 점이다. 키나 덩치만 키우는 것이 과연 좋을까? 우리는 반문하지 않을 수 없을 것이다. 왜냐면 우리 인간은 동물과는 달리 천천히 성장하도록 고안됐기 때문이다.

4. 우유(무지방 우유 포함)에 대한 관점

자연의 섭리를 일례로 보면, 송아지는 태어나자마자 걷는다는 사실을 알 수 있다. 동물의 세계를 보면 초식동물과 같은 포식자의 사냥감은 태어나자마자 걷기 시작한다. 오로지 도망치는 것이 유일한 무기이기 때문이다. 포식자의 먹이가 되지 않기 위해 도망가는 길밖에 다른 방법이 없다. 송아지를 비롯해 이런 초식동물은 모유 속에 함유된 인슐린 유사 성장인자(IGF-1)가 있어 빨리 성장되도록 설계된 것과는 달리, 인간은 늦게 성장하도록 설계됐다는 점이 상이하다. 우리 인간은 1~2년이 되어야 걷기 시작한다. 그렇게 설계되었기 때문이다. 그런데 모유와는 달리 아이에게 우유를 먹이는 경우 더 빨리 성장하게 된다. 이것을 두고 좋은 현상이라고 생각하지만 늦게 성장하도록 설계된 인간에게는 그다지 좋은 현상은 아니다. 급성장의 요인인 우유를 먹이지 않는 대신 다른 영양소로 성장 동력을 찾는 것이 현명하게 육아하는 방법일 것이다.

사실 우리가 칼슘을 보충하는 차원에서 우유 섭취를 강조하고 있지만, 이때 칼슘과 동시에 마그네슘이 동반되어야 효과적인 흡수를 기대할 수 있다. 즉, 칼슘과 마그네슘의 섭취 비율이 2:1이 되어야 칼슘의 흡수율이 높아진다는 것이다. 하지만 우유에는 그 비율이 10:1로 마그네슘보다 칼슘이 압도적으로 많아 칼슘이 제대로 흡수되지 않는다. 또 우유에는 카세인 A1(Casein, 우유 단백질 중 80% 이상 함유)이란 물질이 모유에 비해 엄청나게 많이 함유돼 있다는 자료가 있는데, 이는 칼슘의 흡수를 차단하는 물질로 알려진다.

다시 한번 강조하지만, 우리는 평소 칼슘을 보충해 보겠다면서 우유를 섭취한다. 그것도 특히 성장기 아동들에게 더욱 강조하고 있다. 뼈를 성장시키려면 칼슘도 중요하지만, 설탕과 액상과당을 섭취하지 않는 것이 더 중요하다. 당분은 배출되는 과정에서 체내의 칼슘을 함께 데리고 나가기 때문이다. 그래서 설탕을 '칼슘 도둑'이라고도 했던 것이다. 또 '칼슘 강화 우유'는 어떤가? 칼슘만 많아져 봤자 소용이 없다. 그에 상응하는 마그네슘과 인이라는 성분도 상응해야 칼슘의 함량에 보조가 맞춰져 제대로 흡수가 되는 것이다. 그 보조가 맞지 않으면 칼슘의 흡수는커녕 마그네슘의 과다 배출 현상이 나타나 골다공증까지 유발될 수 있다. 결국, 칼슘을 과도하게 섭취하면 뼈 형성은커녕 혈중 칼슘 성분만 넘치게 되어 여러 생활습관병이 유발될 수 있다.

한편 우유에 함유된 단백질인 카세인 A1은 위장이 소화하기 힘든 끈적끈적한 점액 성분의 특성으로 인해 다른 음식물로 섭취한 영양분의 흡수를 차단할 뿐 아니라 산도가 강한 유독 점액을 체내에 저장시켜 소화하는 데 엄청난 에너지가 낭비된다. 물론 다이어트도 방해한다. 이 물질은 자가 면역 반응도 촉진할 뿐 아니라 제1형 당뇨병의 발현에 대한 잠재적 원인인 것으로 알려진다. 이에 따라 유제품 역시 이와 같은 부작용이 유발되므로 삼가는 것이 현명할 것이다. 하지만 염소나 양에서 생산되는 젖은 카세인 A2가 함유돼 있다고 하므로 이러한 성분을 섭취하면 건강한 단백질을 보충할 수 있을 것이다. 물론 이에 따른 유제품도 건강한 제품이므로 평소 적절히 섭취할 것을 권장하는 바이다.

그래서 하는 말이지만 필자는 우유 섭취를 만류하면서 그 대신 두유를 권장하고 싶다. 일단 한번 습관으로 만들어 보시라. 하지만 그 두유를 무가당으로 선택하시기를 바란다. 그러니까 무가당 두유에 혀를 길들여야 한다는 말이다.

참고로 우유에 함유된 지방은 거의 포화지방이다. 전유의 경우 이 포화지방은 혈중 콜레스테롤의 상승 요인이 되므로 유념해야 한다. 실제로 유방암은 지방을 과다하게 섭취하는 것과 관련성이 높은 것으로 나타났다. 특히 우유 중 지방의 함량이 20~30%인 버터는 더 치명상을 줄 수 있다. 또 치즈는 우유 중 단백질 함량이 20~30%인데, 단백질 외에 지질이 20~30% 함유된 데다 이 역시 산성 식품임을 감안하여 소량 섭취할 것을 권장한다.

한편 유제품에는 요구르트, 치즈, 버터, 크림, 아이스크림 등이 포함되며 이러한 제품들은 골다공증, 고혈압, 심장병, 당뇨, 중풍 등을 유발하는 요인이 되는 위험 물질이므로 삼가는 것이 좋을 것이다.

5. 유아 때부터 의도적으로 자연 식단을 가르친다

아이들과 식구들이 좋아한다는 조건만으로 불량 식품에 대한 판단력을 무시한 채 '맛집'을 들락거리지만 정작 자신이 선호한 '맛집'이 아닌가 하고 되물어봐야 하지 않을까? 과연 맛에만 의존한 채 아무거나 먹어도 될까? 아이들이 어릴 때부터 이런 맛에 의존하는 나쁜 습관에 빠져드는 것은 아닌지 하면서 생각해야 하지 않을까?

사실 우리는 자식들 교육이 얼마나 소중한지 알면서도 정작 먹는 것에 대해서는 면죄부를 주고 있지는 않은지 뒤돌아보아야 한다. 먹지 말아야 하는 것이 뭔지부터 알고 난 다음 친자연적인 것을 먹어야 하지 않을까 하고 고민해 본 적이 있을까? 뭘 먹을까가 먼저가 아니라 뭘 먹지 말아야 할까가 먼저임을 유념해야 하지 않을까? 자신의 손에는 캔콜라를 들고서는 아이들에게는 "콜라 먹지 마라."라고 말해서 한바탕 웃음꽃이 터지는 일화가 전해진다.

참고로, 달걀을 많이 섭취하면 학생들의 학교 성적이 떨어진다는 통계가 있다. 성인 또한 달걀을 많이 섭취하면 담낭(쓸개)에 용종이 나타나는 현상이나 기타 담낭에 장애가 발생한다고 하니 과량 섭취를 자제하고 1~2일에 한 개 정도가 적절할 수 있다.

달걀에 대한 말이 나왔으니 이참에 다시 한번 짚고 넘어갈까 한다. 사실 달걀은 영양 덩어리인 것이 맞긴 하다. 하지만 그것도 '닭 공장'에서 나온 달걀은 절대 배제함과 동시에 토종닭에서 나온 달걀이라든지 아니면 해썹(HACCP)이 인정하는 기준이라든지 혹은 무항생제 등이 확인된 1등급 달걀임을 확인하여 구입해야 한다. 달걀은 과거로부터 콜레스테롤이 많다는 논란이 끊이지 않았던 것은 사실이다. 하지만 그 속에는 레시틴이란 물질이 함유돼 있어 콜레스테롤을 녹인다는 사실이 밝혀졌다. 그 녹이는 정도는 불확실하지만 실제로 큰 달걀 한 개에는 186mg이나 되는 양이 함유돼 있다. 이것이 문제가 될 수도 있지만, 콜레스테롤 함량이 높은 음식이 혈중 콜레스테롤도 높이지는 않는다는 것이다. 그렇다면 달걀에는 어떤 영양소들이 있을까? 여기에는 단백질, 오메가-3, 루테인, 제아잔틴, 엽산, 셀레늄, 비타민 D·E 등도 함유돼 있다. 이런 사실이 중요하긴 하나 '미국심장학회'에서는 1일에 꼭 한 개만 먹을 것을 권장하고 있다는 것을 유념해야 한다.

자녀가 무엇을 먹느냐가 바로 그들의 건강은 물론이거니와 나아가 학업 성적, 온화한 마음 그리고 지성의 밑거름이 된다는 것을 생각할 때 먹는 음식이 결국 자녀들의 지육, 덕육, 체육의 모태가 되는 것이 아닐까?

6. 아이들이 특히 좋아하는 액상과당은 제2형 당뇨병의 원인

설탕보다 1.5배나 더 단맛이 나는 액상과당이 문제로 등장한 지도 오래되었다. 이에 따라 아이들을 키우는 부모로서 손 놓고 가만히 앉아 있을 수만은 없을 것이다. 학교 주변이 온통 불량 식품들로 넘쳐나고 있는 현실이 정말 두려울 것이다. 액상과당이 어린이 당뇨병의 원인임이 확실하게 밝혀짐에 따라 부모로서 할 수 있는 일이 과연 뭔지를 곰곰이 살펴야 할 것이다. 이 물질은 식욕 증가, 체중 증가, 제2형 당뇨병, 심장병, 암, 치매의 위험을 높이고 있으므로 어떻게 해서라도 이 물질만큼은 반드시 피해야 한다. 게다가 이 물질은 수은에 오염됐을 가능성도 제시하고 있다. 따라서 평소 아이들이 좋아하는 빵, 쿠키, 청량음료, 케첩, 파이, 팬케이크 등부터 철저하게 금지하는 교육이 급선무라 하겠다.

참고로, 미국 아동 중 약 60%가 매일 탄산음료를 한 병을 마시고, 약 30%는 매일 두 병을 마신다는 통계가 나왔다.

실제로, 탄산음료는 섬유질이 전무하고 엄청난 양의 설탕만 들어 있는 데다 인산(H_3PO_4)이란 위험한 보존료도 들어 있다. 그 결과 소아 당뇨를 비롯해 심장병, 신장병, 천식 등을 유발하고 나아가 어린이 집중력 부족, 과잉 행동도 나타난다. 미국 아이들이 이런 상황이니 세계, 특히 한국 아이들도 이런 문제가 안 나타난다고 장담할 수 있을까?

또 오렌지 주스는 어떤가? 주스는 실제 과일이 가진 영양소의 10분의 1도 따라가지 못한다. 탄산음료는 나쁘니까 과일 주스를 선택하는 우(愚)를 범할 수도 있지만, 이 역시 섬유질이 없어 소장에서 혈액으로 바로 흡수될 뿐 아니라 과일로 먹는 식물 영양소(피토케미컬)도 턱없이 부족하다. 따라서 탄산음료를 차단하는 동시에 과일은 생과일로 먹는 방법이 좋다는 것을 알려줘야겠다.

액상과당을 사용해 만든 식품을 보면 빵, 쿠키, 크래커, 탄산음료 등이 있는데, 이런 제품들은 식욕 촉진 호르몬인 그렐린(Ghrelin)을 분비하게 만들어 내장 비만(복부 지방, 뱃살)의 원인이 되고 있다. 현재 초등학교 학생도 비만 상태가 급증하고 있다.

참고로, 인산(H^3PO^4)은 과일 주스와 콜라의 산도조절제로 사용하는 식품첨가물로서 피해야 할 물질이다.

7. 정크푸드(Junk Food)를 과량 섭취하면 뇌세포 손상된다

고지방 유제품, 탄산음료, 인스턴트 식품, 아이스크림, 과자류 등 설탕이나 액상과당이 들어간 엠프티 칼로리(정크푸드)는 폭력을 유발하거나 우울증, 주의력결핍과잉행동장애(ADHD, Attention Deficit Hyperactivity Disorders)로 나타나며 부신에서 스트레스 호르몬인 아드레날린[Adrenaline=에피네프린(Epinephrine)]의 분비가 증가하여, 간에서 글리코겐의 분해를 촉진하여 혈당도 높이고 젖산(Lactic Acid)도 높임으로써 신경질적이거나 공격적인 성향을 띄게 된다. 따라서 상기한 불량 식품류의 섭취를 만류하면서, 이런 행동을 차단할 수 있는 시금치, 된장국, 브로콜리, 녹색 채소, 콩류, 방목 소고기, 토종닭, 작은 생선류, 갑각류, 연체류, 조개류 등의 식품류를 사랑하는 자녀들이 섭취하도록 우리 부모들이 선도할 필요가 있다. 여기서 특히 강조하고자 하는 것은, 녹색 채소 섭취가 습관화하면 단 것이나 불량 식품을 먹을 생각을 갖지 않게 된다는 연구 결과가 있다는 사실을 알리고자 한다. 사람이 살아가는 데 있어 가장 중요한 것이 상급 학교 진학이 아닐 것이다. 인간의 사망 원인 1위가 바로 불량 식품 섭취란 사실만 보더라도 평소의 식생활이 얼마나 중요한지 짐작할 수 있을 것이다. 따라서 먹는 것 잘 먹는 습관을 들인

후, 상급 학교 진학을 논해야 할 것 같다. 이것은 "금강산도 식후경"이란 속담의 맥락과도 잘 어울리는 유추라고 보면 될 것 같다. 불량한 것 먹으면서 상급 학교에 진학하겠다는 생각 따위는 어쩌면 '잠꼬대' 같은 소리인지도 모를 일이다. 부모가 앞장서야 한다.

참고 문헌

1. 강신원 옮김, 지방이 범인. 사이몬북스, 2019

2. 강신원 옮김, 이의철 감수, 나는 질병없이 살기로 했다, 2020

3. 김남규 감수, 신동숙 옮김, 먹어서 병을 이기는 법, 흐름출판, 2020

4. 김주희 도움말, 최신 칼로리북, 삼성출판사, 2012

5. 김진영, 강신원 번역, 산 음식, 죽은 음식, 사이몬북스, 2020

6. 노경아 옮김, 장내 유익균을 살리면 면역력이 5배 높아진다, 예인, 2014

7. 박건영 편저, 항암채소영양사전, 아카데미북, 2013

8. 박선영 옮김, 오래도록 젊음을 유지하고 건강하게 죽는 법, 로크미디어, 2020

9. 박종철 편저, 생약/한약/기능식품 통섭사전, 푸른행복, 2011

10. 양승 저, 약선식품 동의보감, 세계중탕약선연구소, 2010

11. 오홍근 감수, 정성한 옮김, 백과사전 자연의학, 전나무숲, 2011

12. 유진규 옮김, 죽을 때까지 치매 없이 사는 법, 부키, 2020

13. 유태종 저, 식품동의보감, 아카데미북, 2005

14. 윤승일, 이문영 옮김, 장내세균혁명, 지식너머, 2016

15. 이경원 지음, 우리집주치의 자연의학┌, 동아일보사, 2014

16. 이기호 지음, 건강 기능 식품 제대로 알고 먹어라, 쌤앤파커스, 2013

17. 이문영, 김선하 옮김, 그레인 브레인, 지식너머, 2019

18. 이문희, 강신원 번역, 자연치유 불변의 법칙, 사이몬북스, 2020

19. 이순영 옮김, 과식의 종말, 문예출판사, 2010

20. 이영래 옮김. 플랜트 패러독스, 쌤앤파커스, 2018

21. 이우주 엮음, 의학사전, 아카데미서적, 2004

22. 이재성 · 이은경 옮김, SUPER FOODS, 도서출판 세경, 2011

23. 이한음 옮김, TELOMERE 늙지 않는 비밀 EFFECT, 알에이치코리아, 2018

24. 정만철 옮김, 식품첨가물 2, 국일미디어, 2019

25. 채범석, 김을상 편저, 영양학사전, 아카데미서적, 1998

26. 탁상숙 지음, 파이토케미컬을 먹어라, 다봄, 2019

27. 한국건강 기능 식품협회, 건강 기능 식품교육교재, 2009

28. 한국식품과학회, 식품과학사전, 교문사, 2012

29. 한국영양학회 지음, 내 몸을 살리는 식물 영양소, 들녘, 2013

30. 한국영양학회 지음, 파이토뉴트리언트 영양학, 라이프사이언스, 2011

31. Phytochemicals in Nutrition and Health, Mark S. Mekin, Stariey T. 2020

※ www.kfda.go.kr

※ www.foodnara.go.kr/foodaddy/

※ www.foodsafetykorea.go.kr/foodcode/

※ 건강 기능 식품의 종류 및 기능성 내용 등

※ 식품첨가물/식품첨가물의 종류/식품첨가물이 인체에 미치는 영향 등

※ 일부 최신 정보는 인터넷을 다소 참고함.

향락식享樂食의 종말과 대안

1판 1쇄 발행 2021년 5월 5일

저자 주종대
교정 윤혜원
편집 문민정

펴낸곳 하움출판사
펴낸이 문현광

주소 전라북도 군산시 수송로 315 하움출판사
이메일 haum1000@naver.com 홈페이지 haum.kr

ISBN 979-11-6440-775-0(93590)

좋은 책을 만들겠습니다.
하움출판사는 독자 여러분의 의견에 항상 귀 기울이고 있습니다.